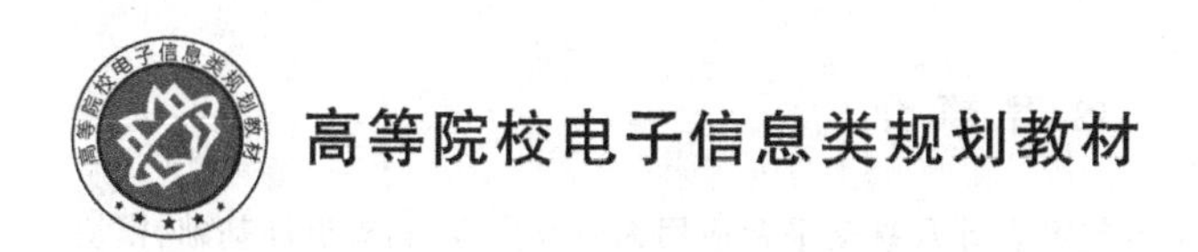

地面无人平台设计、应用与实践

武　萌　王钦钊　郭傲兵　胡雪松　唐　伟　主编

北京邮电大学出版社
www.buptpress.com

内容简介

本书以地面无人平台的组成、原理、关键技术设计及移动平台应用为研究内容，涵盖设计基础、模块化机器人平台、基于机器人操作系统的无人平台、地面无人平台应用四部分，涉及无人平台发展概述、常用处理器、常用传感器与执行机构、模块化移动机器人平台组成、功能模块、模块化机器人综合设计、机器人操作系统、基于ROS的无人平台综合设计、足球机器人和地面无人平台等内容。本书着重分析了当前地面无人平台测距避障、建图导航、目标识别与跟随、协同编队等关键技术设计方法，介绍了足球机器人、地面无人移动平台在外界环境感知、建图导航、路径规划、目标识别跟随、自主运动和协同控制等方面应用取得的一些进展，对于加深地面无人平台认知理解，促进相关技术提高具有重要的作用和意义。

本书可以为人工智能、移动机器人、地面无人平台智能控制和系统设计应用研究提供依据，可供科技人员、高等院校师生、无人平台爱好者阅读和参考。

图书在版编目(CIP)数据

地面无人平台设计、应用与实践 / 武萌等主编. -- 北京 ：北京邮电大学出版社，2024.5

ISBN 978-7-5635-7216-8

Ⅰ. ①地…　Ⅱ. ①武…　Ⅲ. ①无人值守站　Ⅳ. ①TN925

中国国家版本馆 CIP 数据核字（2024）第 067237 号

策划编辑：刘纳新　**责任编辑：**满志文　**责任校对：**张会良　**封面设计：**七星博纳

出版发行：北京邮电大学出版社
社　　址：北京市海淀区西土城路 10 号
邮政编码：100876
发 行 部：电话：010-62282185　传真：010-62283578
E-mail：publish@bupt. edu. cn
经　　销：各地新华书店
印　　刷：河北虎彩印刷有限公司
开　　本：787 mm×1 092 mm　1/16
印　　张：15
字　　数：333 千字
版　　次：2024 年 5 月第 1 版
印　　次：2024 年 5 月第 1 次印刷

ISBN 978-7-5635-7216-8　　定　价：49.00 元

前　言

随着科学技术的发展，人工智能创新应用的全面展开，人类社会各个领域面临前所未有的智能化发展，地面无人平台凭借自身卓越的技能优势，已经成为世界各国争相抢占的智能领域制高点，也是各国民用和军事装备自动化和智能化的发展方向。根据应用领域不同，无人平台有微型模块化平台、基于操作系统的小型无人平台、室外中型和大型无人车等不同的表现形式，其设计方式、自主化和智能化实现方法也有差别，为了能够更好地应用，需要对设计方法进行归纳分析，并在此基础上探讨其发展。

本书以不同类型地面无人平台的设计方法及应用为研究内容，重点阐述其组成结构、外界环境感知、建图导航、路径规划、目标识别跟随、自主运动和协同控制等方面的具体实现方法，探讨其最新的发展方向，对快速理解和掌握不同类型地面无人平台的基础实现方式，及其相关技术发展方向，具有重要的意义。本书的研究成果也为足球机器人协同对抗、地面无人平台在军事领域的应用发展提供了理论和技术支持。

本书由设计基础、模块化机器人平台、基于机器人操作系统的无人平台和地面无人平台应用四部分组成。主要内容有：无人平台的研究意义、基本理论、自主化智能化研究现状；常用处理器、传感器和执行机构；微型模块化移动机器人的组成、相关功能模块和综合设计方法；常用机器人操作系统的使用方法、基于操作系统的小型无人平台设计方法；足球机器人的硬件结构、视觉定位、目标追踪和群体策略实现方法；地面小型、中型室外无人平台的自主控制结构、环境感知、导航定位、路径规划、自主控制和协同控制方法及应用方式。

本书编写成员具有多年地面无人平台理论、技术研究与实践经历，发表过多篇相关学术论文，申请了多项国家发明专利、实用新型专利。与当前国内已经出版的同类书籍比较，本书的理论内容翔实，基础理论均给出实现方法以及主要程序撰写方法，实现方法说明翔实可行，并附例程全部参考资料。第 4 篇地面无人平台应用，由于各科研院所对于室内足球机器人和室外无人平台的组成设计各有不同，所以没有附程序说明，但其实现方法可读性强，具有重要的实际参考价值。

本书由武萌、王钦钊、郭傲兵、胡雪松、唐伟主编，邱绵浩、张万杰、郭理彬、韩斌、王江峰、张佩、金东阳等参与了编写工作，编写过程得到北京六部工坊科技有限公司张万杰工程师的支持，应用了该公司的实体平台，完稿修改和出版过程得到了相关专家、学者和北京邮电大学出版社的热情帮助。由于时间紧迫、成稿匆促，书中难免存在不妥之处，我们诚恳地希望各位专家读者不吝赐教和指正，对此我们表示诚挚的感谢。

本书相关电子资料可在北京邮电大学出版社网站下载。

作　者

2023 年 1 月 8 日

于北京

目　录

第1篇　设计基础

第1章　无人平台发展概述 …… 3

1.1　移动机器人 …… 3

1.1.1　移动机器人的发展 …… 3

1.1.2　移动机器人的分类 …… 6

1.2　地面无人平台关键技术 …… 8

1.3　地面无人系统的智能化标准 …… 11

1.4　地面无人平台智能化发展应用 …… 12

1.4.1　美国地面无人平台的智能化发展 …… 12

1.4.2　我国无人平台的智能化发展 …… 16

思考题 …… 19

第2章　常用处理器 …… 20

2.1　常用处理器概述 …… 20

2.2　STM32 控制器基本特性 …… 22

2.3　STM32 控制器内核 …… 23

2.4　STM32 控制器的外设通道 …… 26

2.4.1　通用输入输出 GPIO 口 …… 26

2.4.2　基于定时器的外设通道 …… 27

2.4.3　ADC 转换通道 …… 28

2.4.4　通用同步/异步串行接口 …… 29

2.4.5 串行外设接口 …… 29
2.4.6 两线串行总线接口 …… 30
2.4.7 CAN 接口 …… 30
思考题 …… 31

第 3 章 常用传感器与执行机构 …… 32

3.1 伺服电动机 …… 32
3.2 红外测距传感器 …… 34
3.3 灰度传感器 …… 35
3.4 姿态传感器 …… 36
3.5 激光雷达 …… 38
3.5.1 单线激光雷达 …… 38
3.5.2 多线激光雷达 …… 39
3.6 视觉传感器 …… 41
思考题 …… 44

第 2 篇 模块化机器人平台

第 4 章 模块化移动机器人平台组成 …… 47

4.1 模块化设计思想和实现意义 …… 47
4.2 模块化移动机器人的组成结构 …… 48
4.2.1 模块机器人控制器 …… 49
4.2.2 运动控制底盘 …… 50
4.2.3 红外测距模块 …… 52
4.2.4 灰度传感器模块 …… 53
思考题 …… 54

第 5 章 功能模块 …… 55

5.1 控制面板 …… 55
5.1.1 基于 GPIO 的指示灯显示 …… 56
5.1.2 基于 GPIO 的按键控制 …… 59
5.1.3 OLED 显示屏显示 …… 61
5.2 定时器 …… 62

5.2.1　定时器配置方法 …… 62
5.2.2　定时器模块的封装应用 …… 63
5.3　姿态获取 …… 64
5.3.1　基于 MPU6050 的姿态获取硬件设计 …… 64
5.3.2　四元数法获取姿态信息 …… 65
5.3.3　程序实现方法 …… 67
5.4　红外测距 …… 68
5.5　灰度传感器数据获取 …… 72
5.6　伺服电动机控制 …… 74
5.6.1　伺服电动机模块硬件设计 …… 74
5.6.2　仿真确定 PID 参数 …… 75
5.6.3　运动控制实现方案 …… 77
思考题 …… 78

第 6 章　模块化机器人综合设计 …… 79

6.1　四轮差动运动控制 …… 79
6.1.1　直行 …… 81
6.1.2　旋转 …… 82
6.1.3　复合运动 …… 84
6.1.4　四轮差动程序实现 …… 85
6.2　红外传感器测距避障 …… 88
6.3　灰度传感器黑线循迹 …… 91
思考题 …… 94

第 3 篇　基于机器人操作系统的无人平台

第 7 章　机器人操作系统 …… 97

7.1　ROS 机器人操作系统概述 …… 97
7.2　ROS 术语 …… 100
7.3　文件结构 …… 102
7.3.1　工作目录 …… 102
7.3.2　用户功能包 …… 103
7.3.3　ROS 的系统构建 …… 104

7.4 通信方式 …… 107
7.4.1 话题和消息 …… 108
7.4.2 创建发布者节点 …… 110
7.4.3 创建订阅者节点 …… 112
7.5 常用命令和常用工具 …… 114
7.5.1 常用命令 …… 114
7.5.2 常用工具 …… 115
思考题 …… 119

第 8 章 基于 ROS 的无人平台综合设计 …… 120

8.1 基于 ROS 的无人平台组成 …… 120
8.2 运动控制 …… 123
8.3 基于激光雷达的测距避障 …… 125
8.3.1 激光雷达的数据获取 …… 126
8.3.2 基于激光雷达的单点避障方法 …… 128
8.3.3 激光雷达全面扫描避障方法 …… 130
8.4 SLAM 建图 …… 132
8.4.1 SLAM 建图的基本概念 …… 132
8.4.2 基于激光雷达的 SLAM 建图方法 …… 133
8.4.3 Hector SLAM 算法 …… 136
8.4.4 基于 SLAM 算法建立栅格地图 …… 138
8.5 自主导航 …… 138
8.5.1 路径规划 …… 140
8.5.2 平台定位 …… 143
8.5.3 导航输出 …… 144
8.5.4 遇到障碍物的恢复行为 …… 147
8.5.5 ROS 的 Navigation 系统应用 …… 149
8.6 物体检测 …… 153
8.6.1 RGB-D 相机彩色图像数据获取 …… 153
8.6.2 RGB-D 相机三维点云数据获取 …… 156
8.6.3 基于三维点云的物体识别 …… 158
8.7 目标识别与跟随 …… 159
8.7.1 目标分割提取和目标定位 …… 159
8.7.2 目标跟随 …… 164

8.8　多无人平台协同编队 …… 165
8.8.1　无人平台协同编队控制方案 …… 165
8.8.2　障碍物环境多无人平台避障技术 …… 166
8.8.3　仿真试验验证 …… 168
思考题 …… 169

第4篇　地面无人平台应用

第9章　足球机器人 …… 173

9.1　RoboCup中型组机器人概述 …… 173
9.2　足球机器人硬件结构 …… 175
9.2.1　运动系统 …… 175
9.2.2　全景视觉系统 …… 176
9.2.3　控球装置 …… 177
9.2.4　击球装置 …… 179
9.3　足球机器人视觉定位 …… 180
9.3.1　全景视觉相机的标定和图像矫正 …… 180
9.3.2　足球机器人环境感知算法 …… 183
9.3.3　足球机器人自定位算法 …… 185
9.4　足球机器人目标追踪 …… 186
9.4.1　足球识别 …… 186
9.4.2　目标跟踪算法 …… 187
9.5　足球机器人群体策略 …… 188
9.5.1　足球机器人通信 …… 188
9.5.2　多机器人任务分配 …… 191
9.5.3　足球机器人角色分配 …… 193
思考题 …… 195

第10章　地面无人平台 …… 196

10.1　地面无人平台组成结构 …… 196
10.1.1　结构类型 …… 196
10.1.2　典型的平台组成结构——四层递阶式 …… 198
10.2　地面无人平台环境感知 …… 203
10.3　地面无人平台导航定位 …… 208

10.4 地面无人平台路径规划 …… 211
10.4.1 全局路径规划 …… 212
10.4.2 行为决策及局部轨迹规划 …… 214
10.5 地面无人平台运动控制 …… 216
10.5.1 路径跟踪控制 …… 216
10.5.2 人机智能融合运动控制 …… 217
10.6 地面无人平台协同控制 …… 219
10.6.1 一致性控制 …… 220
10.6.2 群体控制 …… 221
10.6.3 会合控制 …… 222
10.6.4 编队控制 …… 223
思考题 …… 224
参考文献 …… 225

第 1 篇
设计基础

第1章 无人平台发展概述

1.1 移动机器人

移动机器人是一个集环境感知、动态决策与规划、行为控制与执行等多功能于一体的综合系统。它集中了传感器技术、信息处理、电子工程、计算机工程、自动化控制工程以及人工智能等多学科的研究成果，是目前科学技术发展最活跃的领域之一。随着机器人性能不断地完善，移动机器人的应用范围不断扩展，不仅在工业、农业、医疗、服务等行业中得到广泛的应用，而且在城市安全、国防军事等有害与危险场合得到很好的应用。因此，移动机器人技术已经得到了世界各国的普遍关注。

1.1.1 移动机器人的发展

人类很早就开始梦想创造出具有一定功能甚至智慧的机器人，代替人类完成各种工作。然而，真正的机器人是在20世纪以后，数学、物理、机械、电子信息、计算机，尤其是在人工智能等理论和技术发展的基础上产生的。

1966年—1972年，美国斯坦福国际研究所(Stanford Research Institute，SRI)研制了Shakey机器人，如图1.1所示，它是20世纪最早的移动机器人之一。Shakey机器人引入了人工智能的自动规划技术，具备一定的人工智能，能够自主进行感知、环境建模、行为规划并执行任务。

1973年—1980年，美国科学家、斯坦福大学的研究生Moravec研制出了具有视觉能力可以自行在房间内导航并规避障碍物的“斯坦福车”(Stanford Cart)，如图1.2所示，是现代地面无人车的始祖。

1995年，卡内基·梅隆大学(CMU)的Navlab 5自动驾驶车辆完成了从美国的东海岸华盛顿特区到西海岸洛杉矶市的无人驾驶演示，Navlab 5的视觉系统可以识别道路的水平曲率和车道线。实验中，纵向控制由驾驶员实现，而转向控制则完全自动实现。在超过5 000 km的驾驶途中，98%的路段由计算机自动驾驶。2007年的DARPA城市挑

图 1.1　Shakey 机器人

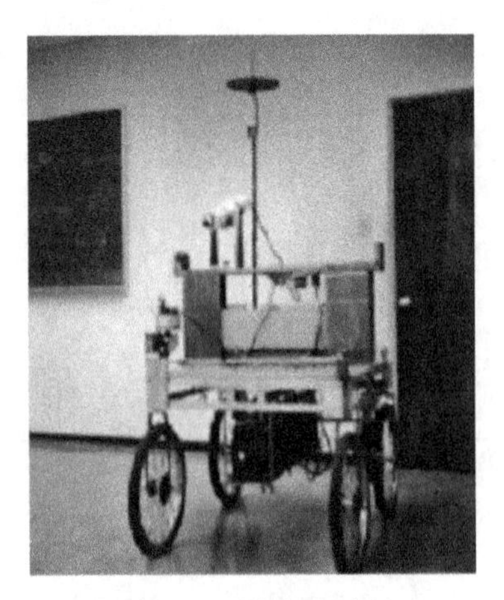

图 1.2　“斯坦福车”

战赛(Urban Challenge),100 余组参赛队伍中,11 辆自动驾驶车因其卓越的性能脱颖而出,其中就包括 Boss—CMU 基于雪佛兰太浩的自动驾驶改装车,最终,它在当年的比赛中摘得冠军,平均时速达 22.53 km/h,如图 1.3 所示。

图 1.3　DARPA 城市挑战赛冠军车

2000 年,日本本田公司开始研制双足机器人 ASIMO 系列,如图 1.4 所示,它可以实现“8”字形行走、下台阶、弯腰、握手、挥手以及跳舞等各项“复杂”动作。另外,它具备基本的记忆和辨识能力,可以依据人类的声音、手势等指令做出反应。

“大狗(Big Dog)”机器人是由美国波士顿动力学工程公司于 2008 年研制的。这种机器狗的体型与大型犬相当,能够在战场上发挥非常重要的作用,如在交通不便的地区为士兵运送弹药、食物和其他物品等。“大狗”机器人不但能够行走和奔跑,而且还可跨越一定高度的障碍物。这种机器人的行进速度可达到 7 km/h,能够攀越 35°的斜坡,可携带质量超过 150 kg 的武器或其他物资。“大狗”机器人既可以自行沿着预先设定的简单路线行进,也可以进行远程控制,如图 1.5 所示。

图 1.4　双足机器人 ASIMO 系列

图 1.5　大狗(Big Dog)机器人

我国移动机器人的研究和开发是从“八五”期间开始的。虽然移动机器人的研究起步较晚，但也取得了较大的进展。“八五”期间，浙江大学等国内六所大学联合研制成功了我国第一代地面自主车 ALVLAB I，其总体性能达到当时国际先进水平。“九五”期间，南京理工大学等学校联合研制了第二代地面自主车 ALVLAB II，相比第一代，第二代在自主驾驶和行驶速度等方面的性能都有了很大提升。

清华大学智能技术与系统国家重点实验室自 1988 年开始研制 THMR(Tsinghua Mobile Robot)系列机器人系统，THMR-III 自主道路跟踪的速度达 5～10 km/h，避障速度达 5 km/h。改进后的 THMR-V 在高速公路上的速度达到 80 km/h，而一般道路上的车速为 20 km/h。

2006 年，一汽集团联合国防科技大学推出红旗 HQ3 型地面无人车辆，速度高达 130 km/h，于 2011 年 7 月 14 日首次完成从长沙到武汉 286 km 的高速全程无人驾驶实验，标志着我国地面无人车辆在复杂环境识别、智能行为决策和控制等方面实现了新的技术突破，达到了世界先进水平。

2015 年，在国防科技工业军民融合发展成果展上，中国兵器装备集团公司展示了国产“大狗”机器人。这款机器人总重 250 kg，负重能力为 160 kg，垂直越障能力为 20 cm，爬坡角度为 30°，最高速度为 1.4 m/s，续航时间为 2 h。这款机器人可应用于陆军班组作战、抢险救灾、战场侦察、矿山运输、地质勘探等复杂崎岖路面的物资搬运，如图 1.6 所示。

百度公司在 2017 年正式发布了 Apollo 计划，该计划向汽车行业及自动驾驶领域的合作伙伴提供一个开放、完整、安全的软件平台，帮助它们结合车辆和硬件系统，快速搭建一套属于自己的、完整的自动驾驶系统。百度 Apollo 是一个开放的数据及软件平台，将汽车、IT 和电子产业连接在一起，整合了自动驾驶所需的各个方面，该套件涵盖硬件研发、软件和云端数据服务等几大部分。2019 年，百度推出了 Apollo 3.5 版本，如图 1.7 所示，实现了支持包括市中心和住宅场景等在内的复杂城市道路自动驾驶，包含窄车道、无信号灯路口通行、借道错车行驶等多种路况。

图 1.6 国产“大狗”机器人

图 1.7 百度 Apollo 3.5 版本

除此之外，还有香港城市大学的自动导航车及服务机器人，中科院自动化所开发的全方位移动机器人视觉导航系统，国防科技大学的双足机器人、南京理工大学、北京理工大学、浙江大学等多所学校联合研究的军用室外移动机器人等。

1.1.2 移动机器人的分类

作为机器人的一个重要分支，移动机器人强调“移动”的特性，是一类能够通过传感器感知环境和本身状态，实现在有障碍物环境中面向目标的自主运动，完成一定作业功能的机器人系统。相对于固定式的机器人(如机械手臂)，移动机器人由于其可以自由移动的特性，使其应用场景更广泛，潜在的功能更强大。

1. 按应用场景分类

按照应用场景，移动机器人可分为空中机器人、水下机器人和陆地机器人。

(1) 空中机器人，又名无人驾驶飞机(Unmanned Aerial Vehicle/Drones，UAV)或微型无人空中系统(Micro Unmanned Aerial System，MUAS)，简称无人机，是一种装备了数据处理单元、传感器、自动控制器以及通信系统，能够不需要人的控制，在空中保持飞行姿态并完成特定任务的飞行器。空中机器人可应用于远程视觉传感，包括民用军用航拍、电力巡检、新闻报道、地理航测、植物保护、农业监控，以及其他灾难应对、监控、搜救、运输、通信等场景。

(2) 水下机器人(Unmanned Underwater Vehicle，UUV)，又称为无人潜水器，通常可分为两类：遥控式水下机器人(Remotely Operated Vehicle，ROV)和自主式水下机器人(Autonomous Underwater Vehicle，AUV)。前者通常依靠电缆提供动力，能够实现作业级功能，后者通常自己携带能源，大多用来大范围勘测。水下机器人可以用于科学考察、水下施工、设备维护与维修、深海探测、沉船打捞、援潜救生、旅游探险、水雷排除等。

(3) 陆地机器人(Unmanned Ground Vehicle，UGV)，又称为地面无人平台，在生活中最为常见。由于它与人类生活的关系较密切，相比空中机器人和水下机器人，陆地机器人发展迅速，其应用范围也更加广泛。陆地机器人不仅在工业、农业、医疗、服务等行业中得到广泛的应用，而且在城市安全、排险、军事和国防等有害与危险场合也能得到很好的应用。

2. 按移动机构分类

移动机器人的移动机构主要分为轮式移动机构、足式移动机构及履带式移动机构，除此之外，还有步进式、蠕动式、蛇行式、混合式移动机构。

(1) 轮式移动机构通常被应用在平坦的地区。在这种环境中，移动机构的优越性使得它能够获得较高的移动效率。通常根据应用场景，设计特定数目的轮子结构。在实际应用中，轮式移动机器人较多应用在三轮移动机构和四轮移动机构。三轮移动机构一般基于三轮全向方式驱动，四轮移动机构可使用后轮分散驱动，也可使用连杆机构实现同步转向，具有更强的稳定性和灵活性。此外，还可以根据需求设计不同数目的主动轮和随动轮。轮式移动机构的效率最高，但运动稳定性会受路面情况的影响。

(2) 足式移动机构根据足数可以分为单足、双足、三足、四足、六足、八足或者更多足，足的数目越多，越适用于重载和慢速场合。其中，双足和四足具有最好的稳定性和灵活性，所以用得最多。足式移动机构非常适合应用在崎岖的路面，就像人或动物，由于它的立足点是离散的，可以调节到达最优的支撑点，因此在这种路面上依然可以保持很好的平稳性。足式移动机构的适应能力最强，但行走时晃动较大，一般来说效率不高。

(3) 履带式移动机构主要用于搭载履带底盘机构的机器人，它同样适用于起伏不平的路面，具有牵引力大、不易打滑、越野性能好等优点。但履带式移动机器人由于受移动机构的限制，通常体型较大、功耗较大、传动效率不高，只适用于保持低速状态运行。因此，履带式移动机构适合在路面条件较差、负载要求高，但速度要求较低的情况下工作，通常军用无人平台应用较多。

3. 按应用领域分类

(1) 服务机器人。服务机器人能够感知环境，具有逻辑思维判断、学习和交互能力。服务机器人可根据不同的使用环境和使用目的进行种类细分，有送餐服务机器人、路线引导机器人、自主查询服务机器人等。

(2) 自主驾驶汽车。自主驾驶汽车可以代替驾驶员进行汽车驾驶工作，是一种地面移动机器人。它具有控制精准度高、重复性好、疲劳耐久性强等优点，提高驾驶的安全性和可靠性。

(3) 探索机器人。探索机器人用于进行各类探索任务，尤其适用于在恶劣或不适合人类工作的环境中执行任务，可以自由穿梭在人类难以到达或极其危险的地区，如太空、海底等，代替人类完成艰巨的任务，减少人类面临的危险。

(4) 军用机器人。军用机器人是一种用于完成以往由人员承担的军事任务的自主式、半自主式或人工遥控的机械电子装置，集中了当今许多尖端的科学技术，如微电子、光电子、纳米、微机电、计算机、新材料、新动力及航天科技等。军用机器人运用了先进的传感器和执行机构，加装智能算法，具有一定的自主性。这种机器人技术系统可以用作战斗机器人，用于实施战斗行动，如侦察、布雷、扫雷、防化、进攻、防御、保障、工程作业、洗消、巡逻等。

军用机器人的发展应用可以从一定层面反映移动机器人的智能化水平，下面简要介绍美国陆军第一批对敌作战机器人 SWORDS 和欧洲第一架隐形无人机“神经元”。

美国陆军于 2005 年年初开始装备“特种武器观测、侦察、探测系统”(SWORDS)以辅助士兵作战。SWORDS 机器人携带有威力强大的自动武器，每分钟能发射 1 000 发子弹，是美军历史上第一批参加与敌对抗作战的机器人。它们配有机枪、突击步枪和火箭弹等，能够连续向敌方发射数百发枪弹及火箭弹。另外，每个 SWORDS 机器人还拥有 4 台摄像机、夜视镜、变焦设备等光学侦察或瞄准设备，如图 1.8 所示。

经过欧洲 6 国多年的努力以及法国达索集团的精心筹备，欧洲的第一架隐形无人机“神经元”，于 2012 年 12 月问世，在法国伊斯特尔空军基地试飞成功。欧洲无人战斗机“神经元”可以在复杂飞行环境中进行自我校正，独立完成飞行任务，如图 1.9 所示，该机长约 10 m，翼展约为 12 m，最大起飞质量约 7 t，采用了无尾布局和翼身融合设计，搭载有效载荷神经网络、人工智能等先进技术，具有自动捕获和自主识别目标的能力。此外，该无人机还解决了编队控制、信息融合、无人机之间的数据通信、战术决策与火力协同等技术。

图 1.8　SWORDS 机器人

图 1.9　隐形无人机“神经元”

未来的机器人将具有感知思维和复杂行动能力，且根据应用环境和目的的不同，不同种类的机器人未来发展和应用方向也不尽相同，地面无人平台应用广泛，可以从一定程度上代表机器人的发展水平，下面以地面无人平台为例介绍机器人的关键技术、智能化标准和应用方向。

1.2　地面无人平台关键技术

地面无人平台通过传感器对外部环境进行感知和定位，根据指定的目标进行运动规划，通过控制执行，最终完成任务。其中感知主要解决“这是哪里”的问题，实现障碍物检测、目标识别和环境建模(地图构建)等任务;定位主要解决“我在哪里”的问题,完成在已知地图或地图未知的情况下自主确定无人平台位置的任务;规划和控制主要解决“我要如何去,去做什么么”的问题,完成根据指定的目标(位置)规划出一系列动作(路径和轨迹),然后执行相应的任务。

一般来说,地面无人平台在通信畅通的情况下,需不同程度地实现“定位—感知—规划—控制”的闭环工作流程,如图1.10所示。其实,无人平台在工作过程中涉及多项技术,但环境理解、自主定位和导航规划是无人平台的三个重要的关键技术。

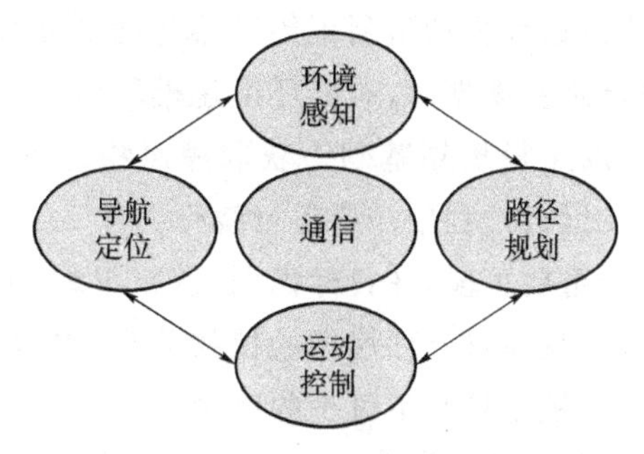

图1.10　地面无人平台的系统组成

(1) 环境理解,是指通过感知建立环境模型的过程,即建立无人平台所工作环境的各种物体,如障碍、路标等准确的空间位置描述,即空间模型或地图。地图是环境模型的一种表达方式,是无人平台定位导航的基础。通过环境感知信息和地图信息的匹配,可以定位无人平台在环境中的位置;根据地图中所记录的障碍物位置,可以规划无人平台从当前点到目标点的可行路径。地图表示方法主要有尺度地图、拓扑地图、直接表征地图和混合地图等。

(2) 自主定位,是指确定无人平台在世界坐标系中的位置/位姿。对于实现智能化的无人平台来说,自主定位可以使无人平台获得自己所在的位置,以便更好地实现导航及后续的其他功能。无人平台定位方式的选择取决于所采用的传感器类型,根据所利用的信息,自主定位主要分为以下三种:相对定位如航位推算、绝对定位如全球定位系统(GPS)、基于视觉的位置识别定位以及组合定位。

(3) 导航规划,是指在给定环境的全局或局部信息以及一个或者一系列目标位置的条件下,使无人平台能够根据全局或局部信息和传感器感知的信息高效可靠地规划出合适的路径并到达目标位置,导航规划问题可分为无地图的导航、基于地图的导航,主要通过路径规划完成。

环境理解、自主定位和导航规划具体为:

(1) 环境理解

环境理解模块相当于地面无人平台的眼和耳,地面无人平台通过环境感知模块来辨别自身周围的环境信息,为其行为决策提供信息支持。环境感知包括地面无人平台自身位姿感知和周围环境感知两部分。单一传感器只能对被测对象的某个方面或者某个特征进行测量，无法满足测量的需要。因而，必须采用多个传感器同时对某一个被测对象的一个或者几个特征量进行测量，将所测得的数据经过数据融合处理后，提取出可信度较高的有用信号。

地面无人平台自身位姿信息感知主要包括平台自身的速度、加速度、倾角、位置等信息。这类信息测量方便，主要用驱动电动机、电子罗盘、倾角传感器、陀螺仪等传感器进行测量。

地面无人平台周围环境感知以雷达等主动型测距传感器为主，被动型测距传感器为辅。因为激光雷达、毫米波雷达等主动型测距传感器能满足复杂、恶劣条件下，执行任务的需要，且实时性好，如进行路径规划时，局部环境建模环节可以直接利用激光雷达返回的数据进行计算，即可在全局路径规划基础上获取障碍物位置信息，使无人平台得知哪里是道路，哪里是障碍物，在运行过程中需要进行绕行。

视觉是环境感知的一个重要手段，在目标识别、道路跟踪、地图创建等方面具有其他传感器无法取代的重要性，而且在野外环境中的植物分类、水域和泥泞检测等方面，以及当前无人平台遥控控制过程，视觉是必不可少的手段。

多传感器融合可以将不同的传感器获取的信息融合分析，对单一或少数传感器无法正确感知理解的路况正确理解判断。如基于预测的车速行驶控制，可以将由激光雷达对前方近距离道路环境进行定位，用视觉传感器确定该区域的颜色和地形图像信息，然后检测远距离的图像信息，基于对远处地形感知建模，控制平台的行驶速度，如果没有障碍物，平台可以加速行驶，一旦发现道路状况改变，可以自动减速至合适路况速度。越野环境更为复杂，障碍物检测是地面无人平台环境感知的难题，相比凸障碍物，凹障碍物检测的难度更大，如壕沟或坑洞等，检测方法和技术更为复杂，对无人平台行驶威胁更大，多传感器融合是检测凹障碍物的有效途径，融合 CCD 立体视觉、垂直扫描激光雷达和微波雷达的信息可以更准确地进行凹障碍物的判断。

(2) 导航定位技术

地面无人平台的导航模块用于确定地面无人平台自身的地理位置，是地面无人平台路径规划的支撑，无人平台自主导航技术可分为三类。

① 相对定位：主要依靠里程计、陀螺仪等平台内部本体感知传感器，通过测量无人平台相对于初始位置的位移来确定无人平台当前位置。

② 绝对定位：主要基于导航信息，主动或被动标识，地图匹配或全球定位系统进行定位。

③ 组合定位：综合采用相对定位和绝对定位的方法，扬长避短，弥补单一定位方法的不足。组合定位方案一般有 GPS＋地图匹配、GPS＋航迹推算、GPS＋航迹推算＋地图匹配、GPS＋GLONASS＋惯性导航＋地图匹配等。

室内平台，也可以通过视觉传感器结合激光雷达感知室内信息进行自身定位。

(3) 路径规划技术

路径规划是地面无人平台信息感知和智能控制的桥梁，是实现自主驾驶的基础。路径规划的任务就是在具有障碍物的环境中按照一定的评价标准，寻找一条从起始点到达目标点的最佳路径。

路径规划技术可简单分为全局路径规划和局部运动控制两部分。全局路径规划是在已知地图的情况下，进行局部环境建模如障碍物位置和道路边界，确定可行和最优的路径，它结合了优化和反馈机制。局部运动控制是在全局路径规划生成的可行驶区域指导下，依据传感器实时感知到的局部环境信息来决策无人平台当前前方路段所要行驶的轨迹。全局路径规划获取周围已知环境情况，局部运动控制适用于对周围环境进行实时数据获取，对无人平台进行精确控制。

路径规划算法包括 Dijkstra 算法、A 算法、人工势场法、粒子群算法等。

(4) 决策控制技术

地面无人平台的运动控制系统主要由平台运动控制模型、传感器和执行机构组成。基于正确的平台运动控制模型，地面无人平台才有可能对正确的决策做出正确的响应；传感器是感知平台运动状态的“感觉器官”，可以不断检测平台姿态变化；执行结构是完成平台姿态变化的媒介，将平台运动控制系统的控制命令转化为对应的机械动作，从而完成平台姿态的正确调整和运动控制。

决策控制相当于地面无人平台的大脑，其主要功能是依据感知系统获取的信息进行判断，进而对下一步的行为进行决策，对平台进行控制。

1.3 地面无人系统的智能化标准

目前对无人系统智能化尚无统一认可的定义，工程科技界正在逐渐形成共识，将自主化作为可行的起点，将自主化视为无人系统独立于人工控制达到的某个程度。同样，美军认为的自主化不是“非此即彼”的概念，是人机互动的连续过程中机器智能的程度，是人工控制与机器（或计算机）控制的博弈和协作程度。因此，这个意义上的自主化是可调整的概念。可以说，自主化的一端代表全部由人工控制，计算机不提供任何协助；另一端代表全部由机器控制并自主执行所有操作。因此，智能化标准从人工控制的程度差别来描述自主化，把自主化看作是一种人工控制递减的连续过程。

美军对无人系统智能化标准提出了无人系统自主水平（Autonomy Levels for Unmanned Systems，ALFUS）的概念。ALFUS 从多维度来定义自主化，划分出了 10 个对应性的自主等级。其中第 10 级表示其任务很复杂且环境相当恶劣，并且全部能自主，所具有的自主水平处于优秀；7～9 级表示任务相对复杂、协作要求比较高，且环境相对复杂，所具有的自主水平处于良好；4～6 级表示任务难度处于中等，环境所具有的复杂程度中等，所具有的自主水平处于中等；1～3 级表示环境相对简单，任务要求不是很高，具有的自主水平很差；如果无人系统全为人工控制，其没有自主性，则其智能水平归为 0 级。通过这 10 级的划分和评价，可以很清晰地看出智能无人系统不同等级所存在的自主性程度差异。

我国按人工干预程度把无人驾驶车辆自主性行驶比例分为五等级。一级（远程控制）：无人驾驶车辆不能进行自我决策并且没有什么自主性，而是通过操控人员去感知和理解环境，分析和规划路径情况，同时还由操控人员给予决策。因此无人驾驶车辆所表现的行为很大程度上受到操控人员干预。二级（远程操作）：操控人员通过无人驾驶车辆对其周围环境所感知到的信息展开分析、规划以及决策，这些感知任务很多都是操控人员完成的，操控人员通过无人驾驶车辆所捕获的感知信息来对其行为进行控制。三级（人为指导）：操控人员得到了无人驾驶车辆获得的相关环境感知具体报告，通过一定的分析和规划，跟无人驾驶车辆一起完成感知以及完成任务。四级（人为辅助）：操控人员得到了无人驾驶车辆感知到的环境数据信息，操控人员辅助无人驾驶车辆一起完成分析和规划以及相关的决策任务，最终很多任务由无人驾驶车辆去感知和完成。五级（自主）：不管是任务分析、路径规划和行为决策都是无人驾驶车辆实现的，无人驾驶车辆可不被操控人员操控，且其行为不受操控人员任何干预，操控人员可获得无人驾驶车辆的环境感知有关信息，但是无人驾驶车辆具有独立感知环境以及完成任务的能力，可以分析任务，规划路径且决定其行为，而操控人员的任务只是协助。

随着人工智能技术的不断发展，地面无人系统智能水平将会越来越高，那么无人系统是否会完全取代传统的有人系统？历史上有多次科技革命转化为作战利器，然而核武器也没有淘汰常规武器，喷气式飞机没有将螺旋桨飞机逼出历史舞台，洲际导弹也并不意味着轰炸机的终结，无人系统也如此。自主无人系统必须与有人系统和其他无人系统相结合，才能更好地体现自主无人系统的行为能力，如有人/无人联合作战产生的协同才可最大程度地提高部队的作战能力。因此，研制自主无人系统不是取代有人系统，而是力量的倍增器，而非取而代之。

1.4 地面无人平台智能化发展应用

地面无人平台的关键技术和智能化标准的提升是相辅相成，相互促进的过程，环境感知技术、导航定位技术、路径规划技术、决策控制等均为智能化发展的基础，虽然智能化发展从人工控制到全自主的发展过程将十分漫长，但仍在积极推进和探索，并以重大科研计划促进自主技术的渐进发展。

1.4.1 美国地面无人平台的智能化发展

美军从 20 世纪 80 年代至今，著名的重大科研计划包括：ALV 系统集成项目、Demo 系列项目、FCS 的地面无人车计划、DARPA 的地面无人车计划等，在各种研究计划框架下，开展了 Demo III、ANS、PerceptOR、UPI、NAUS、CAST、SOURCE 等自主相关项目。

（1）ALV 系统集成项目

1985 年 ALV（Autonomous Land Vehicle）平台在一条 1 km 长的道路上以 3 km/h

的速度完成了视觉自主导航演示。1987 年在崎岖不平且沟壑、岩石、树木和其他障碍野外环境下完成了视觉自主导航演示。1988 年 ALV 项目首次实现了基于雷达、视觉和智能控制的无人平台的自主导航，验证了自主决策、道路跟踪与避障、室外导航等技术。

(2) Demo 系列项目

以 ALV 项目研究成果基础上，美国 DARPA 于 1992 年立项了地面无人平台技术集成演示验证项目 Dem II，旨在通过集人工智能、机器视觉、先进处理器等方面的最新成果，突破无人平台的自主导航、自动目标识别等关键技术，更高效地完成军事战术任务。Demo II 项目自主导航技术包含野外环境中的导引点跟踪、多平台协同机动、全自主或半自主导航、凹凸障碍检测与避障、夜间行驶、雷达导航、多光谱地形分割、惯性导航等多项关键技术。之后在美国国防部的资助下，ARL(Army Research Laboratory，陆军研究实验室)牵头开展了 Demo III 计划。Demo III 项目重点在路径规划、视觉信息处理、激光雷达数据处理、视觉与激光信息融合、地形建模、可通过性评估、立体视觉障碍检测、凹障碍检测、模块化感知传感器设计与集成、系统体系架构等方面开展了新的研究，基本确定了地面无人平台野外未知环境自主导航技术研究的基础框架和理论体系。

之后 Demo III 继续开展 XUV(Experimental Unmanned Vehicle)项目，旨在研制全无人的无人作战平台，为战场提供高生存能力的智能平台。从此，美国不再采用有人平台无人化改造的方式来研究地面无人平台，而是根据无人化特点，全新开发无人平台。2002 年 XUV 演示样车具有凹凸障碍识别、穿透植被、穿透灰尘、倒车规划、换道等智能行为，白天和夜间的自主速度分别达到 32 km/h 和 16 km/h，可执行长时间自主导航，参加了 659 项军事任务，行驶 563 km，其中自主控制占 95%。美军直至 XUV 项目，基本确立了地面无人作战平台在野外未知环境中的自主导航技术路线和研究框架，解决了典型环境中的众多关键技术攻关，将地面无人平台推向了实用化进程。然而，由于地面环境的不可预知性和复杂性，自主导航技术的应用仍局限于典型场景，尚未根本上解决未知环境中大范围全自主导航问题。

图 1.11 Demo III 平台

(3) ANS 项目

美国陆军于 2010 年 5 月立项了 ANS 项目。该项目是未来战斗车辆(FCS)自主导航系统项目(Autonomous Navigation System),也是美军唯一正式的自主导航领域项目,旨在为FCS的地面无人系统,如武装机器人ARVs、MULEs和MGVs,提供自主机动系统。ANS是一套集成传感器和导航技术的组件,可为陆军所有的有人车辆和无人车辆提供自主能力,包含感知、规划、车辆跟随等。这将为美军战士在自主能力的辅助下对地面车辆进行操作提供支持。

ANS组件包含自主传感器(集成激光雷达、彩色相机和红外相机)、指控传感器(集成彩色相机和红外相机)、前向驾驶传感器(三个彩色相机和三个红外相机)、后向驾驶传感器(一个彩色相机和红外相机)、雷达传感器(集成毫米波雷达、彩色相机、红外相机)、道路识别传感器(彩色相机和红外相机)、自主计算机、电台、卫星定位和惯导设备、天线(差分GPS天线、电台天线等)、车轮编码器、车高调节传感器等,ANS技术在轮式装甲车辆上得到集成应用,如图1.12所示。

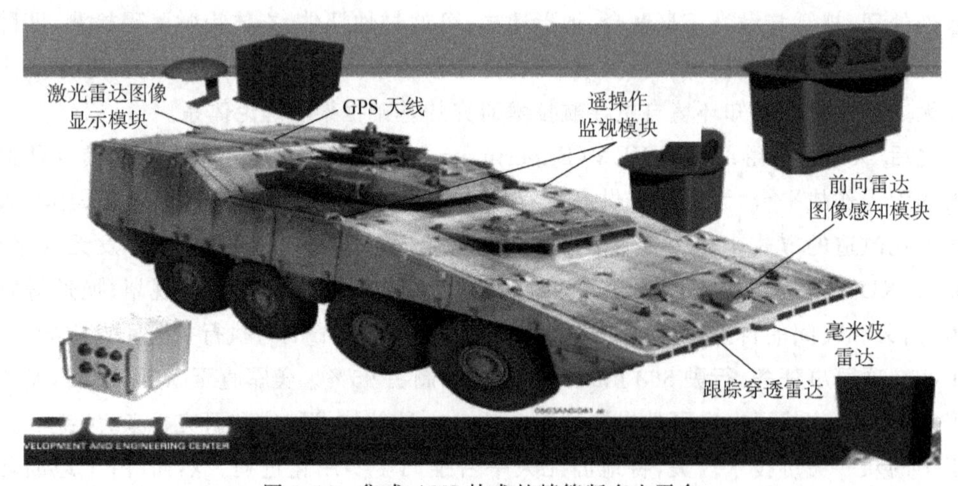

图1.12　集成ANS技术的精简版有人平台

在后续研究中,对设备进行拆整合,形成更为精简的ANS组件,且考虑了模块化部署。此时的ANS组件包含车辆尾部激光感知模块、车辆前方感知模块、遥操监视模块、GPS天线、自主计算机、前向雷达等设备。能够实现窄路上的高速自主驾驶、特征识别的前车跟随、道路驾驶、自主安全驾驶等能力。

ANS最终为未来战斗车辆(FCS)装甲救援车样机(ARV)的先进动力总成演示系统(APD)提供组件化的自主机动方案,为其提供强大的自主能力,该项目于2012年开展了实战测试,如图1.13所示。

(4) SOURCE项目

SOURCE(Safe Operations of Unmanned Systems for Reconn-aissance in Complex Environments)项目是针对复杂环境中执行侦察任务的地面无人平台的安全运行而开展的专项研究。SOURCE项目以FCS的ANS项目成果为基础,继续深化和优化自主系统软硬件,旨在提供满足部队作战需求的自主导航组件,同时该项目也开展了基于低成本传感器组件的自主性能评估与测试验证。

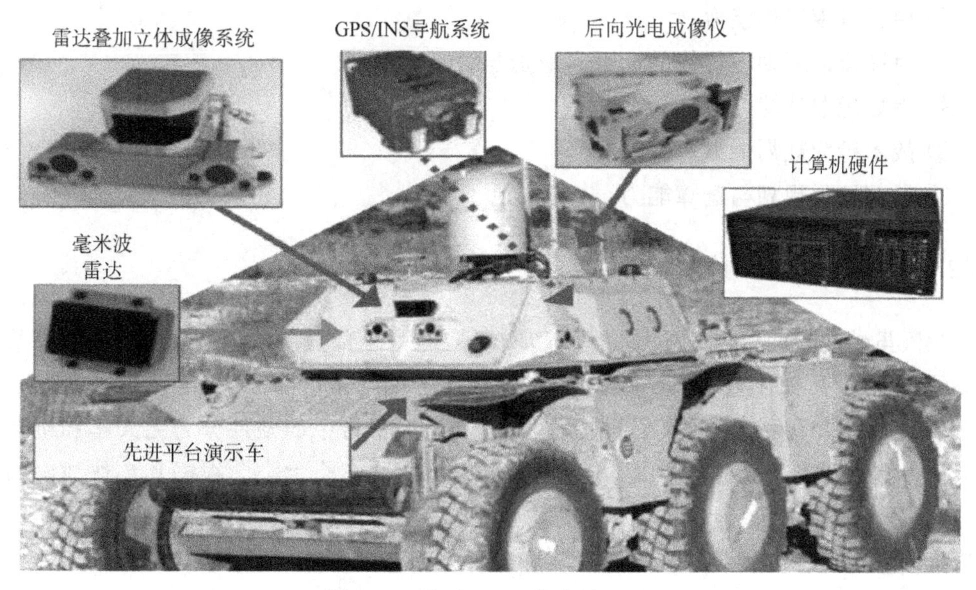

图 1.13 集成 ANS 技术的 APD

项目开发了多传感器集成的传感组件以及一套先进的 SOURCE 自主系统软件，并集成到多种无人、有人平台上，包含 SMET、ARV(MULE、Crusher、APT)等无人平台以及轻中型战术车辆、装甲车辆、越野汽车等。SOURCE 技术验证如图 1.14 所示。

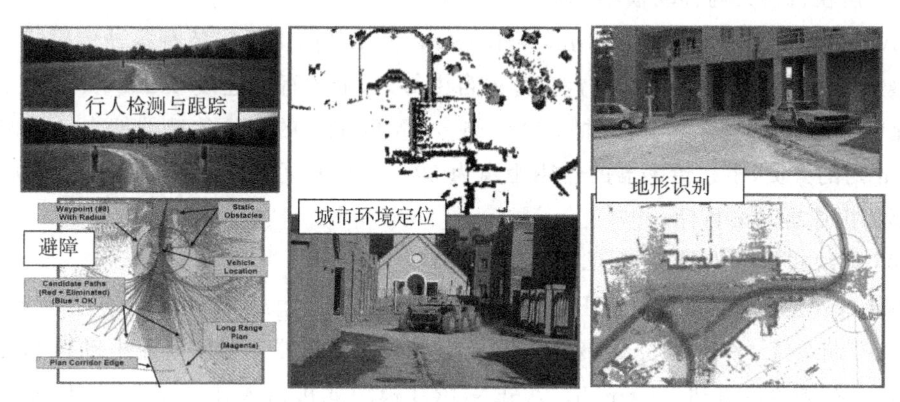

图 1.14 SOURCE 技术验证

SOURCE 组件提供的满足美国陆军作战需求能力，包含：

1）自主能力

① 领航一跟随能力；

② 路径跟随能力；

③ 远程遥控操作能力(监督式自主能力)；

④ 远程态势感知能力。

2）多模态、高分辨、全数字传感能力

① 彩色相机、黑白相机、长波红外、毫米波雷达、激光雷达等多源传感数据的融合；

② 白天昼夜工作能力；

③ 对高速逼近动态物体的远距离识别与警示能力。

3）多处理器计算能力

① 战术行为规划能力；

② 局部路径规划与避障能力。

1.4.2 我国无人平台的智能化发展

我国虽然在地面机器人的研究上起步较早，但由于部分技术基础相对薄弱，在某些重要的基础学科，如传感、视觉导航等理论与技术方面与发达国家还存在一定差距。

根据产品特性和使用领域，目前我国将无人地面平台中的硬件分为无人车和机器人两大类。其中无人车又分遥控式、半自主式和全自主式三个大类。根据其在作战中的用途，主要分为指挥平台、侦察平台、突击平台、保障平台、特种平台等，主要应用在侦察战场情报信息、核生化区域探测、无人战斗和特种多功能工程等领域。

中国兵器集团与德国 RoboWatch 公司合作，研发了 MOSRO 巡逻机器人、ASENDRO 排爆/侦察机器人、OFRO 微型坦克车和 CHRYSOR 大型无人车四种模块化无人车，既能完成后勤保障、反恐排爆、基地警戒等任务，又能完成前线战场侦察、运输、救援、作战、扫雷等任务，涵盖了大多数军事和准军事领域。

（1）监视机器人与移动侦察机器人 MOSRO

MOSRO 长 0.36 m，宽 0.48 m，高 1.18 m，重 25 kg，上面安装有各种传感器。它能自动感知探测周围的墙壁、障碍物，在室内自由行走，最大行进速度 4 km/h，可爬 13°坡。电池充电时间为 4 h，连续工作时间 14～16 h。MOSRO 的红外传感器能自动探测和跟踪 12 m 内的人员，雷达传感器的作用距离为 30 m。发现可疑人员后，它还能自动转身，将头部的摄像机对准目标。

（2）模块式排爆机器人(ASENDRO EOD)

模块式排爆机器人(ASENDRO EOD)，长约 0.6 m，宽高 0.4 m，含有驱动系统、通信设备、控制系统、平行爪、立体摄像机等。ASENDRO 机器人使用直流电动机驱动系统动作，最大行驶速度可达 10 km/h。ASENDRO 模块式机器人在行走方式、任务载荷方面能够随意进行调整，因此有很强的环境适应性，也大大方便了后勤保障。ASENDRO EOD 模块式排爆机器人上装有一个平行爪的操作臂，通过远程遥控使其灵活运动，在反恐、排爆、侦察、救灾行动中，都能大展身手。更换不同的探测装置、工作模块、传感器，它还可以完成地雷探测与排险等任务。甚至还可以安装滑膛枪等武器装备，作为“战士”参加警戒巡逻。ASENDRO EOD 模块式排爆机器人如图 1.15 所示。

（3）OFRO 微型坦克车

OFRO 移动侦察车长 1.12 m，宽 0.7 m，高 0.4 m，重 54 kg，载重 40 kg。橡胶链轨式行走装置，让它看起来像一辆微型坦克。它采用电池为能源，6 h 就可以充满，可以连续工作 12 h，速度可以达到 7.2 km/h。抗冲击的外壳保护它免受雨雪的侵袭，工作温度在－20℃～＋60℃。车上安装有超声测距传感器、红外传感器、DGPS接收器、GSM/GPRS/UMTS通信模块等设备，既能自主巡逻，也可以遥控操纵。桅杆顶部装有能360°旋转的宽视角热成像摄像机和CCD摄像机。OFRO微型坦克车如图1.16所示。

图1.15 ASENDRO EOD模块式排爆机器人

图1.16 OFRO微型坦克车

（4）中国北方工业公司研制的“锐爪1”型战斗侦察型小型无人战车

我国的新型战斗侦察型无人作战车辆UGV已经服役，它是中国北方工业公司研制的“锐爪1”型战斗侦察型小型无人战车。“锐爪1”型无人战车可以在战场上为班级或排级单位执行近距离侦察、探测和监视任务，也可根据任务需求灵活换装武器，如果执行火力支援任务，可以将7.62 mm机枪搭载到平台上。除此之外还可以装载短程光电载荷、机器视觉和照明组件以及新设计的遥控武器站。“锐爪1”型战斗侦察型小型无人战车如图1.17所示。

图1.17 “锐爪1”型战斗侦察型小型无人战车

（5）履带式侦打突击无人作战系统

侦打突击无人作战系统，具备战场机动、侦查引导和火力打击的能力，是机械化、信息化、电子化与智能化高度融合的机动作战平台，由中国北方工业公司研制，它搭载了MEMS INS/GPS/BDS导航控制计算机、激光雷达、毫米波雷达、相机及视频处理单元、图传电台、自组网系统等机构。遥控模式下，操控人员通过操控终端上的手柄远程遥控车辆机动；自主模式下，导航控制计算机综合环境感知传感器采集的环境信息、组合定位装置给出的高精度位姿信息以及远程操控系统下发的任务信息，规划出无人车的运动控制指令，下发给平台综合控制器，实现无人车的路径跟踪、自主返航、车辆引导、人员引导等功能。侦打突击无人车如图1.18所示。

图1.18　侦打突击无人车

侦打一体任务载荷采用顶置武器站的形式，配置机枪、火箭弹、红箭-73E反坦克导弹等武器。

(6) REEV驱动架构中型履带式无人作战系统

REEV驱动架构中型履带式无人作战系统来自“兵工”集团。火力打击上装模块由14.5 mm口径机枪和2组反坦克导弹构成的，配置了完整的光电侦查系统。载具端前部与后部配置2组激光雷达和毫米波雷达模块，车辆后部两侧以45°角设定2组白光视频采集系统。

系统的亮点是低成本且具备大规模量产的能力。一旦，以集群规模遂行地面战争，可在短时间输出密集的火力，打击地方人员、工事和高附加值装甲技术兵器。以编队行驶前出的EV驱动架构的无人作战履带装备，或可作为有人驾驶地面装备的警戒哨，或可作为火力隐蔽打击点遂行精准打击，可适合多种作战环境，达成压倒性的战术优势。REEV驱动架构中型履带式无人作战系统如图1.19所示。

不仅在军事方面，在服务工作方面，瑞典的一款机器人“三叶虫”，表面光滑，呈圆形，内置搜索雷达，可以迅速地探测到并避开桌腿、玻璃器皿、宠物或任何其他障碍物。一旦微处理器识别出这些障碍物，它可重新选择路线，并对整个房间做出重新判断与计算，以保证房间的各个角落都被清扫。在体育比赛方面，近年来在国际上迅速开展起来足球机

图 1.19　REEV 驱动架构中型履带式无人作战系统

器人高技术对抗活动，国际上已成立相关的联合会 FIRA，许多地区也成立了地区协会，已达到相当的规模和水平。机器人协同，双方对抗，可形成一场激烈的足球比赛，且在比赛过程中，双方的教练员与系统开发人员不得进行干预。机器人足球融计算机视觉、模式识别、决策对策、无线数字通信、自动控制与最优控制、智能体设计与电力传动等技术于一体，是典型的无人平台，具有较高的自主水平。

地面无人平台的发展与控制器、传感器和执行机构等硬件构成，环境感知、导航定位、路径规划和运动控制等关键技术的发展是密不可分的，其自主程度越来越高，逐步向智能化方向发展。

思考题

1. 什么是移动机器人？
2. 按照应用场景、移动机构和应用领域，移动机器人可分为哪些？
3. 无人平台的重要关键技术是什么？简述它们的原理。
4. 无人平台的智能化标准是什么？

第2章 常用处理器

无人平台运动控制系统主要由核心控制器、驱动器、传感器和运动机构组成，如图2.1所示。首先通过传感器感知自身内部状态和环境信号，然后将信号传递给控制器，控制器做出决策，将控制信号传递给驱动器，驱动器再根据控制指令驱动执行机构，实现机器人的运动和作业。运动控制可以通过电动机直接驱动，也可以是电动机通过传动系统或者链条系统驱动机器人。

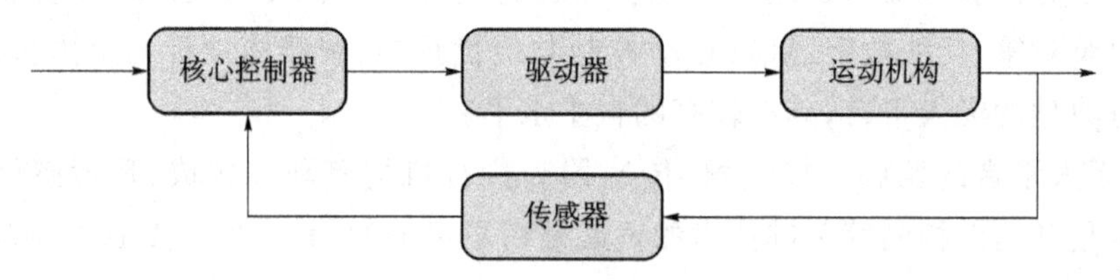

图2.1　无人平台运动控制硬件系统组成

核心处理器作为无人平台运动控制的核心部分，它将各个系统组织起来实现各种任务。传感器和驱动器，再加上控制器，并给予一定的控制算法，便可实现无人平台的自主运动。

2.1　常用处理器概述

目前，无人平台中常用的运动控制器有微控制器（典型代表单片机）、嵌入式微处理器（如ARM等）、DSP处理器、片上系统、工控机等，它们的尺寸、价格和性能都有很大差异。根据无人平台的功能和作业复杂度，选择能满足功能、性价比高的控制器。

（1）微控制器（MCU）

微控制器是从MCS-51单片微型计算机迅速发展起来的，典型代表为单片机。微控制器将微型计算机的主要部分集成到一块芯片中，其片上外设资源相对比较丰富，根据某些典型的应用，在芯片内部集成了ROM/EPROM、RAM、总线、总线逻辑、定时/计数器、看门狗、I/O、232总线接口、PWM、A/D、D/A、Flash、RAM等各种必要功能部件和外设。为适应不同的应用需求,对功能的设置和外设的配置进行必要的修改和裁减定制,使一个系列的微控制器具有多种衍生产品,每种衍生产品的处理器内核都相同,不同的是存储器和外设的配置及功能的设置。通常,微控制器可分为通用和半通用两类。比较有代表性的通用系列包括 8051、P51XA、MCS-251、MCS-96/196/296、C166/167、MC68HC05/11/12/16、68300 等;半通用系列是带有一些特定应用接口的微控制器,比较有代表性的,如支持 USB 接口的 MCU8XC930/931、C540、C541,支持 I2C、CAN 总线、LCD 及众多专用的 MCU 和兼容系列。

(2) 微处理器(MPU)

微处理器主要是寻求嵌入式计算机的最佳体系结构,通常由一片或几片大规模基础电路组成的中央处理器,代表一个功能强大的 CPU,具有体积小、重量轻和容易模块化等优点。微处理器相比微控制器具有更加丰富的片上资源,如 ROM、RAM、I/O、PWM、A/D、D/A、232 总线接口、I2C 总线接口、SPI 总线接口、CAN 总线接口、USB 控制器、实时时钟 RTC 等,并且可以在比较恶劣的环境中工作。微处理器和工控机相比,EMPU 组成的系统具有体积小、模块化、重量轻、成本低、可靠性高的优点。MPU 目前主要有 Am186/88、386EX、SC-400、Power PC、68000、MIPS、ARM 系列等。

(3) DSP 处理器

信息化的基础是数字化,数字化的核心技术之一是数字信号处理。数字信号处理的任务在很大程度上需要由 DSP 处理器完成。在 DSP 出现之前数字信号处理只能依靠 MPU 完成,但 MPU 较低的处理速度无法满足高速实时的要求。

随着大规模集成电路技术的发展,1982 年世界上诞生了首枚 DSP 芯片。这种 DSP 器件采用微米工艺 NMOS 技术制作,虽功耗和尺寸稍大,但运算速度却比 MPU 快几十倍,尤其在语音合成和编码解码器中得到了广泛应用。DSP 芯片的问世标志着 DSP 应用系统由大型系统向小型化迈进了一大步。随着 CMOS 技术的进步与发展,第二代基于 CMOS 工艺的 DSP 芯片应运而生,其存储容量和运算速度成倍提高,成为语音处理、图像硬件处理技术的基础。20 世纪 80 年代后期,第三代 DSP 芯片问世,运算速度进一步提高,其应用范围逐步扩大到通信、计算机领域。20 世纪 90 年代 DSP 发展最快,相继出现了第四代和第五代 DSP 器件。现在的 DSP 属于第五代产品,与第四代产品相比,系统集成度更高,将 DSP 核及其外围组件集成在单一芯片上,这样就使 DSP 器件不仅具有极强的数据处理能力,而且具有极强的控制能力。这种集成度极高的 DSP 芯片不仅大量应用在通信、计算机领域,而且逐渐渗透到人们的日常消费领域,应用前景十分广阔。当前,应用最广泛的 DSP 处理器产品是 TI 的 TMS320 系列,TMS320 系列处理器包括适用于运动控制系统的 C2000 系列、移动通信的 C5000 系列,以及性能更高的应用于图像导航领域的 C6000 和 C8000 系列处理器。

(4) 片上系统

随着 VLSI 设计的普及化及半导体工艺的迅速发展,可以在一块硅片上实现一个更为复杂的系统,这就是 System On Chip(SOC),如 FPGA 和 CPLD。FPGA 相比 CPLD

内含门电路资源更为丰富,FPGA依据资源多少可以做组合逻辑电路、时序逻辑电路以及相应的算法,CPLD通常用于做组合逻辑电路和简单的时序逻辑电路。方法为用标准的VHDL等语言描述硬件系统,仿真通过后就可以加载到芯片执行。由于是在芯片内部直接搭建电路完成相应算法,所以基于片上系统完成的算法效率更加高效。

(5) 工控机

工控机(Industrial Personal Computer,IPC)的全称为工业控制计算机,是一种采用总线结构,对生产过程及机电设备、工艺装备进行检测与控制的工具总称。工控机具有重要的计算机属性和特征,如具有计算机主板、CPU、硬盘、内存、外设及接口,含有操作系统、控制网络和协议、计算能力以及友好的人机界面。

当前无人平台运动控制器多以基于ARM内核的微处理器为主流,很多成熟公司产品的核心处理器为ARM系列Cortex-M3的STM32处理器,本部分无人平台核心控制器以STM32控制器为例展开。

2.2 STM32控制器基本特性

STM32的核心Cortex-M3处理器,是一个标准的微控制器结构,价格低于1欧元,分为两个版本,最高CPU时钟为72 MHz的"增强型"和最高CPU时钟为36 MHz的"基本型"。不同版本的STM32器件之间在引脚功能和应用软件上是兼容的。这些不同的STM32型号里内置Flash最大可达128 KB,SRAM最大为20 KB,且拥有32位CPU、并行总线结构、嵌套中断向量控制单元、调试系统以及标准的存储映射。

STM控制器具有精密性、可靠性、安全性和软件开发通用性等基本特性。

(1) 精密性

STM32类似一个典型的单片机,配备常见外设诸如多通道ADC、通用定时器、I2C总线接口、SPI总线接口、CAN总线接口、USB控制器、实时时钟RTC等。然而,它的每一个设备都有其自身特点:如12位精度的ADC具备多种转换模式,并带有一个内部温度传感器,带有双ADC的STM32器件,还可以使两个ADC同时工作,从而衍生出更为高级的9种转换模式;如STM32的每一个定时器都具备4个捕获比较单元,每个定时器都可以和另外的定时器联合工作生成更为精密的时序;如STM32有专门为电动机控制而设的高级定时器,带有6个死区时间可编程的PWM输出通道,同时带有的紧急制动通道可以在异常情况出现时,强迫PWM信号输出保持在一个预定好的安全状态;如SPI接口设备含有一个硬件CRC单元,支持8位字节和16位半字数据的CRC计算,适合对SD或MMC等存储介质进行数据存取。

并且,STM32还包含了7个DMA通道。每个通道都可以用来在设备与内存之间进行8位、16位或32位数据的传输。每个设备都可以向DMA控制器请求发送或接收数据。STM32内部总线仲裁器和总线矩阵将CPU数据接口和DMA通道之间的连接大大地简化，这意味着DMA单元灵活，使用方法简单，足以应付微控制器应用中常见的数据传输需求。

(2) 可靠性

STM32配备了一系列的硬件来支持对可靠性有高度要求的应用。这些硬件包括一个低电压检测器、一个时钟安全管理系统和两个看门狗定时器。时钟管理系统可以检测到外部主振荡器的失效，并随即安全地将STM32内部8 MHz的RC振荡器切换为主时钟源。两个看门狗定时器中的一个称为窗口看门狗。窗口看门狗必须在事先定义好的时间上下限到达之前刷新，如果过早或过晚地刷新它，都将触发窗口看门狗复位。第二个看门狗称为独立看门狗。独立看门狗使用外部振荡器驱动，该振荡器与主系统时钟是相互独立的，这样即便STM32的主系统时钟崩溃，独立看门狗也能“力挽狂澜”。

(3) 安全性

STM32可以锁住其内部Flash而使得破解人员无法通过调试端口读取其内容。当Flash的读保护功能开启之后，其写保护功能也就随之开启了。写保护功能常用于防止来历不明的代码写入中断向量表。但写保护不仅可以保护中断向量表，还可以更进一步地将保护范围延伸到整个Flash中未被使用的区域。STM32还有一小块电池备份RAM区，这块RAM区域对应一个入侵检测引脚应用，当这个引脚上产生电平变化时，STM32会认为遭遇了入侵事件，随即自动将电池备份RAM区的内容全部清除。

(4) 软件开发支持

用户可以使用标准的JTAG接口或双线串行接口通过调试端口(Debug Access Port)实现和CoreSight系统的对接。除了提供调试运行控制服务之外，STM32上的Core-Sight还提供断点数据查看功能以及一个指令跟踪器。指令跟踪器可以将用户选择的应用信息上传到调试工具里，从而可以为用户提供额外的调试信息，并且它在软件运行期间同样可以使用。

2.3 STM32控制器内核

1. 总线

STM32为Cortex-M3处理器，哈佛结构体系，拥有独立的地址总线和数据总线，分别称为I-Code总线和D-Code总线。这两条总线都可以在0x00000000～0xlFFFFFFF范围内存取代码和数据。

Cortex-M3处理器的系统总线和数据总线通过一系列高速总线阵列组成的总线矩阵和外部控制器连接，这样就可以在Cortex-M3处理器的内部总线和外部总线之间建立一些并行通道，比如从DMA到片上SRAM或者外设。如果两个总线主机(比如Cortex-M3 CPU和DMA单元)同时尝试连接同一个设备，Cortex-M3处理器内部的仲裁机构会解决此类冲突问题，优先级高的总线主机会取得总线的控制权。

STM32 的 Cortex-M3 核心通过特殊的指令总线与 Flash 存储器连接，数据总线和系统总线又与先进高速总线(Advanced High Speed Buses，AHB)相连。

STM32 的内部 SRAM 和 DMA 单元直接与 AHB 总线相连，外部设备则使用两条先进设备总线(Advanced Peripheral Busses，APB)连接，而每一条 APB 总线又都与 AHB 总线矩阵相连。AHB 总线的工作频率与 Cortex-M3 内核一致，但 AHB 总线上挂着许多独立的分频器，通过分频器的输出时钟频率可以减至较低水平，以达到较低功耗。要注意，APB2 总线可以最大为 72 MHz 频率运行，而 APBl 总线只能以最大为 36 MHz 频率运行。Cortex-M3 核心和 DMA 单元都可以成为总线上的主机。因为整个 STM32 内部的总线矩阵是并行结构，所以 Cortex-M3 核心和 DMA 单元在同时申请连接 SRAM、APBl 或 APB2 时会发生仲裁事件。图 2.2 所示为 STM32 微控制器内部的总线结构。

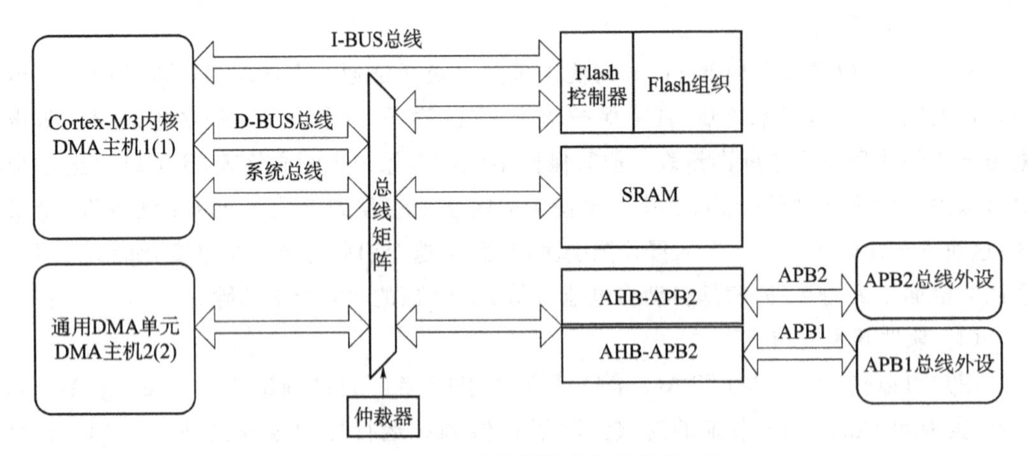

图 2.2　STM32 微控制器内部的总线结构

2. 存储映射

Cortex-M3 处理器是一个标准化的微控制器核心，STM32 属于 Cortex-M3 处理器，其固定的存储映射方案就是标准化的一个表现。尽管 Cortex-M3 处理器拥有多重内部总线，但其存储区仍然是一个线性的 4 GB 地址空间。图 2.3 所示为 Cortex-M3 处理器内部的存储映射。

3. 定时器

为了对外部振荡器进行补强，STM32 配备两个内部 RC 振荡器。STM32 复位以后，首先使用的初始时钟为内部高速振荡器(HSI)，并且运行在 8 MHz 频率。STM32 的第 2 个内部振荡器是内部低速振荡器(LSI)，一般以 32.768 kHz 频率运行，供给实时时钟和独立看门狗使用。图 2.4 所示为 STM32 的时钟树结构。

Cortex-M3 CPU 的时钟可以来自内部高速振荡器(HIS)、外部高速振荡器(HSE)或者内部锁相环(PLL)。锁相环的时钟来源可以是 HSI 或 HSE。所以，STM32 不需要外部振荡器就可以在 72 MHz 频率下工作，但不足之处在于内部振荡器并不能很准确且稳定地提供 8 MHz 的时钟脉冲。所以，如果要使用串行通信设备或要获得精确的定时，

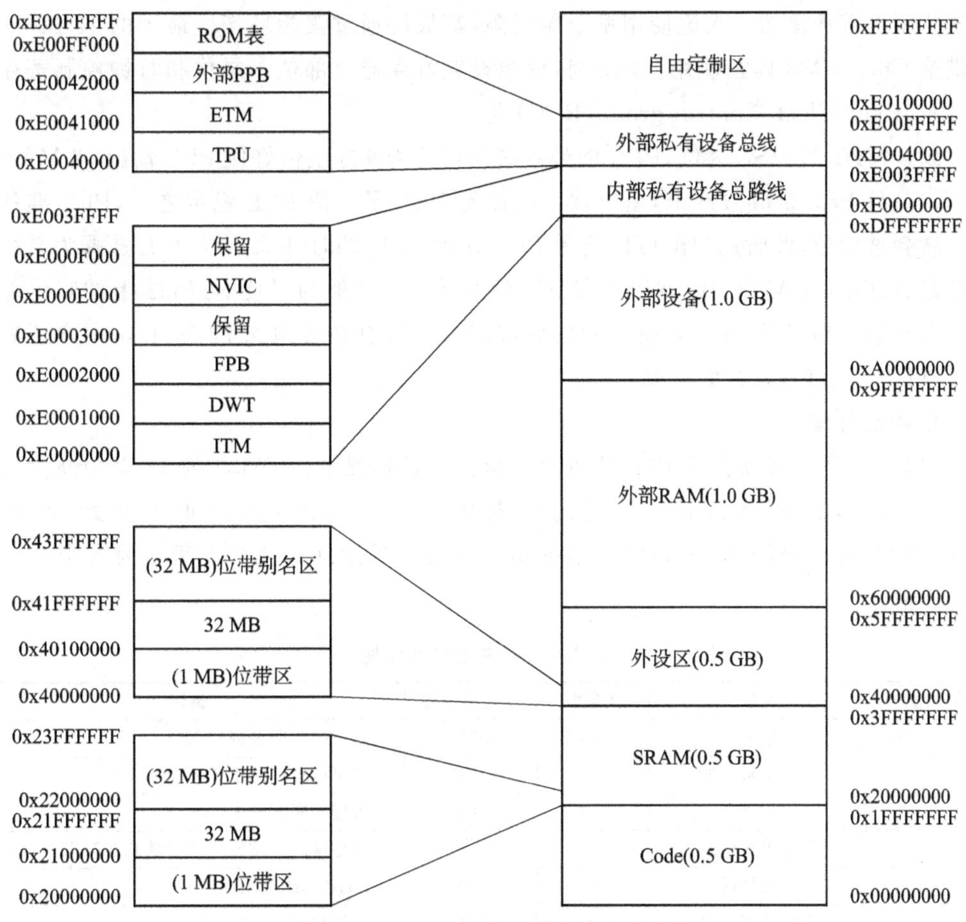

图 2.3　Cortex-M3 处理器内部存储映射

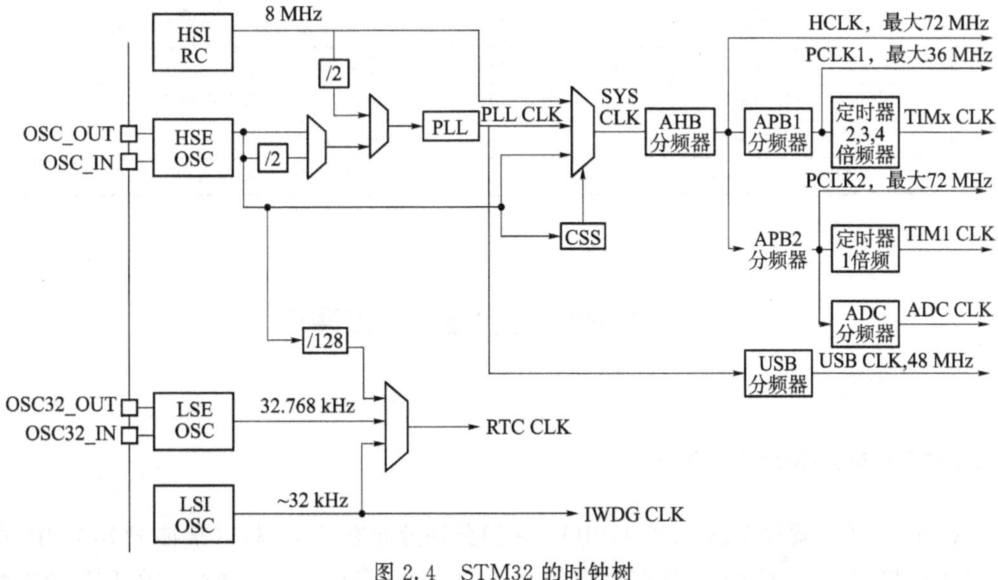

图 2.4　STM32 的时钟树

应该使用外部振荡器。无论使用哪个振荡源，都最好通过锁相环产生最大的 72 MHz 频率供给 Cortex-M3 内核使用。PLL 和总线设置寄存器全部位于复位和时钟控制寄存器组(Reset and Clock Control group，RCC)里。

以 8 MHz 的 HSE 为例，PLL 倍频数必须设置为 9 才能恰好使 PLL 输出 72 MHz 的频率。一旦 PLL 倍频数选定，用户就可以使能 PLL 了。待 PLL 稳定之后，PLL 准备就绪位就会被置位，此时用户就可以选择 PLL 作为 CPU 的时钟源。将 PLL 选择为系统时钟源之后，Cortex-M3 CPU 就以 72 MHz 频率运行了。但为了使 STM32 上的其他部件运行在其最佳频率下(并不是所有的器件都能够并且有必要跑到 72 MHz)，用户还需要设置 AHB 和 APB 总线的频率。

4. 中断处理

在 STM32 上可以支持 16 级中断优先级。默认情况下，STM32 的 16 个中断优先级中，0 级最高，15 级为最低。中断向量表并不是从 0x00000000 地址开始，而是从 0x00000004 地址开始，0x00000000 地址用来存放栈顶地址。表 2.1 所示为各个中断向量的详情。

表 2.1 各中断向量详情

中断向量号	类型	优先级	优先级属性	描述
1	复位中断	−3(最高)	固定	复位中断服务程序入口
2	非可屏蔽中断	−2	固定	非可屏蔽中断服务入口
3	硬件错误	−1	固定	出错中断服务入口
4	内存管理错误	0	可变	内存管理异常或非法存取总线时发生
5	总线情误	1	可变	AHB 总线错误中断
6	用户程序错误	2	可变	应用程序错误中断
7～10	保留	N/A	保留	保留
11	系统服务跳转	3	可变	系统服务跳转时调用
12	调试跟踪	4	可变	断点，查看断点，外部调试器跟踪等
13	保留	N/A	保留	保留
14	系统挂起服务	5	可变	可挂起的系统服务中断请求
15	系统节拍时钟	6	可变	系统节拍时钟中断服务
16～256	中断向量＃0～＃240	7～247	可变	0～240 号外部中断入口

2.4 STM32 控制器的外设通道

2.4.1 通用输入输出 GPIO 口

STM32 可以提供多达 80 个 GPIO。它们分别分布在 5 个端口(常称 PORT)中，所以每个端口有 16 个 GPIO。这些端口分别以 A～E 命名(即 GPIOA～GPIOE)，最大耐压值为5 V。大部分的外部引脚都可以从通用的GPIO切换为用户设备的专用I/O口，比如USART接口设备的Tx/Rx通道或者I2C接口设备的SCL/SDA引脚。此外STM32还有一个外部中断控制单元，允许将每个端口上的16个GPIO通过映射成为外部中断输入口。

每个端口都有两个32位宽度的设置寄存器，一共是64位。分配至16个GPIO后，则每个GPIO占用4位配置位。这4位配置中的两位用来设定GPIO的方向，另外两位设GPIO的工作模式。

首先是GPIO的方向，STM32的每个GPIO都可以设置为输入方向或者输出方向。其次是电气结构，根据GPIO方向的不同，分为几种情况：

(1) 当GPIO作为输入口时，可以选择是否使用内部的上拉/下拉电阻；

(2) 当GPIO作为输出口时，可以选择推挽输出方式或开漏极输出方式，同时可以将最大翻转频率限制在2 MHz、10 MHz、50 MHz三个级别。

用户还可以通过第二功能寄存器(Alternate Function Registers)将GPIO映射到某个外部设备上，成为该外部设备的专用I/O通道，实现该GPIO的第二功能。为使开发人员在设计STM32应用电路时有更多的选择性，一个设备往往有几种映射方案可选。STM32的GPIO第二功能在重映射和GPIO调试寄存器(Remap and Debug GPIO Register)中打开。每个用户设备(USART、CAN、定时器、I2C和SPI)都有1～2个设置位用来选择其映射方案。在选定对应GPIO的第二功能映射方案之后，还需要在GPIO设置寄存器(GPIO Configuration Registers)中打开其第二功能。重映射寄存器还控制着JTAG调试端口的功能设置。复位之后，JTAG端口处于使能状态，用户可以不使用JTAG，而将其切换为两线的串行调试端口，这样多出来的GPIO口就可以当作普通GPIO使用了。

2.4.2 基于定时器的外设通道

STM32有4个定时器单元，共计8个定时器。定时器1和定时器8为高级定时器，专门用于电动机控制，剩下的定时器为通用定时器。所有的定时器都有类似的结构，但是高级定时器加入了一些高级的硬件特性。

所有的通用定时器都基于16位宽度的计数器，带有16位预分频器和自动重载寄存器。定时器的计数模式可以设置为向上计数、向下计数和中央计数模式(从中间往两边计数)。定时器具有多达8个可选的时钟驱动源，包括系统主时钟提供的专用时钟，一个定时器所产生的边沿输出时钟，以及通过捕获比较引脚输入的外部时钟。

除了基本的计时功能之外，每一个定时器还带有4个捕获比较单元。这些单元不仅具备基本的捕获比较功能，同时还有一些特殊工作模式。如在捕获模式下，定时器将启用一个输入过滤器和一个特殊的PWM测量模块，同时还支持编码输入。在比较模式下，定时器可实现标准的比较功能、输出可定制的PWM波形以及产生单次脉冲。在这些特殊模式下，硬件会帮助用户完成一些常用的操作。此外，每个定时器都支持中断和DMA 传输。

(1) 捕获单元

用定时器的基本捕获单元有 4 个捕获比较通道，分别有一个可配置的边沿检测器连接。当检测器检测到电平边沿变化时，定时器当前计数值就会被捕获存入 16 位捕获比较寄存器中。当捕获事件产生时，用户可以选择停止计数或复位计数器。此外，捕获事件还可以用于触发中断和申请 DMA 传输。

(2) 输出比较

除了输入捕获通道，每个定时器单元还提供 4 个输出比较通道。在基本的比较模式下，当定时器计数值和 16 位捕获比较寄存器的值匹配时，会产生一个匹配事件。这个匹配事件可用以改变捕获匹配通道对应的引脚电平、产生定时器复位、产生中断或申请DMA 传输。

(3) PWM 模式

基本比较模式的基础上，每个定时器都拓展了一个专门的 PWM 输出模式。在PWM 输出模式下，PWM 的周期在定时器自动重载寄存器(AutoReload Register)中设置，而占空比则在捕获比较寄存器(Capture/Compare Register)中设置。每个通用定时器都可以产生最多 4 路 PWM 信号。但 STM32 定时器可以巧妙地进行联合协作，甚至可以产生多达 16 路的 PWM 信号。

高级定时器为 STM32 的定时器 1 和定时器 8(定时器 8 仅部分型号的 STM32 器件拥有)。相比通用定时器，高级定时器加入一些高级的硬件特性来为电动机控制提供更好的支持。高级定时器有 3 个输出通道可进行互补输出，每个通道都有可编程死区时间功能，一共可以提供 6 路 PWM 信号高级定时器还有一个紧急制动输入通道、一个可以和编码器连接的霍尔传感器接口。高级定时器可以广泛用于电动机控制领域。

2.4.3 ADC 转换通道

STM32 的 ADC 模块，12 位精度，转换速率可达到 100 万次(1 MHz)，最大通道数为18。在 18 个通道中，16 个可以用作测试外部信号，剩下的 2 个通道：一个可以与 ADC 内部温度传感器连接，另一个可以与内部基准电压源连接。根据型号不同，部分 STM32 最多带有 2 个独立的模/数转换模块(ADC)。部分 STM32 使用 2.4～3.6 V 外部独立电源供给 ADC 使用，部分 STM32 的 ADC 参考基准在内部与 ADC 的电源输入端相连，而另外一部分则带有外部基准输入引脚。

每个 ADC 都有两种基本转换模式：常规模式(Regular Mode)和注入模式(Onjected Mode)。

(1) 常规模式

常规模式下，用户可以使 ADC 的单个或部分通道轮流进行 A/D 转换，最多可以使用 16 个通道进行转换。此外各个通道的转换次序也可以定制，一个通道在一个转换周期之内可以进行多次转换。一组常规模式通道转换可以使用软件启动,也可以使用硬件信号,比如定时器的溢出事件或者通过触发外部中断启动。触发通道开始转换后,该转换组会持续不停地进行转换。而用户也可以将其设定在单次转换模式,即某次转换触发信号来临,转换通道开始转换,转换完毕随即停止,直到下一次触发信号来临。

每次转换结束,转换结果会存放在一个单独的结果寄存器(Results Register)中,同时可选择产生一个中断。ADC 的转换结果数据是 12 位,但存放在一个 16 位宽度的寄存器中,因此转换数据在 16 位寄存器中可以左对齐或右对齐方式存放。

通过一个专门的 DMA 通道,可以将 ADC 的转换结果从结果寄存器传输至内存中。用户可以使每一组转换周期结束时,产生中断请求 DMA 传输,即可将一个组转换周期的转换结果复制到内存中。

(2) 注入模式

ADC 还有一种转换模式称为注入模式。注入转换组最多可以使用 4 个通道,可以使用软件或者硬件触发。一旦注入模式触发之后,当前运行的常规转换会被中止,转而执行注入转换,注入转换完毕之后再返回执行常规转换(这有点像 CPU 的中断嵌套)。和常规转换组一样,注入转换组的转换通道也可以设置在一个转换周期之内进行多次转换。但与常规转换组不同的是,注入转换组使用不同于常规转换使用的结果寄存器。

ADC 注入转换通道数据移位寄存器(ADC Injected Channel Data Offset Register)用以存储一个 16 位的数值,当 ADC 注入转换完成后其转换结果会自动减去移位寄存器里的值,这才是最终的注入转换结果。这样注入转换的结果有可能为负数,因此转换结果寄存器使用 SEXT(Signed Extern)表示符号位。和常规转换组一样,注入转换组结果也可以在 16 位寄存器内选择左右对齐保存。

2.4.4 通用同步/异步串行接口

通用同步/异步串行接口(USART)在绝大多数 PC 上都被取消了,但在嵌入式芯片中,USART 仍然是使用的最广泛的一种通信接口。强大的功能和易用性决定了 USART 仍会在未来嵌入式应用中沿用多年。STM32 配备了 3 个增强型 USART 接口,并都支持最新的通信协议。每个 USART 的最大通信速率为 4.5 Mbit/s。STM32 的 USART 是一个可全面定制的串行通信口,其数据长度、停止位和波特率等都是可以设置的。3 个 USART 中,一个挂载在 APB2 总线上,另外两个挂载在 APB1 总线上。

每个 USART 的波特率产生器可以产生精确到小数级别的波特率,精度远比通过简单的时钟分频器高。和其他通信接口设备一样,每个 USART 配备了两个 DMA 通道,用以接管 USART 数据寄存器和内存之间的数据进出。STM32 的 USART 全双工通信,也可以实现半双工通信。

2.4.5 串行外设接口

为了能够与其他 IC 进行通信,STM32 配备 2 个串行外设接口(SPI),并提供高达 18 MHz

的全双工 SPI 通信。但要特别注意的是，有一个 SPI 设备接口位于满速为 72 MHz 的 APB2 高速总线上，而另外一个 SPI 设备接口挂载在满速为 36 MHz 的 APB1 低速总线上。用户可以对每个 SPI 设备的时钟极性和相位进行定制，发送数据的长度可以为 8 位或 16 位，还可以选择从最高位还是最低位开始发送。每个 SPI 都可以扮演主机或从机和其他 SPI 设备进行通信。

为了更好地发挥 SPI(最大 18 MHz)的特性，每个 SPI 设备都可以申请两个 DMA 传输通道，一个用于数据发送，另一个用于数据接收。SPI 接口在 DMA 支持下，很容易实现纯硬件运作的高速数据双向传输。除了具备基本的 SPI 特性以外，STM32 的 SPI 还包含两个硬件 CRC 单元，一个用于发送过程的 CRC 校验，另一个则用于数据接收过程中的 CRC 校验。每个 CRC 单元都可以进行 CRC8 和 CRC16 校验。CRC 校验功能将在 STM32 与 MMC/SD 卡进行 SPI 通信的时候发挥显著作用。

2.4.6 两线串行总线接口

STM32 还可以使用两线串行总线接口(I2C)与其他 IC 进行通信，扮演总线上的主机或从机。I2C 接口支持 I2C 总线上的多主机仲裁机制，支持 I2C 的标准 100 kHz，也支持高速 400 kHz，还支持 7 位或者 10 位地址模式。使用 I2C 接口可以很轻易地在 I2C 总线上实现数据存取。用户要通过软件来控制 I2C 启动，实现与不同器件的通信。I2C 接口设备提供 2 个中断源：传输错误中断和数据传输期间的阶段性中断。此外，有 2 个 DMA 通道与 I2C 设备的数据缓冲区连接。若启用 I2C 接口的 DMA 支持，一旦 I2C 总线上的地址数据传输完毕，将由硬件来接管数据进出 STM32 的过程。总而言之，诸多优秀的特性使 STM32 的 I2C 成为一个高速且高效的总线接口设备。

此外，STM32 的 I2C 接口还加入了一些基于普通 I2C 接口功能之上的高级特性，如硬件信息错误检测单元(PEC)。当使能 PEC 之后，I2C 接口控制器会自动在每次数据传输末尾加上一个 8 位的 CRC 错误校验字节。而在接收数据的情况下，PEC 也会对接收到的数据进行 CRC 校验，以核对发来的 PEC 错误校验字节。

2.4.7 CAN 接口

STM32 的 CAN 接口控制器的标准全称是 bxCAN，其中 bx 意为 basic extended 的缩写，指标准拓展。bxCAN 支持 CAN2.0A 和 CAN2.0B 协议，具备标准 CAN 节点的全部特性，最大传输速率可达 1 Mbit/s。bxCAN 还拓展了时间触发通信模式(TTCAN)。TTCAN 模式支持信息自动重传，并在每一帧信息的结尾加上信息时间戳，完全可以满足硬实时要求，足以应付紧急状况。

一般来说，标准的 CAN 接口设备配备单一的发送缓冲和接收缓冲，而功能更强的 CAN 接口设备有多重数据发送缓冲和接收缓冲。bxCAN 结合了以上两种结构特性，包含 3 个发送邮箱和 2 个接收邮箱，同时每个接收邮箱都有一个 3 级消息深度的 FIFO。

bxCAN 的另外一个重要特性在于接收过滤器的设计。CAN 总线网络是一种广播式的网络，每个网络上的节点把总线上的每个消息都接收进来，即一点对多点。而 CAN 网络节点的复杂性，决定了 CAN 总线上必然会有大量的数据进行传输。因此，CAN 节点的 CPU 将会耗费极大量的时间对每个接收到的信息做出反应，这样就极大地增加了 CPU 的负担。为了应对这种情况，STM32 的 bxCAN 配备了一个信息过滤器，把不需要的信息全部过滤掉，只保留用户指定的信息。STM32 的 CAN 接口控制单元拥有一个过滤器组，共有 14 个信息过滤器，利用过滤器组可以将具有特定标识的信息筛选出来，而其他信息全部丢弃，这样就将信息过滤工作从 CPU 转移到了过滤器上，极大地解放了 CPU。

思考题

1. 无人平台中常用的运动控制器有哪些？
2. STM32 控制器有哪些基本特性？
3. STM32 控制器的连接外设通道有哪些？
4. 通用输入输出 GPIO 口的基本应用方法是什么？
5. 串行通道有哪些，简述其基本应用方法。
6. 阐述基于定时器获取外部设备数据和控制外部设备的方法。

第3章 常用传感器与执行机构

在无人平台中，传感器类似于人类的感觉器官，执行机构类似于人类的肌肉组织。传感器用于感知无人平台自身关节或末端执行器的位置、速度和加速度信息，并且可以测量外界环境的状态。传感器获取的信号传递给控制器，控制器做出相应的决策，通过执行机构控制无人平台做出适当的行为，有效地工作。

3.1 伺服电动机

机器人的主要执行机构为伺服电动机，伺服电动机可以精确控制速度和位置精度，可以将电压信号转化为转矩和转速以驱动控制对象。伺服电动机在自动控制系统中作为执行元件，把输入的电压信号变换成转轴的角位移或角速度输出。输入的电压信号又称为控制信号或控制电压，改变控制电压改变伺服电动机的转速及转向。伺服电动机自带编码器等元件，将反馈信号给驱动器，驱动器根据反馈值与目标值进行比较，调整电动机转动的角度。伺服电动机的精度决定于编码器的精度(线数)。

相比步进电动机，步进电动机的控制为开环控制，启动频率过高或负载过大易出现丢步或堵转的现象，停止时转速过高易出现过冲的现象，所以为保证其控制精度，应处理好升、降速问题。伺服驱动系统为闭环控制，伺服电动机含有高精度编码器，可以比步进电动机实现更高精度控制，运转非常平稳，即使在低速时也不会出现振动现象，驱动器可直接对电动机编码器反馈信号进行采样，内部构成位置环和速度环，一般不会出现步进电动机的丢步或过冲的现象，控制性能更为可靠。

直流伺服电动机分为有刷和无刷电动机，主要特点是，当信号电压为零时无自转现象，转速随着转矩的增加而匀速下降。有刷电动机成本低，结构简单，启动转矩大，调速范围宽，控制容易，需要维护，但维护方便(换碳刷)。无刷电动机体积小、重量轻、出力大、响应快、速度高、惯量小、转动平滑、力矩稳定。

直流伺服比较简单、便宜，输出梯形波。相比直流伺服电动机，交流伺服输出正弦波控制，转矩脉动小。交流伺服电动机也是无刷电动机，分为同步和异步电动机，目前运动控制中一般都用同步电动机，配有位置编码器和驱动器，实现速度、位置和扭矩的闭环控制，实现各种控制特性。

伺服电动机可用处理器控制，通过处理器输出驱动伺服电动机，比如设置与电动机转速具有比例关系的输出控制信号，编码器的输出脉冲作为反馈控制信号，反馈给控制器，构成闭环控制回路。基本构成方式如图 3.1 所示。

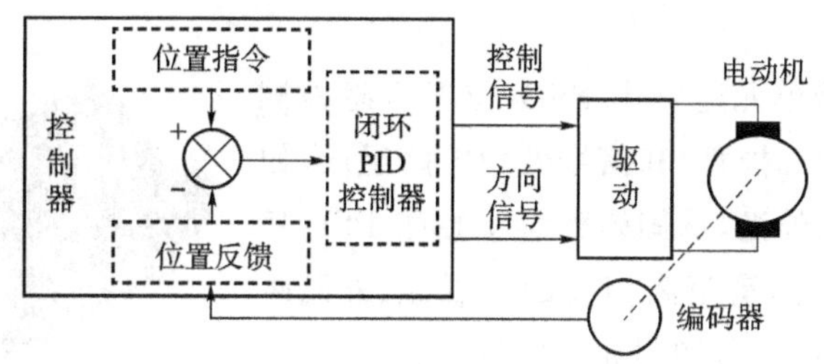

图 3.1 伺服电动机基本构成方式

伺服电动机在移动平台的应用，如四轮差动运动平台通常标配 4 个伺服电动机模块，由 RS485 总线通信对伺服电动机模块进行串联，由于运动过程中每个电动机的运行速度各有不同，所以需要对电动机进行编号，如表 3.1 所示。

表 3.1 伺服电动机模块 ID 号定义表

编号	电动机模块	ID 定义
1	电动机模块 1(左前轮)	0X01
2	电动机模块 2(右前轮)	0X02
3	电动机模块 3(左后轮)	0X03
4	电动机模块 4(左后轮)	0X04

伺服电动机模块的级联方式如图 3.2 所示。

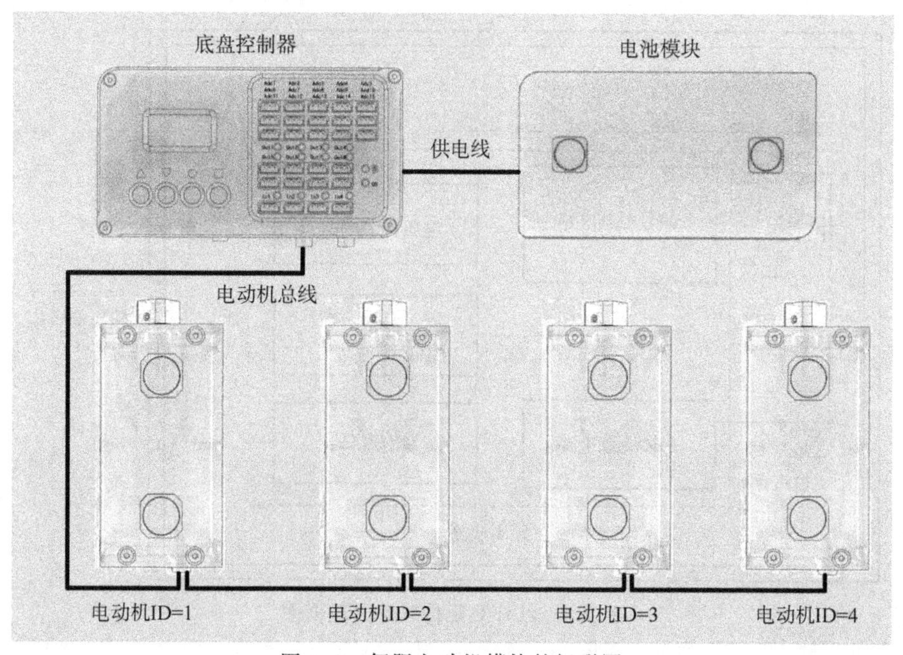

图 3.2 伺服电动机模块的级联图

3.2 红外测距传感器

红外测距传感器单元通常由 PSD(位置敏感检测器),IRED(红外发射二极管)和信号处理电路组成,原理为从 IRED 发射红外光,从固体表面反射时,PSD 接收发射光束并输出与测量距离相关的电压,红外测距传感器(GP2Y0A21YK0F)如图 3.3 所示。

图 3.3 红外测距传感器

红外测距传感器参数如表 3.2 所示,原理框图如图 3.4 所示。

表 3.2 红外测距传感器参数

编号	项目	参数说明
1	供电电压	5 V DC
2	工作电流	30 mA@5 V DC
3	测量距离	10～80 cm
4	物理接口	电压模拟输出:3 线制,Sig/GND/+5 V
5	响应时间	39 ms

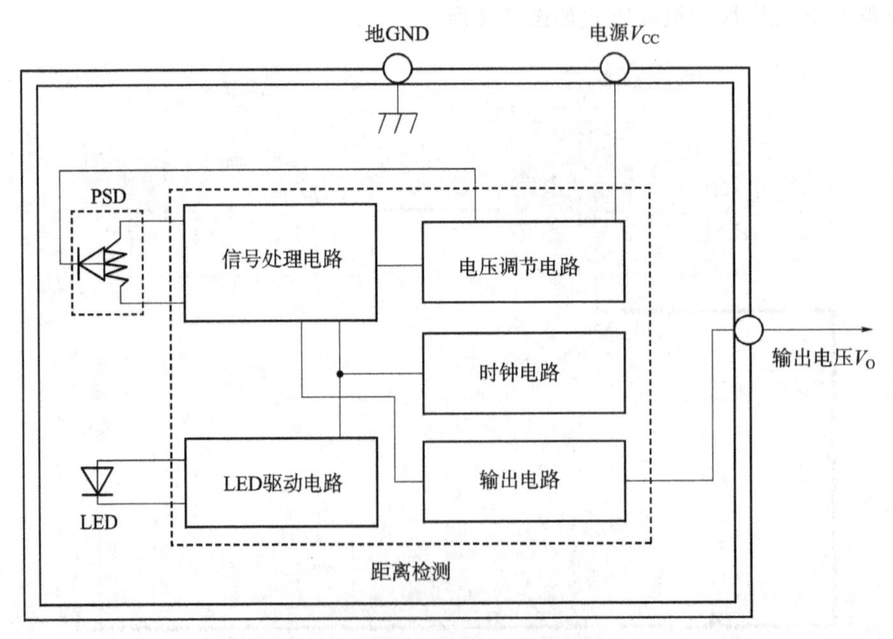

图 3.4 红外测距传感器原理框图

红外测距传感器输出模拟量是以电压方式输出，检测到前方物体距离 10～80 cm 对应的电压输出是 0.4～2.3 VDC。输出电压对应的测量距离为红外传感器安装位置到前方物体间的距离值，具体对应关系如图 3.5 所示。

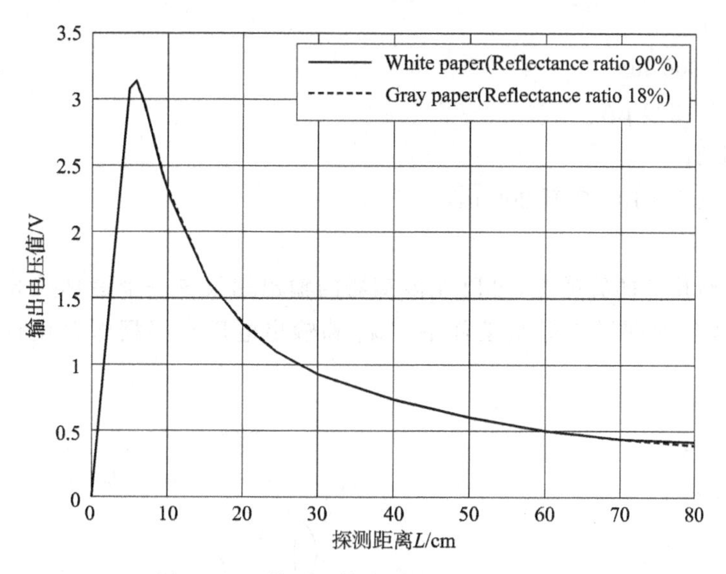

图 3.5 红外测距传感器输出电压关系图

红外传感器在移动机器人红外测距避障、无接触开关等方面得到广泛应用。

3.3 灰度传感器

灰度传感器属于环境光传感器，方式方法为光通量的检测，通俗一点解释就是测量传感器前端的亮度。多个灰度传感器配合使用可以实现运动追光、循线移动等功能。图 3.6 为灰度传感器(TEMT6200FX01)。

图 3.6 灰度传感器图

灰度传感器模块为模拟量电压输出，物理接口是三线制，使用时直接插入控制器面板的 ADC 模拟量接口使用。以灰度传感器(TEMT6200FX01)为例，参数如表 3.3 所示。

表 3.3 灰度传感器参数

编号	项目	参数说明
1	供电电压	5 V DC
2	工作电流	10 mA@5 V DC
3	有效测量光通量范围	100～100 000 lux

灰度传感器输出模拟量是电压方式输出，测量到的光通量范围 100～100 000 lux 的环境光，在许多情况下环境光传感器的检测范围为 1～1 000 lux，加载 10 kΩ 的负载电阻器可以在 1～1 000 lux 的环境水平下产生 2 mV～2.0 V 的输出电压，如图 3.7 所示。

则有：

$E_V = 1 \sim 1\,000$ lux

$I_{PCE} = 0.2 \sim 200\ \mu A$

$R_L = 10\ k\Omega$；

$V_{RL} = 0.2\ \mu A \times 10\ k\Omega$ 至 $200\ \mu A \times 10\ k\Omega$

$V_{RL} = 2\ mV \sim 2\ V$

根据模数转换器的灵敏度，可以在传感器的输出端放置一个运算放大器，如图 3.8 所示，添加运放后在同样光通量条件下，I_{PCE} 和输出电压会根据电路设计的不同发生变化。

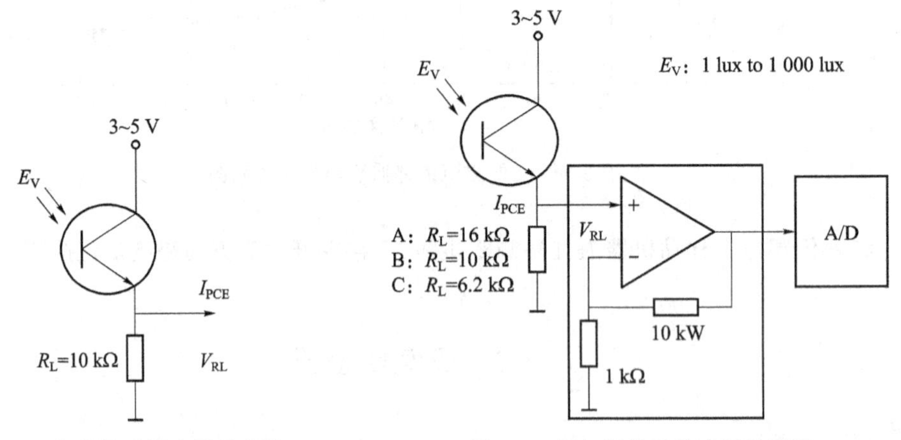

图 3.7　灰度传感器应用示意图　　　　图 3.8　添加运放后的应用示意图

关于光通量的数值，简单来说就是：周围环境越亮测得光通量值越大，周围环境越暗测得光通量值越小。特别需要注意的是不同的灰度传感器由于内部电路阻值差异，相同环境下测量结果略有偏差是正常的。灰度传感器在出厂前均需进行校准，使数值上差异性相对较小。

3.4　姿态传感器

姿态传感器是基于 MEMS 技术的高性能三维运动姿态测量系统，它包含三轴陀螺仪、三轴加速度计、三轴磁力传感器等运动传感器，通过内嵌的低功耗处理器得到经过温度补偿的三维姿态、方位等数据信息，利用姿态解算算法，实时输出以四元数、欧拉角表示的零漂移三维姿态方位数据。姿态传感器内部采用高分辨率的差分数模转换器，内置自动补偿和滤波算法，能最大程度地减小环境变化引起的误差。姿态传感器广泛应用于航模无人机、机器人、天线云台、聚光太阳能、地面及水下设备、虚拟现实、人体运动分析等高动态三维姿态测量的产品设备中。

MPU6050是一款常用的MEMS姿态传感器，常用于室内小型无人平台中，它集成了3轴陀螺仪、3轴加速度计和一个可扩展的数字运动处理器DMP，主要技术参数如表3.4所示。它可通过I2C接口连接外部磁力传感器，通过I2C接口输出旋转矩阵、四元数、欧拉角格式的数据，通过计算能得到被测设备的航向角、横滚角、俯仰角等姿态信息。传感器坐标方向定义如图3.9所示，属于右手坐标系（右手拇指指向x轴的正方向，食指指向y轴的正方向，中指能指向z轴的正方向）。

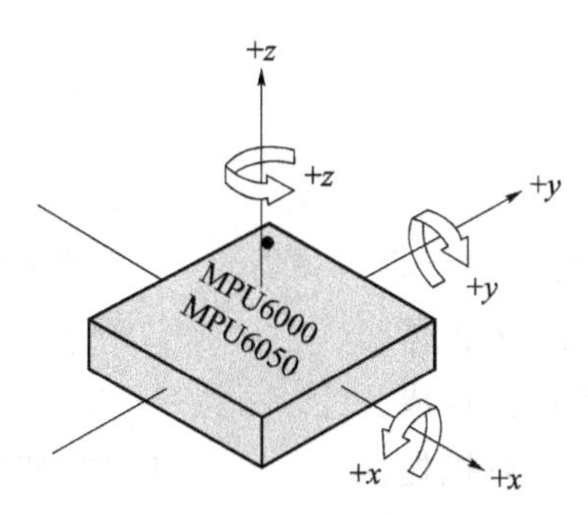

图3.9 MPU6050测量方向图

表3.4 MPU6050参数

名称	技术参数
供电	3.3～5 V
通信接口	I2C
测量维度	加速度计三维，陀螺仪三维
ADC分辨率	16位
加速度计测量范围	±2 g，±4 g，±8 g，±16 g
加速度计最高分辨率	16 384 LSB/g
加速度计测量精度	0.1 g
加速度计输出频率	最高1 000 Hz
陀螺仪测量范围	±250°/s，±500°/s，±1 000°/s，±2 000°/s
陀螺仪最高分辨率	131 LSB/(°/s)
陀螺仪测量精度	0.1(°/s)
陀螺仪输出频率	最高8 000 Hz
DMP姿态解算频率	最高200 Hz
温度传感器测量范围	−40～85℃
温度传感器分辨率	340 LSB/℃
温度传感器精度	±1°

3.5 激光雷达

激光雷达是以发射激光束探测目标位置、速度等特征量的雷达系统。工作原理是向目标发射探测信号(激光数),然后将接收到的从目标反射回来的信号(目标回波)与发射信号进行比较,做适当处理后,就可获得目标有关信息,如目标距离、方位、高度、速度、姿态甚至形状等参数,从而对目标进行探测、跟踪和识别。它由激光发射机、光学接收机、转台和信息处理系统等组成。根据扫描线数的不同,可以将激光雷达分为单线激光雷达和多线激光雷达。

3.5.1 单线激光雷达

单线激光雷达是指激光源发出线束是单线的雷达,通常由激光器、接收器、信号处理单元和旋转机构等组件构成。激光器是激光雷达中的激光发射机构。接收器用来接收障碍物反射的激光。信号处理单元负责控制激光器的发射,并对接收器收到的信号进行处理,计算出目标物体的距离信息。旋转机构将激光器、接收器等部件以稳定的转速旋转起来,从而实现对所在平面的测距扫描,并产生实时的平面图信息,测距原理如图 3.10 所示。

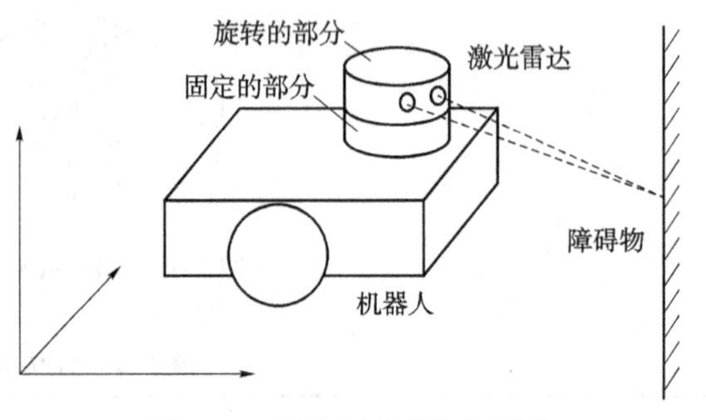

图 3.10　激光雷达测距原理图

单线激光雷达具有结构简单、扫描速度快、分辨率高、可靠性高、测量距离远、成本低等优势,但单线雷达只能平面式扫描,不能测量物体高度。目前单线激光雷达主要用于规避障碍物,较多地用在室内机器人上,如扫地机器人、自动导引运输车等。如图 3.11 所示的激光雷达安装在平台底部,激光雷达在运行过程中获得的二维点阵图,即周围虚线标识为激光雷达获取的平台周围障碍物位置信息。

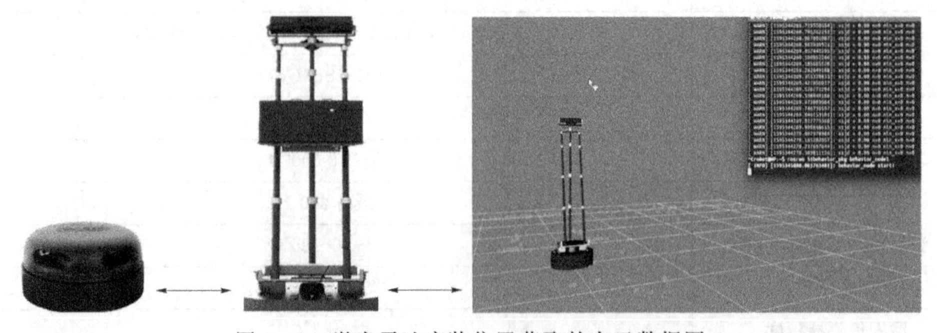

图 3.11　激光雷达安装位置获取的点云数据图

3.5.2 多线激光雷达

多线激光雷达是指同时发射和接收多束激光的激光测距雷达，按结构不同可以分为机械旋转激光雷达、混合固态激光雷达和全固态激光雷达(OPA 相控阵和 Flash)：

(1) 机械式激光雷达通过旋转实现横向 360°的覆盖面，靠增加激光束，实现纵向宽泛的扫描，通常安装于车顶，体积大、成本较高、装配困难。

(2) 混合固态激光雷达是目前车载的主流产品，按照扫描方式分类，有 MEMS、转镜、振镜＋转镜、旋转透射棱镜等不同类型的混合固态激光雷达。

(3) OPA 固态激光雷达利用多个光源组成阵列，即相控阵模式，合成特定方向的光束，实现对不同方向的扫描。OPA 固态激光雷达具有扫描速度快、精度高、可控性好、体积小等优点，缺点是易形成旁瓣，影响光束作用距离和角分辨率，对材料和工艺的要求苛刻，生产难度高。

(4) Flash 固态激光雷达是一种非扫描式激光雷达，它在短时间内直接向前方发射一大片覆盖探测区域的激光，通过高灵敏度的接收器实现对周围环境图像的绘制。

例如国产 robosense 16 线 MEMS 混合固态激光雷达，它集合了 16 线激光头，测量距离 150 m 以上，测量精度 2 cm 以内，出点数高达 320.000 点/秒，水平测角 360°，垂直测角 30°，如图 3.12 所示。

图 3.12 robosense 16 线激光雷达

robosense 16 线激光雷达参数如表 3.5 所示。

表 3.5 robosense 16 线激光雷达参数

名称	参数
线束	16 线
波长	905 nm
激光等级	class 1(人眼安全)
精度	±2 cm(典型值)
探测距离	20 cm～150 m(目标反射率 40%)
出点数	320 000 pts/s
垂直测角	30°
垂直角分辨率	2.0°
水平测角	360°
水平角分辨率	0.1°～0.4°
输入电压	9～32 VDC
产品功率	9 W(典型值)
防护安全级别	IP67

16线激光雷达工作示意图如图3.13所示。

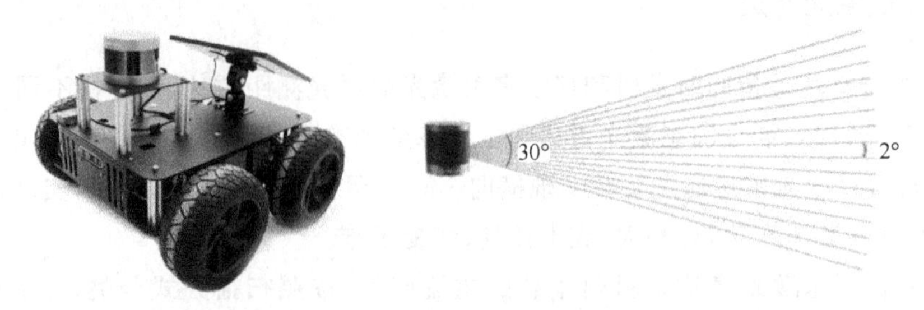

图3.13　16线激光雷达工作示意图(30°垂直视角16线平均分布)

多线激光雷达具有多维扫描、结构复杂、分辨率高、成本高等特点,是单线雷达的“升级版”,可有效弥补单线雷达只能平面扫描的不足,可以识别物体的三维信息,一般用于无人驾驶或无人机领域。

在无人驾驶领域,多线激光雷达主要有以下两个核心作用。

(1) SLAM定位加强:通过实时得到的全局地图与高精度地图中的特征物进行比对,能加强车辆的定位精度并实现自主导航。

(2) 3D建模及环境感知:通过多线激光雷达可以扫描到汽车周围环境的3D模型,运用相关算法对比上一帧及下一帧环境的变化,能较为容易地检测出周围的车辆及行人。如:可通过激光雷达点云数据结合影像数据的方法获得建筑物、树木等的3D模型,可以在短时间内获得大范围区域内的3D模型。

图3.14中的每一个圆圈都是一个激光束产生的数据,激光雷达的线束越多,对物体的检测效果越好。比如64线的激光雷达产生的数据,将会更容易检测到路边障碍等。

图3.14　激光雷达结合影像数据获得的3D模型

3.6 视觉传感器

视觉传感器是指利用光学元件和成像装置获取外部环境图像信息的仪器，通常用图像分辨率来描述视觉传感器的性能。视觉传感器的精度不仅与分辨率有关，而且同被测物体的检测距离相关。被测物体距离越远，其绝对的位置精度越差。

视觉传感器摄像头属于被动触发式传感器，被摄物体反射光线，传播到镜头，经镜头聚焦到CCD或CMOS芯片上，CCD或CMOS芯片根据光的强弱积聚相应的电荷，经周期性放电，产生表示一幅幅画面的电信号，经过预中放电路放大、AGC自动增益控制，经模数转换由图像处理芯片处理成数字信号。CCD芯片的灵敏度高、噪声低、成像质量好，具有低功耗的特点，但是制作工艺复杂、成本高，应用在工业相机中居多；MOS芯片价格便宜，性价比很高，应用在消费电子中居多。

视觉传感器的优点是能够得到丰富的纹理，特征信息，相比毫米波、激光雷达，采用图像数据能够实现车道线检测，交通标识符检测等功能。缺点是容易受到光照的影响，在强光直射或者阴影背光的情况下成像质量较差，物体高速运动时容易产生运动模糊等。

为满足不同功能的视觉需求，有很多不同种类的摄像机，在无人驾驶前视环境感知中常用单目、双目、三目相机等，移动机器人一般通过RGB-D相机等获取采集环境信息。

(1) 单目相机

单目相机通过摄像头拍摄平面图像来感知和判断周边环境，识别车辆、路标以及行人等目标，系统结构相对简单，主要是平面图像处理，可以进行车道线、交通标识识别和障碍物检测(车辆、行人等交通参与者)。车载单目视觉系统工作流程如下：

① 图像获取：将模拟图像转化成数字图像。

② 图像预处理：将每一个文字图像分检出来交给识别模块识别，进行图像去噪、边缘增强、灰度拉伸、图像分割、形态学处理。

③ 特征提取：使用计算机提取图像信息，决定每个图像的点是否属于一个图像特征，如形状、面积、体积、颜色、运动状态等。

④ 目标识别：指一个特殊目标(或一种类型的目标)从其他目标(或其他类型的目标)中被区分出来的过程。

(2) 双目相机

双目相机模仿人眼构建物体立体图像，利用视差原理计算深度，通过对两幅图像视差的计算，得到前方目标的距离，通过目标检测算法对图片进行处理。双目相机通过视差和立体匹配计算进行精准测距，在测距精度上要比单目相机深度估计准确很多，可完成目标检测、分类、测距，多目标追踪、同行空间和场景理解。车载双目视觉系统工作流程如下：

① 相机标定:标定相机内部参数,两个相机相对位置,右摄像机方建立相机成像的几何模型,形成三维坐标。

② 双目校正:根据摄像头定标后获得的单目内参数据(焦距、成像原点、畸变系数)和双目相对位置关系(旋转矩阵和平移向量),分别对左右视图进行消除畸变和行对准,使得左右视图的成像原点坐标一致、双摄像头光轴平行、左右成像平面共面,对极线对齐。

③ 双目匹配:把同一场景的左右视图上对应的像点匹配起来,得到视差图及立体匹配。

④ 计算深度信息:通过相机焦距、相机中心距和目标在两个相机感光器的成像点距,计算深度信息。

⑤ 基于深度信息进行运动检测:通过基于图像深度信息和计算机视觉技术监测运动及运动物体,并对其进行运动分析、跟踪或识别。

(3) 三目相机

三目相机采用三个不同焦距单目摄像机的组合,弥补了视野范围和景深不可兼得的问题,由宽视野的摄像头感知近距离范围,中视野摄像头感知中距离范围,窄视野的摄像头感知远距离目标,图 3.15 为三目相机探测范围示意图。

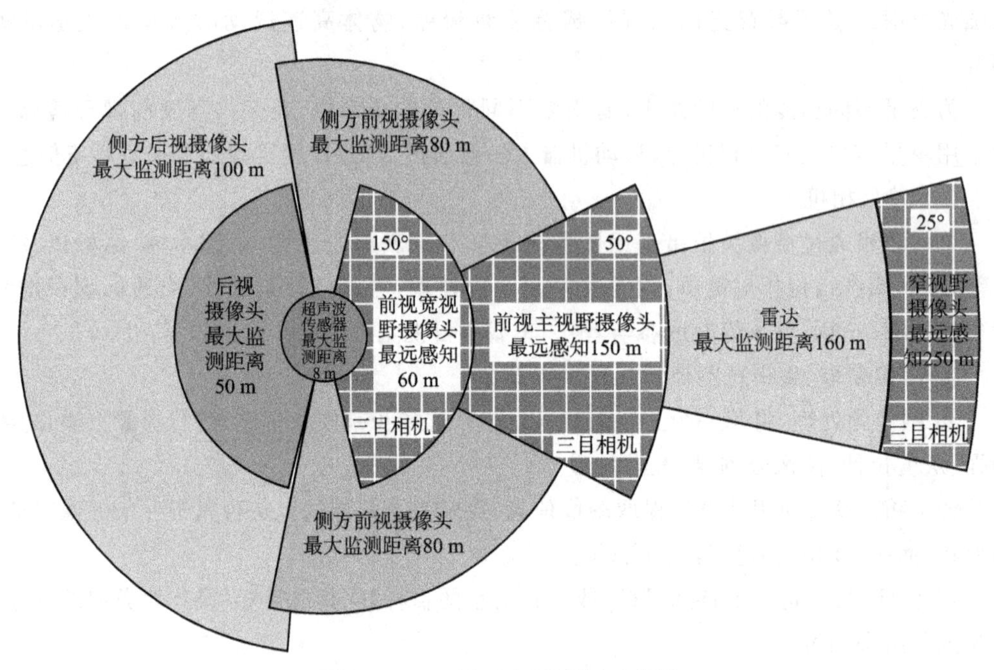

图 3.15 三目相机探测范围示意图

应用:特斯拉自动驾驶系统 AutoPilot 2.0 方案中三目摄像头分别为前视窄视野摄像头,视野角度 25°,最远感知 250 m,用于感知前方车道线、红绿灯等;前视主视野摄像头,视野角度 50°,最远感知 150 m,负责一般性道路情况监测;前视宽视野摄像头,视野角度 150°,最远感知 60 m,用于监测并行车道的状况、行人和骑车人等。

(4) RGB-D 相机

RGB-D 相机的全称是"RGB-Depth"相机，其中"RGB"是"红绿蓝"的意思，表示的是彩色图像；"Depth"是深度的意思，表示的是深度(距离)图像。所以 RGB-D 相机是一种即能感知物体颜色，又能探测到物体距离的复合型传感器。在获取的数据形式上，是一幅彩色图像和一个包含距离信息的点阵也就是三维点云。

例如机器人常采用的 Kinect2 视觉传感器，是一款典型的 RGB-D 相机。Kinect2 的外观组成如图 3.16 所示，其主体是一个长方体外形。主体的正面面板分布几个主要的传感器，从左到右依次是彩色相机、红外相机、红外发射器和点云指示灯。品牌型号为 Kinect2 RGB-D 相机，具体参数如下：

① 彩色相机：普通 RGB 相机，采集到的数据是普通的彩色图像。

② 点云分辨率：512×424。

③ 图像传输速率：30 fps。

④ 水平角度：70°。

⑤ 垂直角度：60°。

⑥ 支持 USB 3.0：500 MB/s。

由于 Kinect2 的正面面板是一块黑色有机玻璃，大部分传感器不工作时无法看清它们的位置。拆掉面板后，各个部件如图 3.17 所示。

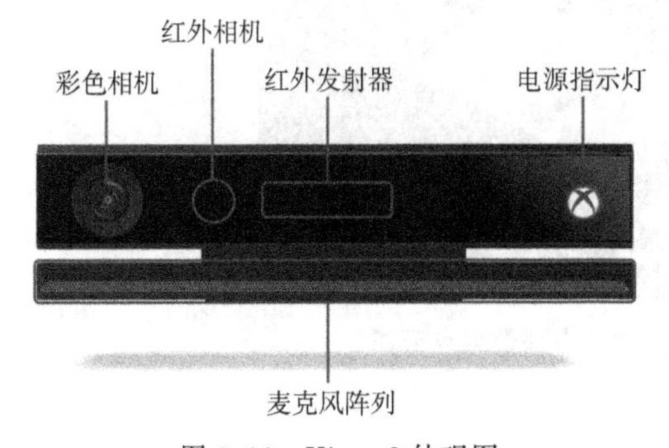

图 3.16 Kinect2 外观图

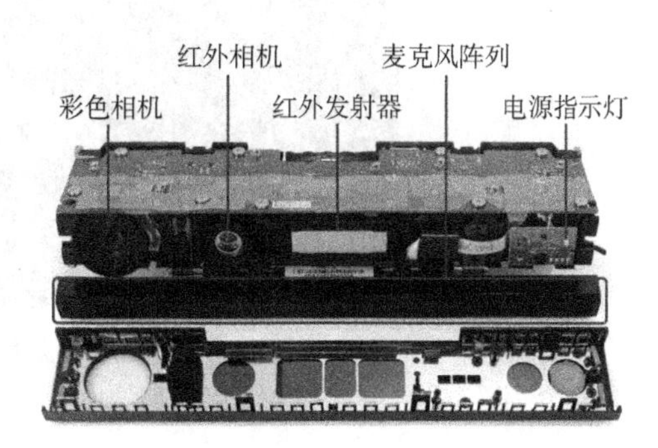

图 3.17 Kinect2 内部布置图

Kinect2 的彩色相机就是普通的 RGB 相机，采集到的数据就是普通的彩色图像，Kinect2 的红外相机是配合红外发射器使用，如图 3.18 所示，红外发射器发射出红外激光，经过障碍物的反射，被红外相机接收。通过统计发射和接收之间的时间差，可以计算出红外激光飞行的距离，也就是这个障碍点和 Kinect2 的距离，这种成像方法也称为 ToF (Time of Flight)。

Kinect2 的红外发射器是三枚面阵发射器，同一时间能发射很多束红外激光，所以最后得到的数据是一个包含了很多障碍点距离的矩阵。通常为了便于观察，会将这个矩阵转换成一幅图片，用颜色来表示每一个障碍点的距离远近，就得到一幅完整的"深度图"，将彩色图像和深度图结合起来，将深度图里的障碍点还原到三维空间，再按照彩色图像

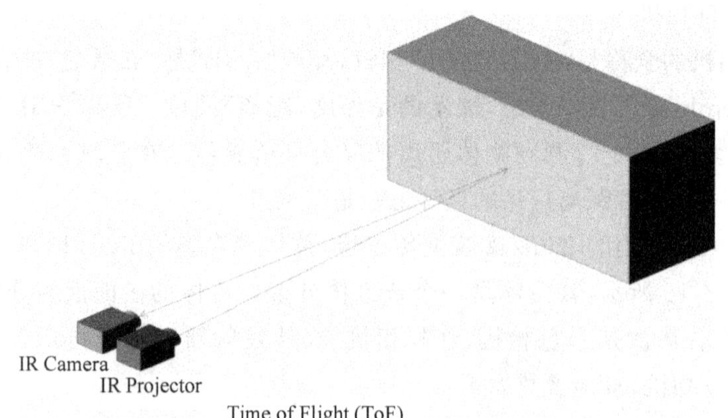

图 3.18 红外相机与红外发射器关系图

里对应的像素对障碍点进行着色处理，就能得到一个同时包含空间信息和颜色信息的彩色点云。如图 3.19 所示为 Kinect2 采集的教室内部点云图。

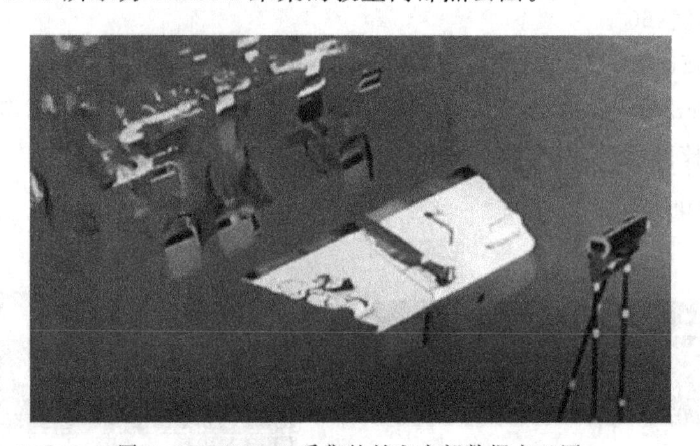

图 3.19 Kinect2 采集的教室内部数据点云图

思考题

1. 无人平台中常用的传感器和执行机构有哪些？
2. 红外测距传感器的基本测距原理是什么？
3. 灰度传感器的应用场合？
4. 阐述激光雷达的发展趋势。
5. 试分析不同类型视觉传感器的应用。

第 2 篇

模块化机器人平台

第4章 模块化移动机器人平台组成

模块化工业机器人中的模块是一个个相互独立的机械功能模块单元，模块之间可以实现快速地连接和分离，每个模块都是一个集通信、控制、驱动、传动为一体的单元，可以实现模块间的组合装配，形成独立具体的功能，本章介绍机器人模块化设计思想、实现意义，并以一款移动机器人为例介绍基于面板、计时器、伺服电动机、蓝牙通信、姿态、红外测距、灰度获取、四轮差动底盘构成的模块化机器人组成结构和可实现功能。

4.1 模块化设计思想和实现意义

模块化思想并不是一个新颖的概念，最早被称为积木拼搭方式，所谓积木拼搭系统，就是把标准化的部件拼装成一个装置或一个系统，模块与系统之间存在以下几个方面的关系：一是模块具有独立的功能，二是模块的功能需要在整体系统中得以实现，三是模块具有标准的可速配的输入输出接口。

进行模块化设计时，首先必须进行模块分解，按照一定的标准将系统分解成若干模块，然后以模块为基本单元进行构型设计。因此，模块划分的合理性对模块化系统的性能、外观以及模块的通用化程度和成本都有很大影响。模块的划分方法有很多，比如按物理功能划分（例如机械、电气、软件等）、按系统的组成结构划分等，不同的划分方法得到的模块化系统截然不同。机器人系统作为一个综合控制、电子、机械、软件等多领域的复杂的机电系统，以机械结构为依据的分解系统是一种理想的模块化方法。通常，模块化产品的构成模式可用一个简单的公式表达：系统＝通用模块（不变部分）＋功能模块（变动部分）。

模块化机器人各个模块需具备以下几个功能特性：一是每个模块都可以独立完成某一特定的功能，相互之间彼此独立，这样就可以减小整机系统模块之间的关联性，使机器人的设计更加快速有效；二是当模块分为主动模块和被动模块时，每一个主动模块都应该具有单独的控制和驱动系统，并且可以驱动被动模块完成特定的机械动作；三是各模块之间可以方便地组合装配，不仅要保证机械连接能够快速有效，同时还要保证相互之间可以实现电气、信息、能量等方面的传输；四是各个模块在动力学、运动学上也应具有独立性，机器人的组合性非常强，应尽可能保证模块在运动学和动力学上的独立性。

模块化设计的思路为：可以连接不同的功能模块，赋予移动机器人不同的功能（比如红外模块，可以让机器人实现避障，连接灰度模块可以让机器人实现循迹，连接蓝牙，可让机器人具有遥控功能等），更换部件方便，功能强大，可赋予机器人无限功能想象。

模块化机器人是由一些标准化、系列化的模块，用积木拼搭方式组成的不同功能的移动机器人系统。模块化机器人可以在不同的任务要求、工作环境下，通过改变自身仅有的几种模块的连接顺序或方式而获得多种不同构型的机器人系统。这些不同的构型之间可以通过简单地改变模块之间的连接顺序就可以相互转化。这种组合并不是简单的机械装配，参与的各个模块都是一种集通信、控制、驱动和传动为一体的单元，使组合成的系统满足不同的工作环境或不同的任务要求。相比传统机器人，模块化机器人具有柔性高、容错性强和自修复能力强、成本低等优点。模块化结构简单，易于加工，各模块之间可以相互替换，实现快速组装。

4.2 模块化移动机器人的组成结构

本节以一款典型的模块机器人为例，介绍模块机器人的组成结构，该模块机器人由高性能机器人的控制器模块、电池模块、伺服电动机模块、红外测距传感器、灰度传感器、四轮底盘或三轮底盘构成，如图 4.1 所示。通过优化的装配方式可以轻松实现多种机器人构型组合。

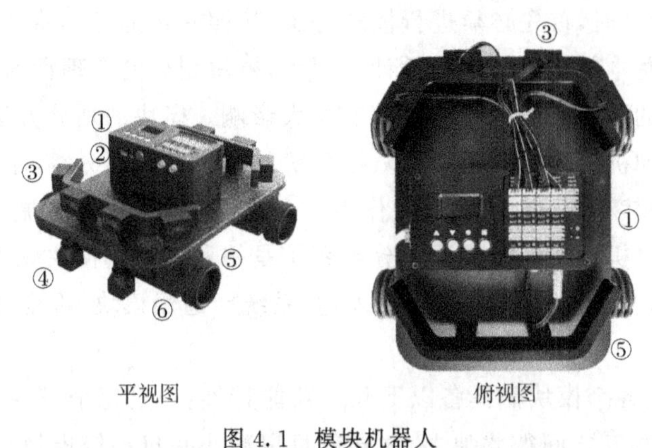

图 4.1 模块机器人

①控制器（含蓝牙、串口、姿态传感器）（上）；②电池模块（下）；③红外测距传感器；④灰度传感器；⑤四轮底盘；⑥伺服电动机模块（在底面），俯视按照从 ID1（左 1）、ID2（右 1）、ID3（右 2）、ID4（左 2），方式排列

本例模块机器人控制器中含有蓝牙模块、异步串行接口模块和姿态传感器模块，在控制器的下方为电池供电模块，8个红外测距传感器可分别安装在模块机器人周围，灰度传感器模块和4个伺服电动机模块串联在一起安装在底盘下方。当前为四轮差动底盘，可更换为3轮全向底盘。表4.1为模块机器人套件配置表。下面分别对各相关组成进行介绍。

表4.1　模块机器人套件配置表

编号	名称	数量	类别
1	高性能机器人控制器	1个	电气配件
2	电池模块	1个	电气配件
3	伺服电动机模块	4个	电气配件
4	红外测距传感器	8个	电气配件
5	灰度传感器	8个	电气配件
6	四轮底盘	1个	机械配件
7	三轮底盘	1个	机械配件

4.2.1　模块机器人控制器

典型的模块机器人控制器模块接口丰富，图4.2所示为本例模块机器人控制器模块系统框图。图4.3所示为模块机器人控制器面板接口图，由处理器内核、定时器、OLED显示屏、通用接口、姿态模块、蓝牙模块、Micro USB接口和RS485总线接口组成。

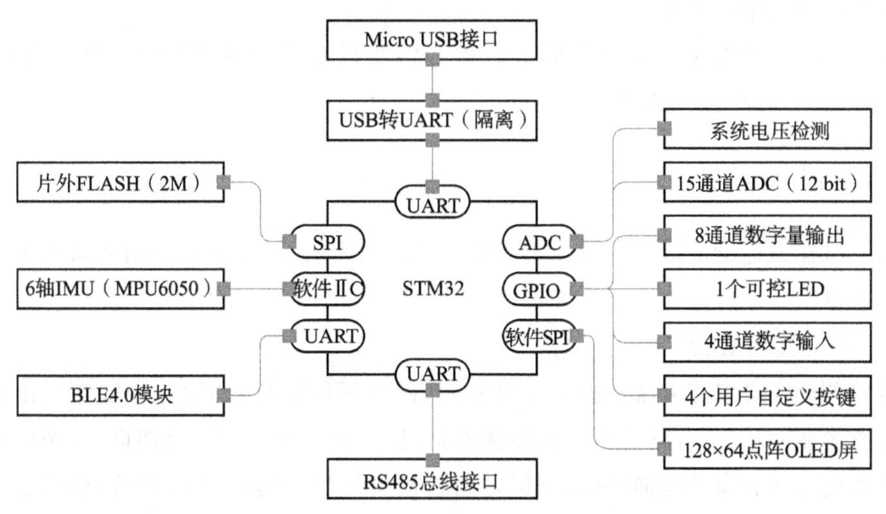

图4.2　模块机器人控制器系统框图

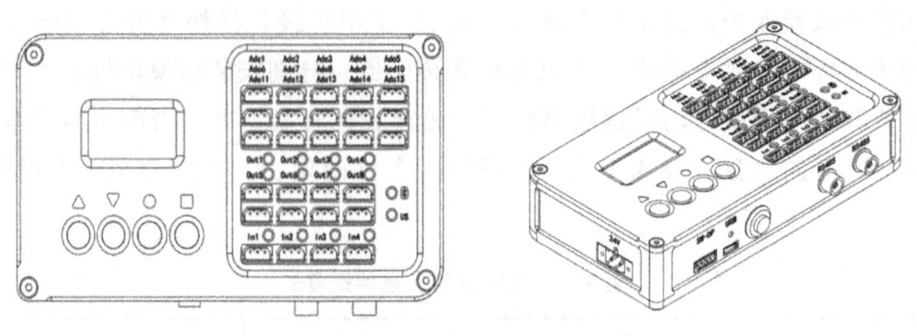

图 4.3　模块机器人控制器面板接口图

（1）处理器内核：采用 Cortex-M3 系列 STM32 处理器作为主处理器，处理器频率为 72 MHz，内部自带 265 KB 程序储存器（Flash ROM）和 48 KB 的数据储存器（RAM），加上外扩的 Flash 芯片，具有高达 2 MB 的用户程序储存空间。

（2）定时器：4 个用户可支配的计时器，最小计时单位 1 μs。

（3）OLED 显示屏：模块机器人控制器具备一个 1.3 寸分辨率为 128×64 的 OLED 显示屏，可以动态显示程序运行状态和数据变量。

（4）通用接口：控制器具备 4 个可编程按键输入，4 路 IO 输入、8 路 IO 输出（输入输出配合 LED 指示灯状态显示），15 路 12 位精度的 ADC 接口，4 路频率和占空比可调的 PWM 信号输出接口（Out1～Out4），所有以上接口均在控制器面板正面。

（5）姿态模块：MPU6050 高精度姿态模块，含 3 轴加速度计和 3 轴陀螺。

（6）蓝牙模块 BLE4.0：控制器内部配置 1 个 BLE4.0 模块，可与智能手机等蓝牙设备进行无线通信。

（7）Micro USB 接口：控制器侧面的 Micro USB 接口，可以通过线缆实现与 PC、树莓派等上位机的串口通信。

（8）RS485 总线接口：控制器的 RS485 总线集成在控制器侧面的两个航插上，用于连接套件内的伺服电动机模块。

4.2.2　运动控制底盘

模块机器人运动底盘可以设计为四轮差动运动底盘、三轮全向运动底盘和麦克纳姆轮全向底盘。

（1）四轮差动底盘

四轮差动底盘安装方法如图 4.4 所示，从图中可以看出，四轮差动底盘是由四个独立的橡胶轮驱动单元（含伺服电动机和橡胶轮）呈长方形排布在底盘四周，每个轮系单元产生的速度方向和车体朝向平行，伺服电动机模块采用 RS485 总线通信，通过运动控制算法实现直行和旋转两种运动模式，所有的运动状态都可以看成这两种运动模式的复合状态。

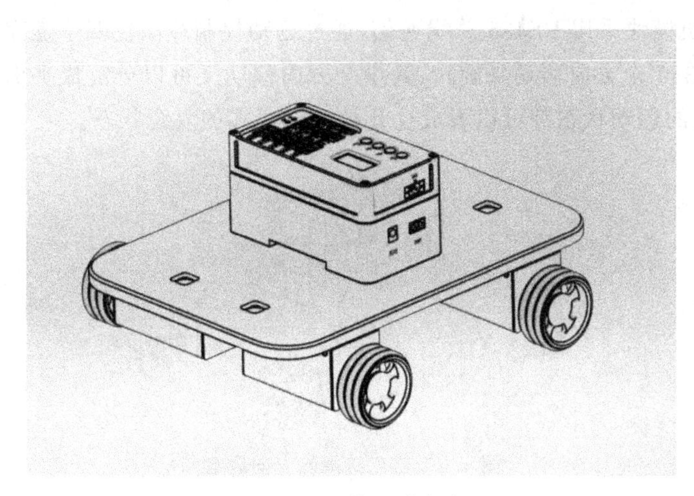

图 4.4 四轮差动底盘

(2) 三轮全向底盘

三轮全向底盘安装方法如图 4.5 所示，从图中可以看出，三轮全向底盘是由三个独立的全向轮驱动单元（含伺服电动机和全向轮）呈等边三角形排布在底盘上，每个轮系单元产生的速度方向互呈 60°。伺服电动机模块采用 RS485 总线通信，通过运动控制算法实现 360°全方向移动和旋转，其中全方向移动可以分解成平面二维方向上的速度矢量，所有的运动状态都可以看成这几种运动模式的复合状态。

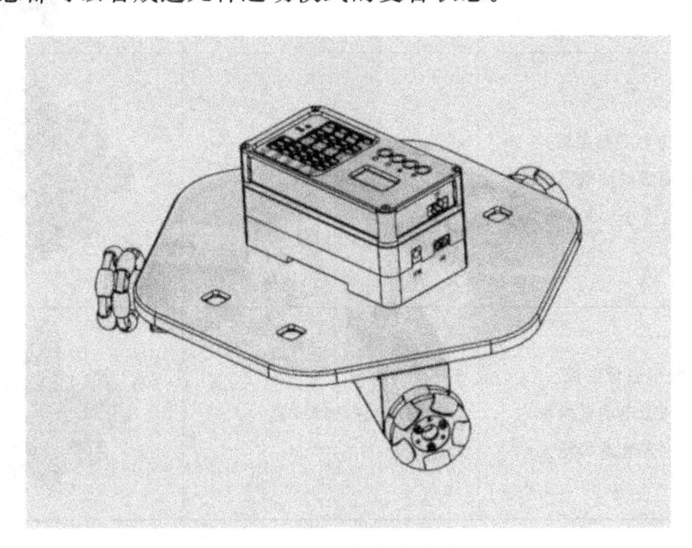

图 4.5 三轮全向底盘

(3) 麦克纳姆轮全向底盘

麦克纳姆轮全向底盘安装方法如图 4.6 所示，从图中可以看出，麦克纳姆轮全向底盘是由四个独立的麦克纳姆轮驱动单元（含伺服电动机和麦克纳姆轮）呈四边形排布在底盘上，每个麦克纳姆轮的轮面上排布了一系列的小轮毂，小轮毂的轮轴与主轮轴成 45°

角。伺服电动机模块采用 RS485 总线通信，通过运动控制算法使四个麦克纳姆轮的协作配合能够实现 360°全方向移动和旋转，其中全方向移动又可以分解成平面二维方向上的速度矢量，所有的运动状态都可以看成这几种运动模式的复合状态。

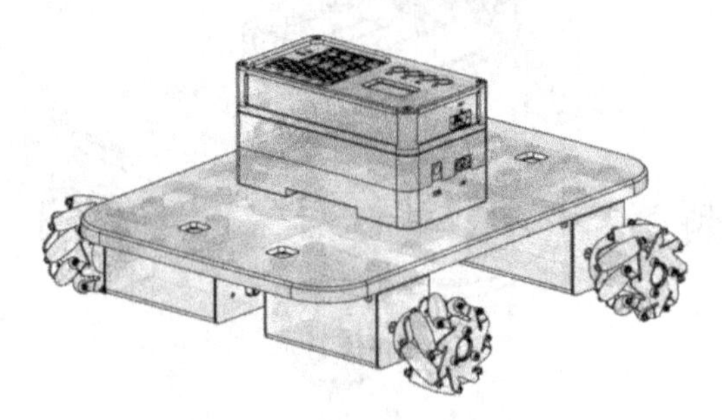

图 4.6　麦克纳姆轮全向底盘

表 4.2 为本例模块机器人套件所能搭建的三种构型。

表 4.2　模块机器人套件搭建构型表

编号	使用模块或配件	实现底盘构型	构型图片
1	矩形底盘主板 4 个伺服电动机模块 4 个橡胶轮	四轮差动底盘	
2	六边形底盘主板 3 个伺服电动机模块 3 个全向轮	三轮全向底盘	
3	矩形底盘主板 4 个伺服电动机模块 4 个麦克纳姆轮	麦克纳姆底盘	

4.2.3　红外测距模块

红外测距传感器可以获得安装位置与前方物体的距离信息，红外测距传感器的信息输出通常为模拟量输出。红外测距传感器可以通过延长线与控制器模块的 A/D 接口连接。两个红外测距传感器与控制器模块的连接方式，如图 4.7 所示。

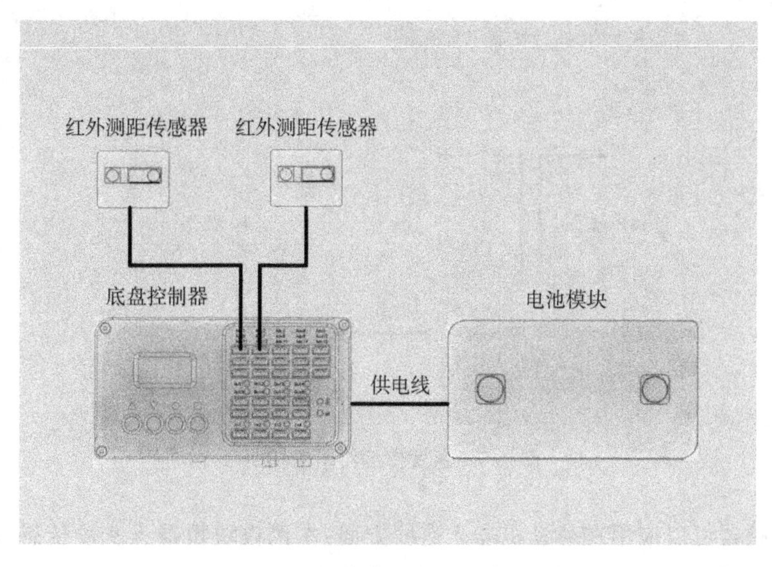

图 4.7 红外测距传感器与主控制器的连线图

红外传感器测距可以在移动机器人测距避障方面进行应用。例如：本例模块机器人套件标配 8 个红外测距传感器，如图 4.8 所示，探测距离 10～80 cm，供电电压 5 VDC。红外测距传感器模块安装在模块机器人传感器支架上，用于获取模块机器人与周围物体间距离信息。使用红外测距传感器获得探测信息，通过控制器进一步处理计算，可以控制模块机器人实现运动避障等功能。

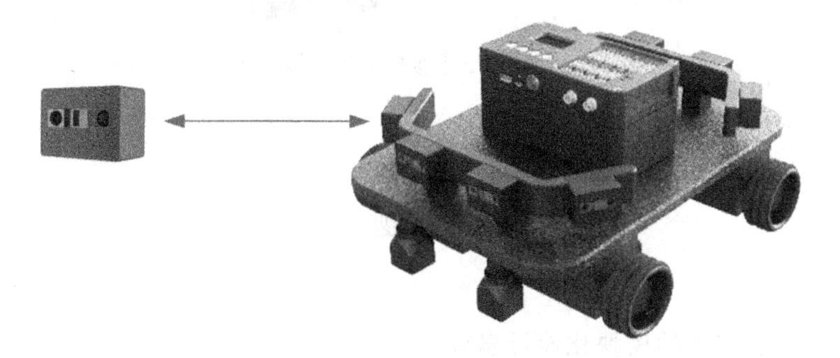

图 4.8 红外测距传感器和相应安装位置图

4.2.4 灰度传感器模块

灰度传感器可以进行光通量检测，以电压方式输出模拟量信息，以模块机器人应用为例，应用 TEMT6200FX01 灰度传感器，测量到的光通量范围 1～100 000 lux 对应的电压输出是 0～5 VDC。灰度传感器可以通过延长线连接到控制器模块的 A/D 接口上，灰度传感器与控制器模块接线图，如图 4.9 所示。

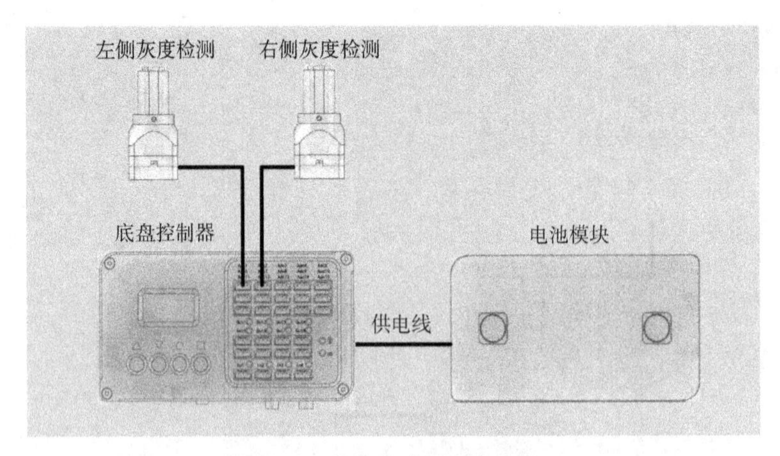

图 4.9　灰度传感器图接线图

灰度传感器可以应用在移动机器人巡线方面：本例模块机器人灰度传感器模块可以安装到灰度传感器延长座上，即安装到底盘下方，图 4.10 为两个灰度测距传感器工作时的接线图，控制器模块通过获取光通量信息对模块机器人进行巡线控制。

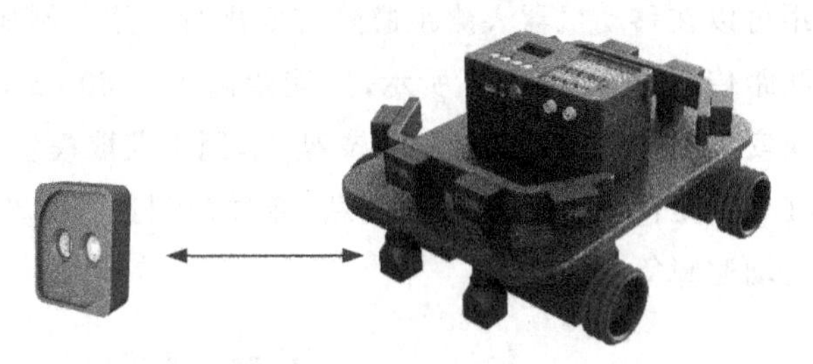

图 4.10　灰度传感器模块及连接关系图

思考题

1. 阐述模块机器人的模块化设计思想。
2. 分析不同类型底盘的运动控制方式。
3. 红外测距传感器在不同安装位置的具体应用方法。
4. 分析不同安装位置灰度传感器的作用。

第5章 功能模块

模块机器人各个功能模块可以独立完成特定的功能,如控制面板、定时器、电动机控制、蓝牙通信、姿态获取、红外测距、灰度传感器数据获取、伺服电动机控制等,本章基于前面章节介绍的典型模块机器人常用的核心处理器、红外传感器、灰度传感器、姿态传感器、伺服电动机灯对各功能模块的实现方法进行介绍。

5.1 控制面板

通用计算机可以通过控制面板对设备进行设置和管理,机器人通常也可以通过控制面板进行参数设置,查看当前控制器的功能状态、获取环境参数、调试参数等,例如可以通过指示灯显示当前控制器的工作状态,通过按键进行参数设置、通过显示屏完成过程和最终参数显示。

本节设计的模块机器人控制面板如图 5.1 所示。控制面板的核心控制器为 STM32 控制器,控制面板基于控制器外扩 4 路 GPIO 输入、8 路 GPIO 输出、16 路 A/D 输入、4 个控制按键,并外接显示屏。

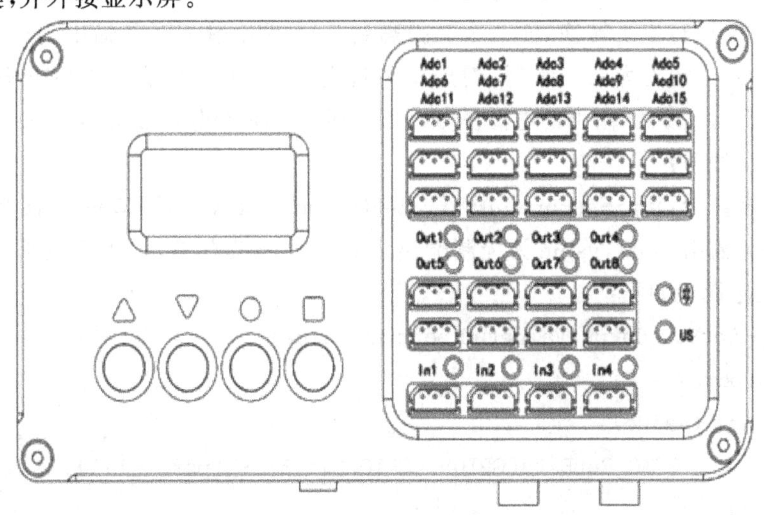

图 5.1 模块机器人控制面板

5.1.1 基于 GPIO 的指示灯显示

图 5.2 控制面板黑色框内为 GPIO 输出端口和基于输出端口的指示灯显示。

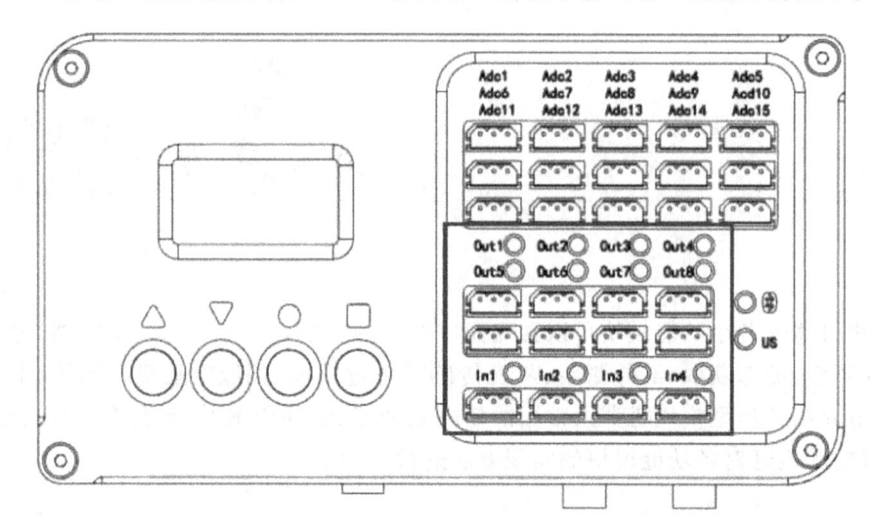

图 5.2 控制面板基于 GPIO 输出端口和指示灯显示

控制面板的内核为 STM32 处理器，STM32 处理器可以提供多达 80 个 GPIO。分别分布在 5 个端口（常称 PORT）中，所以每个端口有 16 个 GPIO。这些端口分别以 A～E 命名（即 GPIOA～GPIOE），最大耐压值为 5 V。大部分的外部引脚都可以为通用的 GPIO，也可以切换为用户设备的专用 I/O 口，比如 USART 接口设备的 Tx/Rx 通道或者 I2C 接口设备的 SCL/SDA 引脚等，本节涉及的 GPIO 端口仅作为通用 GPIO 使用。

控制面板 Out1～Out8 为基于 STM32F103VCT6 GPIO 的 8 路输出，这 8 路分别为 STM32F103VCT6 的 GPIOB 端口 Pb6～Pb9 和 GPIOE 端口 Pe0～Pe3；In1～In4 为基于 STM32F103VCT6 GPIO 的 4 路输入，分别为 GPIOD 端口 Pd0～Pd3。电平范围均通过 74LVC4245 进行电平转换，使 3.3 V 拉高到 5 V，无论输入还是输出均设置了指示灯指示电平状态，当输出为高电平时，对应指示灯亮，否则灭。当输入为高电平时，对应指示灯亮，否则灭。GPIO 输出的电路图如图 5.3 所示，GPIO 输入的电路图如图 5.4 所示。

程序设计如下：

主程序函数为：Wp_SetPortOutputValue(u8 port，u8 value)，其中 port 为输出路数，如 1 为第一路输出 Out1，value 为控制输出为高电平或低电平，如为高电平，value 置 1，否则置 0，程序设置如下：

```
void Wp_SetPortOutputValue(u8 port,u8 value)
{   if (port< = 4)
    {   if (value)
            GPIO_SetBits(GPIOB,(GPIO_Pin_6<<(port - 1)));
        else
```

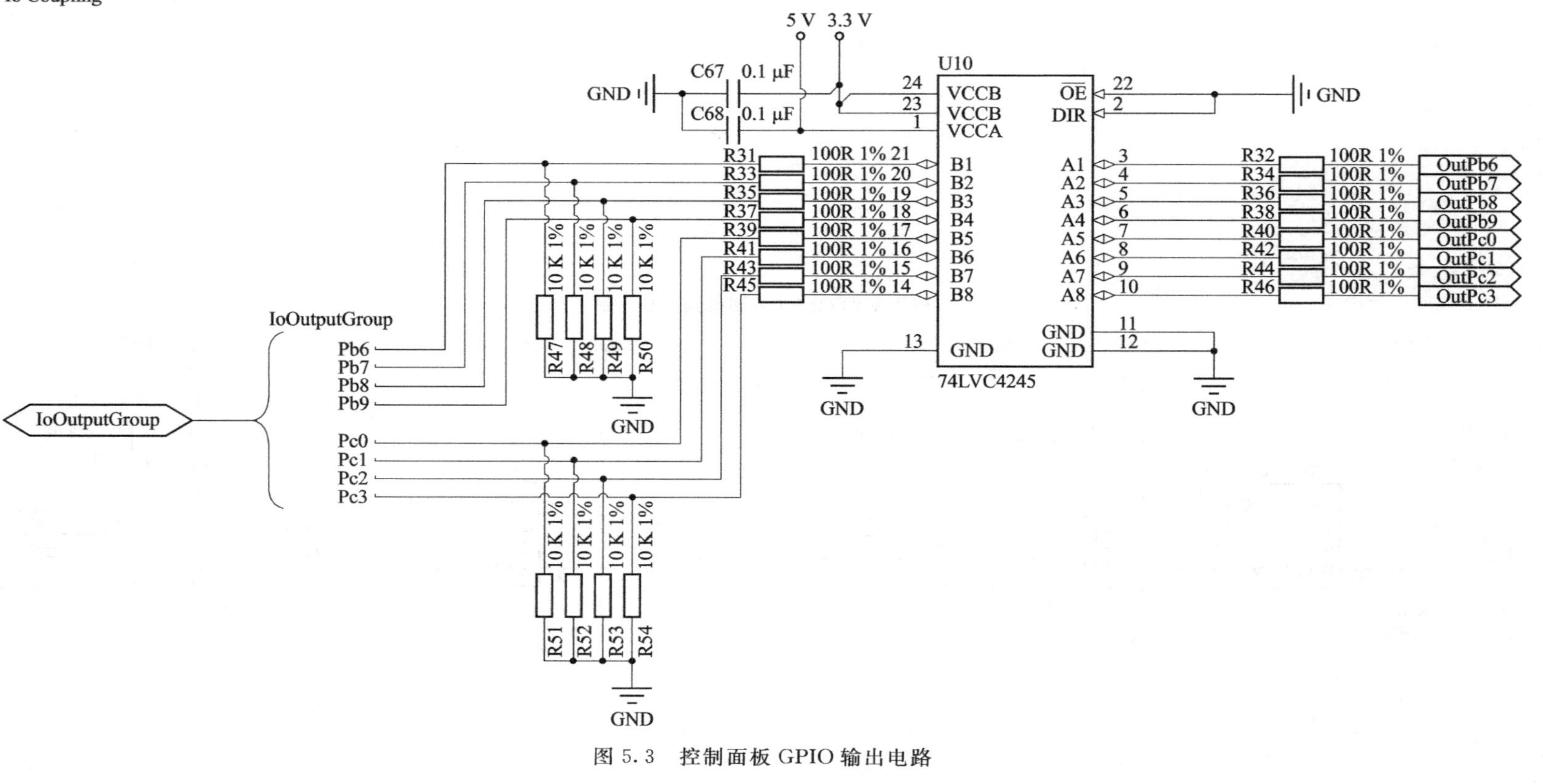

图 5.3 控制面板 GPIO 输出电路

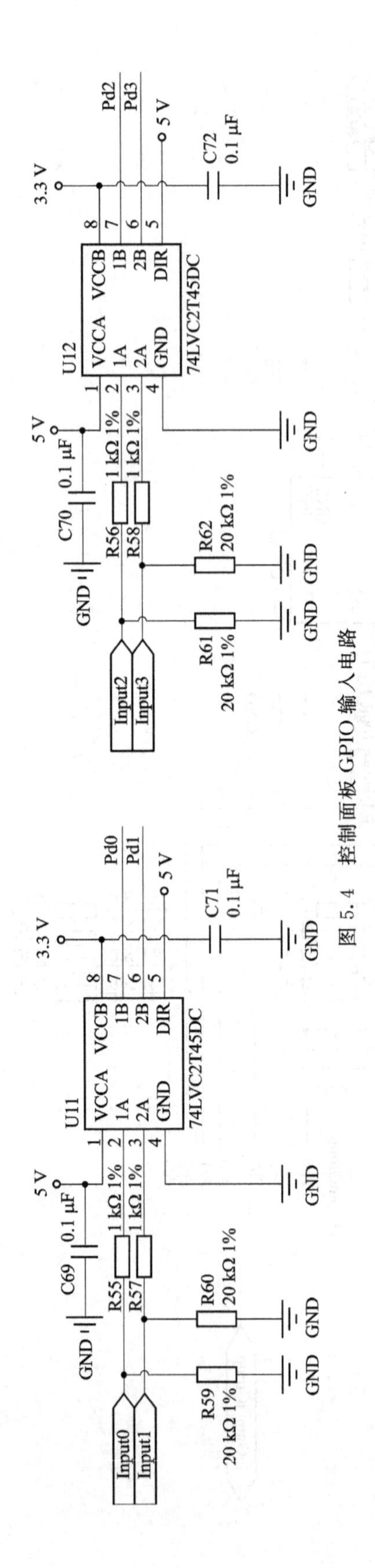

图 5.4　控制面板 GPIO 输入电路

```
            GPIO_ResetBits(GPIOB,(GPIO_Pin_6<<(port-1)));
        }   else
        {   if (value)
                GPIO_SetBits(GPIOE,(GPIO_Pin_0<<(port-5)));
            else
                GPIO_ResetBits(GPIOE,(GPIO_Pin_0<<(port-5))); }
    }
```

这里的调用函数 GPIO_SetBits(GPIO_TypeDef * GPIOx,uint16_t GPIO_Pin)为 STM32 库函数中的 GPIO 引脚高电平置位函数，即置位为高电平，其中第一个参数 GPIOx 为端口号，GPIO_Pin 为端口对应引脚。

调用的 GPIO_ResetBits(GPIO_TypeDef * GPIOx,uint16__t GPIO_Pin)同样为 STM32 库函数，但为 GPIO 引脚低电平复位函数，置位为低电平。

在主程序应用时，Wp_SetPortOutputValue (1,0)即第 1 路即 GPIOB 端口 Pb6 设置为低电平，Wp_SetPortOutputValue (1,1) 即第 1 路即 GPIOB 端口 Pb6 设置为高电平。如果程序设置如下：

```
Wp_SetPortOutputValue (1,1);
DelayMs(1000);
Wp_SetPortOutputValue (1,0);
DelayMs(1000);
```

则控制面板的 Out1 对应指示灯先亮后灭。

控制面板的 Out1～Out8 引脚输出指示灯显示，可以用于 GPIO 输出引脚状态判断，也可以用于相对复杂控制过程的指示灯标识，如标识运动过程遇到障碍物个数、对运动过程进行简单计数等。

5.1.2　基于 GPIO 的按键控制

图 5.5 控制面板黑色框内为基于 GPIO 端口的按键控制。

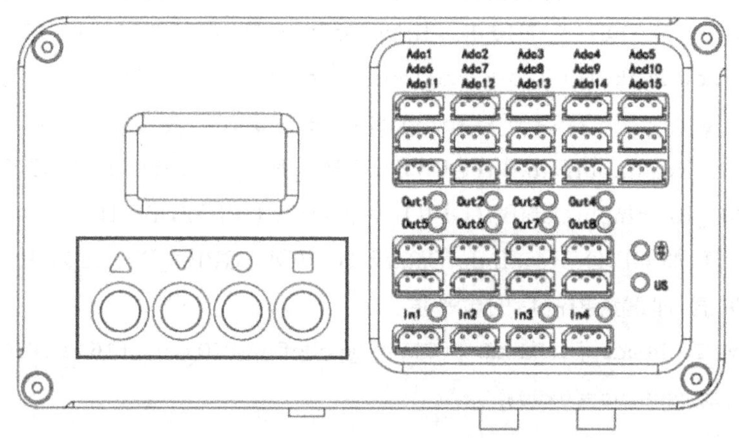

图 5.5　控制面板基于 GPIO 端口的按键控制

四个按键对应 STM32F103VCT6 GPIO 的 Pd12～Pd15,4 路输出,表 5.1 为按键与 STM32F103VCT6 连接引脚对应关系。

表 5.1 按键与 STM32F103VCT6 连接引脚对应关系

编号	按键定义	STM32 引脚
1	UP(KEY1)	PD12(Pin59)
2	DOWN(KEY2)	PD13(Pin60)
3	BACK(KEY3)	PD14(Pin61)
4	OK(KEY4)	PD15(Pin62)

对应电路图如图 5.6 所示,按键电路硬件上对输入按键进行了滤波,按下按键输入口为低电平,按键未按下则输入口为高电平。

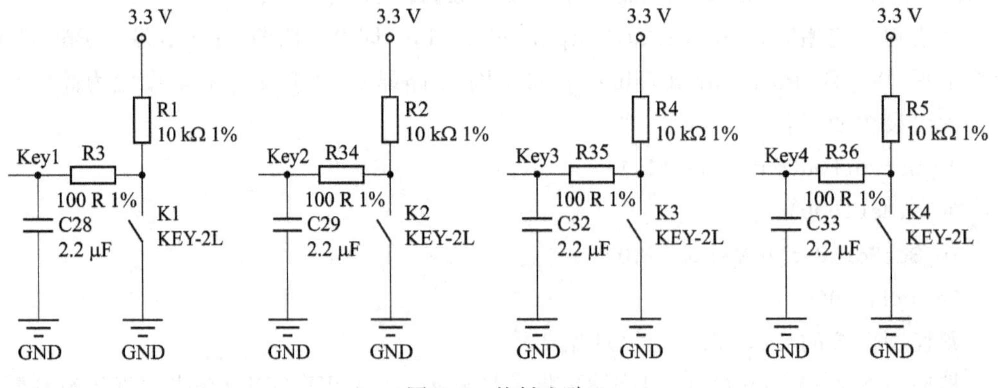

图 5.6 按键电路

依据硬件电路,程序设计如下,由于硬件设计为按下按键输入口为低电平,所以对输入值进行取反,使 Key_Up()、Key_Down()、Key_Back()和 Key_OK(),“1”是按下,“0”是未按下。

```
#define Key_Up() (! GPIO_ReadInputDataBit(GPIOD,GPIO_Pin_12))
#define Key_Down()(! GPIO_ReadInputDataBit(GPIOD,GPIO_Pin_13))
#define Key_Back()(! GPIO_ReadInputDataBit(GPIOD,GPIO_Pin_14))
#define Key_OK() (! GPIO_ReadInputDataBit(GPIOD,GPIO_Pin_15))
```

其中 GPIO_ReadInputDataBit(GPIOD,GPIO_Pin_12),调用 STM32 GPIO 接口输入库函数 GPIO_ReadInputDataBit(GPIO_TypeDef * GPIOx,uint16_t GPIO_Pin),直接读入获取电平值,如 GPIO_ReadInputDataBit(GPIOD,GPIO_Pin_12),为读 GPIOD 的 Pd12 电平获取值,即键盘控制后的电平值。

```
uint8_t GPIO_ReadInputDataBit(GPIO_TypeDef * GPIOx,uint16_t GPIO_Pin)
{uint8_t bitstatus = 0x00;
/* Check the parameters */
```

```
assert_param(IS_GPIO_ALL_PERIPH(GPIOx));
assert_param(IS_GET_GPIO_PIN(GPIO_Pin));
if ((GPIOx->IDR & GPIO_Pin) != (uint32_t)Bit_RESET)
{bitstatus = (uint8_t)Bit_SET;                //置位为 1
}
else
{bitstatus = (uint8_t)Bit_RESET;              //置位为 0
}
return bitstatus;
}
```

按键控制可以对不同运动状态通过 Key_Up()、Key_Down()、Key_Back()和 Key_OK()进行过程控制。

5.1.3 OLED 显示屏显示

控制面板需要通过显示屏进行过程和最终参数显示，控制面板中核心控制器 STM32F103VCT6 与 OLED 显示屏通过 I2C 连接，本节显示方式为下述描述方式，显示字符串、整形和浮点型数等，该显示方式可以为机器人控制面板控制信息显示提供参考。

(1) 显示字符串

voidOLED_String(unsigned char X,unsigned char Y,char String[])

X——字符串显示在 OLED 上的横坐标，单位为“字符”；

Y——字符串显示在 OLED 上的纵坐标，单位为“行”；

String[]——需要显示的字符串；

返回值：空。

(2) 显示整型数值

voidOLED_Int(unsigned char X,unsigned char Y,int Value,unsigned char Lengh)

X——数值显示在 OLED 上的横坐标，单位为“字符”；

Y——数值显示在 OLED 上的纵坐标，单位为“行”；

Value——需要显示的整型变量；

Length——数值显示的长度，最大值为 5，单位为“字符”；

返回值：空。

(3) 显示浮点数值

voidOLED_Float(unsigned char X,unsigned char Y,float Value,unsigned char IntPart,unsigned char FraPart)

X——数值显示在 OLED 上的横坐标，单位为“字符”；

Y——数值显示在 OLED 上的纵坐标，单位为“行”；

Value——需要显示的浮点变量；

IntPart——显示的浮点数整型部分长度，最大值为 5，单位为“字符”；

FraPart——显示的浮点数小数部分长度，最大值为 5，单位为“字符”；

返回值：空。

具体程序可参考本书所附电子参考资料，通过 OLED 显示屏可以实现状态显示和调试数据显示。

5.2 定时器

STM32 有 4 个定时器单元，共计 8 个定时器。定时器 1 和定时器 8 为高级定时器，专门用于电动机控制，剩下的定时器为通用定时器。通用定时器都基于 16 位宽度的计数器，带有 16 位预分频器和自动重载寄存器。定时器的计数模式可以设置为向上计数、向下计数和中央计数模式(从中间往两边计数)。除了基本的计时功能之外，每个定时器单元还提供 4 个输出比较通道。在基本的比较模式下，当定时器计数值和 16 位捕获比较寄存器的值匹配时，会产生一个匹配事件，可以改变捕获匹配通道对应的引脚电平、产生定时器复位、产生中断或申请 DMA 传输。

本节定时器模块的 4 个定时器就是基于 STM32 的 Timer3 定时器 4 个输出比较通道做 4 路计时器。

5.2.1 定时器配置方法

以下为 Timer3 定时器的配置过程，介绍每隔 1 s 触发一次的定时器 3，定时器 3 的 0 输出通道配置过程为：

① 使能定时器的总线；

② 72M 时钟进行 72 分频；

③ 设置为向上计数模式；

④ 设置计数周期为 65 535(16 位定时器)；

⑤ 设置使能定时器中断；

⑥ 设置定时器计数值为 1 000 000，即为 1 s，每 1 s 触发一次；

⑦ 把 1 000 000 分成高 16 位和低 16 位；

⑧ 定时器计满一个 65 535，高 16 位数减 1；

⑨ 当高 16 位为 0 时，计数器计完剩余低 16 位完成一次 1 s 计数，产生一次中断；

⑩ 主程序对应中断 counter 加 1。

具体为：

(1) 初始化环节

① 使能定时器总线 `RCC_APB1PeriphClockCmd(RCC_APB1Periph_TIM2,ENABLE);`

② 72M 时钟进行 72 分频：TIM_TimeBaseStructure. TIM_Prescaler = 72 − 1；//72 分频，1 μs

③ 设置为向上计数模式：TIM _ TimeBaseStructure. TIM _ CounterMode = TIM _ CounterMode_Up；//设置为向上计数

④ 设置计数周期为 65 535(16 位定时器)：TIM_TimeBaseStructure. TIM_Period = 65 535；//计数值为 65 535

(2) 设置计数值，且定时器中断使能

设置为通道 0，定时器计数值为 1 000 000，即为 1 s，每 1 s 触发一次

```
Wp_UserTimerEnableIT(TIMER_CHANNEL0,1 000 000);
```

设置使能定时器中断

```
void Wp_UserTimerEnableIT(u32 TimerChannel,u32 Time_us)
{ if (TimerChannel>3 || Time_us = = 0)
     return;
     g_UP_bTimerIT[TimerChannel] = TRUE;//启动定时器标识置位
     /* 把 1 000 000 分成高 16 位和低 16 位，定时器计满一个 65 535，高 16 位数减 1；当高 16 位为 0 时，计数器计完剩余低 16 位完成一次 1 s 计数，产生一次中断；*/
     g_UP_iTimerTime[TimerChannel] = Time_us;  //初始化比较寄存器
     g_UP_TempCCRVal_L16[TimerChannel] = g_UP_TimerCCRVal_L16[TimerChannel] = Time_us;  //初始化比较寄存器低位
     g_UP_TempCCRVal_H16[TimerChannel] = g_UP_TimerCCRVal_H16[TimerChannel] = Time_us>>16;  //初始化比较寄存器高位
}
```

(3) 主程序对应中断 counter 加 1

```
void timer_handler(u32 timerchannel)
{ if (timerchannel = = TIMER_CHANNEL0)
   { counter_0 + + ;
   }
}
```

通过以上设置，提供了 4 个最小定时 1 μs 的定时器或计数器，支持用户自定义计时器中断。定时器是微处理器重要功能模块，定时器的正确使用为用户实现某种功能或程序调试带来非常大的便利。

5.2.2 定时器模块的封装应用

从零开始设置定时器是非常烦琐的，设置过程为一个固定流程，没有任何技巧可言。所以为了更方便地使用定时器，模块机器人的控制器源码里对定时器进行了封装。要使用定时器，只需要设置好定时器的触发函数和开启定时器即可。下述方式定时器模块函数封装方式可以为其他机器人的定时器程序封装提供参考。

(1) 使能定时器

```
void Timer_Enable(u32 TimerChannel,u32 IntervalUs)
```

TimerChannel——定时器通道号,本节定时器模块即基于 STM32 的 Timer3 定时器 4 个输出比较通道的 4 路计时器,通道范围 TIMER_CHANNEL0、TIMER_CHANNEL1、TIMER_CHANNEL2 和 TIMER_CHANNEL3。

IntervalUs——定时时长,单位为微秒。1 秒(s)=1 000 000 微秒(μs)。

返回值:空。

例:Timer_Enable(TIMER_CHANNEL0,1000000),即基于通道 0,1 s 触发一次

(2) 关闭定时器

```
void Timer_Disable(u32 TimerChannel)
```

TimerChannel——定时器通道号,范围 TIMER_CHANNEL0~3;

返回值:空。

(3) 设置定时器中断触发函数

```
voidTimer_SetHandler(void ( * HandlerName)(u32))
```

HandlerName——定时器中断函数的函数名称;

返回值:空。

定时器的触发函数是定时器使用的关键。当开启定时器时,会给定时器设置一个触发时长,定时器开启后经过这个触发时长就会自动调用触发函数。所以定时后如果需要其他操作,则把进行的操作代码放置在触发函数里,然后开启定时器即可。具体程序可参考本书所附电子参考资料。

5.3 姿态获取

模块机器人控制器硬件内部通常配置惯性测量芯片,可以用来检测机器人的姿态参数。本节以四轴飞行器和移动机器人常用的 MPU6050 为例,介绍模块机器人姿态获取方法。

5.3.1 基于 MPU6050 的姿态获取硬件设计

MPU6050 是 InvenSense 公司推出的一款 6 轴传感器模块,包括 3 轴加速度计和 3 轴陀螺仪。MPU6050 的角速度全格感测范围为±250°/sec(dps)、±500°/sec(dps)、±1 000°/sec(dps)与±2 000°/sec(dps),可准确追寻快速与慢速动作。加速器感测的范围分为±2g、±4g、±8g 与±16g 四个挡位。可以通过 I2C 进行数据传输,传输速率最高至 400 kHz,也可以通过 SPI 接口进行数据传输,速率最高达 20 MHz。MPU6050 体积小巧,是一款性能较强,性能出色,便捷使用的芯片,是平衡小车、四轴飞行器以及众多机器人经常使用的姿态传感器。

姿态模块内置于内部电路板上，不需要额外连接附件。MPU6050 引脚连接图如图 5.7 所示，MPU6050 与模块机器人核心 STM32 处理器的通信方式为 I2C 通信。

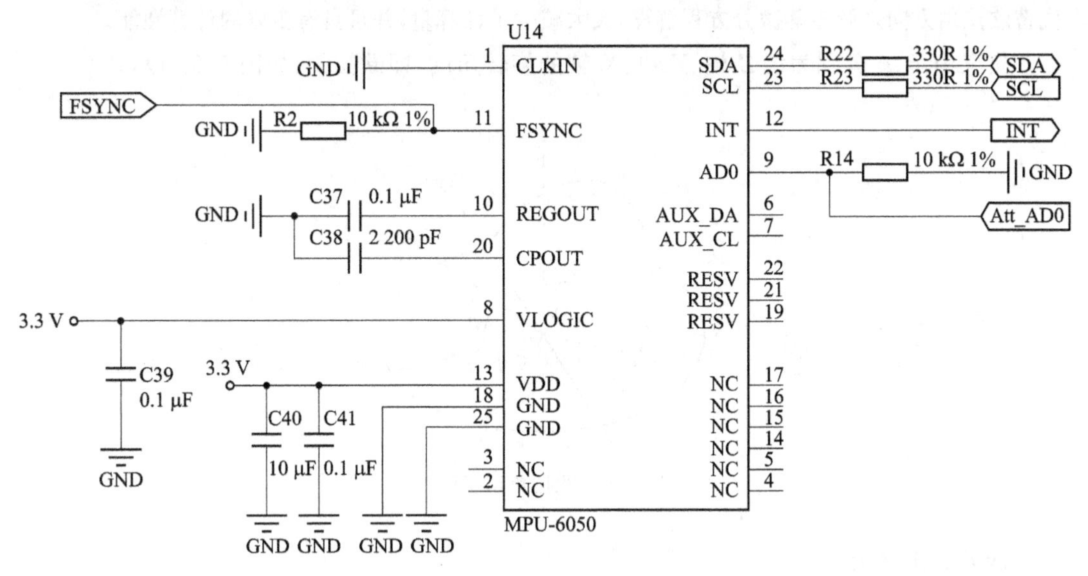

图 5.7　MPU6050 引脚连接图

一般情况下，描述姿态的方法使用欧拉角，即航向角(yaw)、横滚角(roll)和俯仰角(pitch)。俯仰角描述的是机器人朝向在竖直方向上是朝上还是朝下；滚转角描述的是机器人在水平面上是左倾斜还是右倾斜；航向角描述的是机器人在行进方向上是偏左还是偏右，如图 5.8 所示。

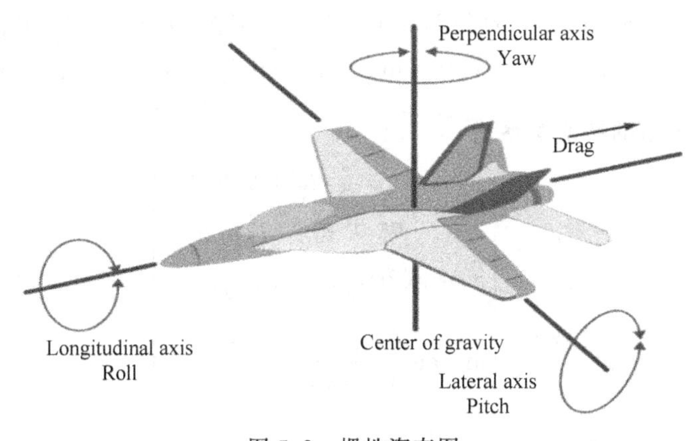

图 5.8　惯性姿态图

5.3.2　四元数法获取姿态信息

欧拉角解算姿态关系简单明了，但微分方程包含了大量三角运算，给实时解算带来困难，且在俯仰角度为 90°时方程会出现万向锁(Gimball lock)，所以欧拉角只适用于水平姿态变化不大的情况，不适用于全姿态的姿态确定。四元数理论是数学中一个古老的分支，四元数法是一种间接处理的捷联惯性导航系统姿态矩阵解算方法，用四元数微分方程解算代替欧拉角方向余弦矩阵微分方程解算，大大减少了计算量，并且具有更好的计算性能。

定义 ψ、θ、φ 分别为绕 Z 轴、Y 轴、X 轴的旋转角度，即欧拉角，如图 5.9 所示。

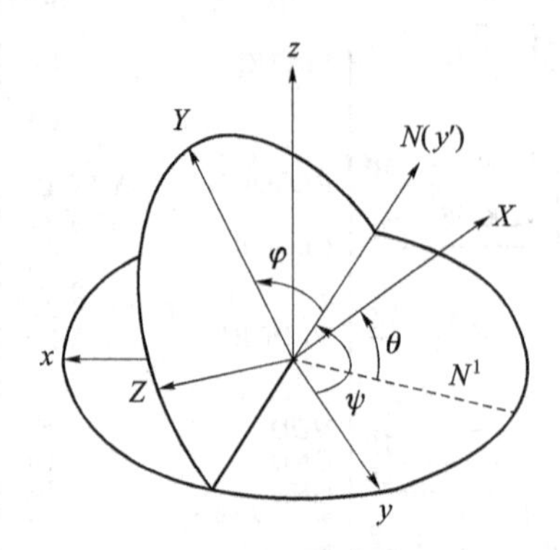

图 5.9 欧拉角示意图

四元数定义为

$$q=(q_0 q_1 q_2 q_3)^{\mathrm{T}} \tag{5.1}$$

$$|q|^2=q_0^2+q_1^2+q_2^2+q_3^2=1 \tag{5.2}$$

欧拉角到四元数的转换关系为

$$q=\begin{pmatrix} q_0 \\ q_1 \\ q_2 \\ q_3 \end{pmatrix}=\begin{pmatrix} \cos(\psi/2)\cos(\theta/2)\cos(\varphi/2)+\sin(\psi/2)\sin(\theta/2)\sin(\varphi/2) \\ \cos(\psi/2)\sin(\theta/2)\cos(\varphi/2)+\sin(\psi/2)\cos(\theta/2)\sin(\varphi/2) \\ \cos(\psi/2)\cos(\theta/2)\sin(\varphi/2)-\sin(\psi/2)\sin(\theta/2)\cos(\varphi/2) \\ \cos(\psi/2)\sin(\theta/2)\sin(\varphi/2)-\sin(\psi/2)\cos(\theta/2)\cos(\varphi/2) \end{pmatrix} \tag{5.3}$$

四元数到欧拉角的转换关系为

$$\begin{pmatrix} \psi \\ \theta \\ \varphi \end{pmatrix}=\begin{pmatrix} \arctan \dfrac{2(q_1 q_2+q_0 q_3)}{q_0^2+q_1^2-q_2^2-q_3^2)} \\ \arcsin(2(q_0 q_2-q_1 q_3)) \\ \arctan \dfrac{2(q_2 q_3+q_0 q_1)}{1-2(q_1^2+q_2^2)} \end{pmatrix} \tag{5.4}$$

arctan 和 arcsin 的结果是$\left(-\dfrac{\pi}{2},\dfrac{\pi}{2}\right)$，并不能覆盖所有朝向，因此需要用 arctan2 代替 arctan，则有航向角 ψ (yaw)，俯仰角 θ (pitch)，横滚角 φ (roll)分别为(单位为角度)：

$$\begin{pmatrix} \psi \\ \theta \\ \varphi \end{pmatrix}=\begin{pmatrix} \operatorname{arctan2}(2(q_1 q_2+q_0 q_3), q_0^2+q_1^2-q_2^2-q_3^2)\times 57.3 \\ \arcsin(2(q_0 q_2-q_1 q_3))\times 57.3 \\ \operatorname{arctan2}(2(q_2 q_3+q_0 q_1), 1-2(q_1^2+q_2^2))\times 57.3 \end{pmatrix} \tag{5.5}$$

5.3.3 程序实现方法

MPU6050 自带数字运动处理器(DMP)，通过主 I2C 接口，可以向 CPU 提供四元数，且 InvenSense 提供 MPU6050 嵌入式运动驱动库，结合 DMP 可以将原始数据直接转换为四元数输出。

具体实现方法为，首先设置初始姿态角：航向角 ψ (yaw)，俯仰角 θ (pitch)，横滚角 φ (roll)，然后根据基于 DMP 的原始数据四元数转换输出，通过式(5.5)，对姿态角进行更新。具体程序如下：

```
#define q30//1073741824.0f
void Wp_GetMpu6050Dmp(void)
{  float q0 = 1.0f;          //四元数缓存
   float q1 = 0.0f;
   float q2 = 0.0f;
   float q3 = 0.0f;
//读取 DMP_FIFO 中的数据
dmp_read_fifo(wp_dmp_data.gyro,wp_dmp_data.accel,wp_dmp_data.quat,&wp_
dmp_data.sensor_timestamp,&wp_dmp_data.sensors,&wp_dmp_data.more);
/*读取四元数,计算欧拉角,默认是 long 数据类型,转换成 float 数据类型后,需要
除以 1073741824.0f,这里 q30 定义为 1073741824.0f */
if (wp_dmp_data.sensors & INV_WXYZ_QUAT)
  {//四元数
  q0 = wp_dmp_data.quat[0]/q30;  //W
  q1 = wp_dmp_data.quat[1]/q30;  //X
  q2 = wp_dmp_data.quat[2]/q30;  //Y
  q3 = wp_dmp_data.quat[3]/q30;  //Z
  //欧拉角
  wp_dmp_data.Pitch = asin( - 2 * q1 * q3 + 2 * q0 * q2) * 57.3;//pitch 俯仰
  //roll 横滚
  wp_dmp_data.Roll = atan2(2 * q2 * q3 + 2 * q0 * q1, - 2 * q1 * q1 - 2 * q2 * q2 + 1) * 57.3
  wp_dmp_data.Yaw = atan2(2 * (q1 * q2 + q0 * q3),q0 * q0 + q1 * q1 - q2 * q2 - q3 * q3) *
57.3;//yaw 偏航角
    }
}
```

为了方便地使用姿态模块的输出信息，可以通过函数库封装俯仰、横滚、航向三个姿态角函数，即直接获取基于 MPU6050 的姿态解算数据，后续应用只需要调用封装好的姿态角函数即可，该封装示例可以为其他机器人在姿态模块的应用提供参考，如：

① 获取姿态俯仰角

```
floatGyro_GetPitch(void)
```

返回值:获取姿态模块的俯仰角,即 wp_dmp_data. Pitch,单位为度。

② 获取姿态滚转角

```
floatGyro_GetRoll(void)
```

返回值:获取姿态模块的滚转角,即 wp_dmp_data. Roll,单位为度。

③ 获取姿态航向角

```
floatGyro_GetYaw(void)
```

返回值:获取姿态模块的航向角,即 wp_dmp_data. Yaw,单位为度。

具体程序可参考本书所附电子参考资料。

5.4 红外测距

红外测距传感器模块通常用于获取移动机器人与周边物体的距离,可以用于移动机器人避障,也可以用于移动机器人的跟随,本节以 GP2Y0A21YK0F 型红外测距传感器为例,介绍移动机器人获取与周边物体距离的方法。

模块机器人可配备多个红外测距传感器模块,安装在模块机器人周围获取与周围物体距离的信息,如图 5.10 所示。

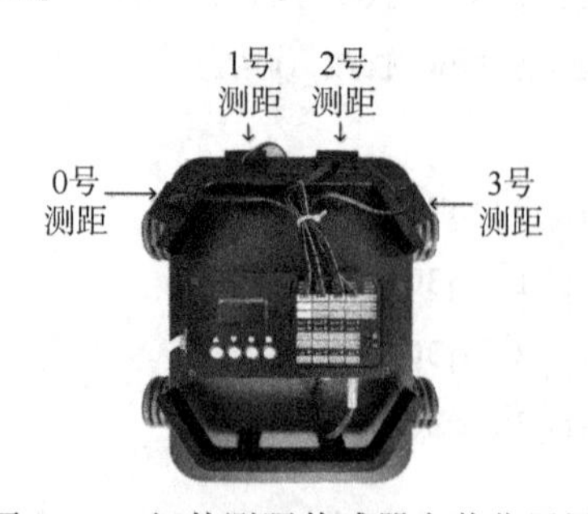

图 5.10 红外测距传感器安装位置图

红外测距传感器模块可应用 GP2Y0A21YK0F 型红外测距传感器,输出模拟量是电压方式输出,检测到障碍物距离 10～80 cm 对应的电压输出是 0.4～2.3 VDC。红外测距传感器所测距离和电压对应关系如图 5.11 所示。

在实际应用中通过获取的电压值,分析红外测距模块所测距离与电压关系,得到红外传感器所测得的距离信息。由于电压和所测距离之间关系为曲线关系,需要通过曲线拟合的方法,基于获取电压值计算距离值,对于图 5.11 所测距离与电压关系图,具体拟合方法如下:

(1) 用尺子细化曲线,形成量测离散值,应用 MATLAB 工具,基于量测出的离散点,画出曲线。

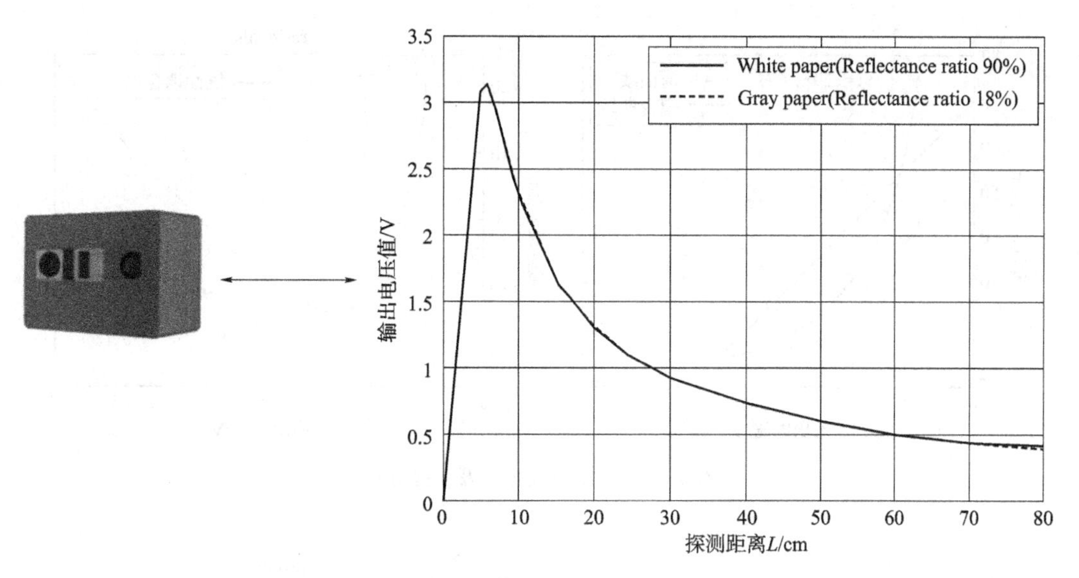

图 5.11 红外测距模块所测距离与电压关系图

(2) 利用 MATLAB 曲线拟合工具箱,进行曲线拟合,如图 5.12 所示。

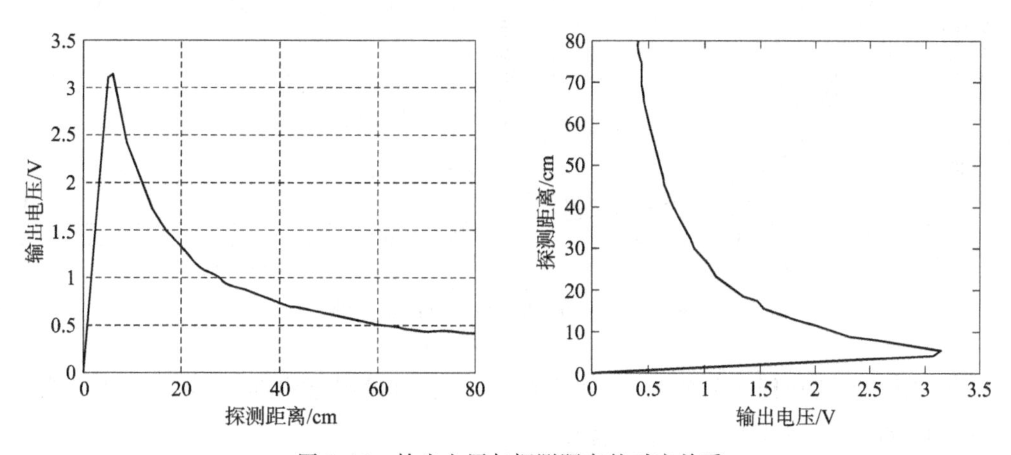

图 5.12 输出电压与探测距离的对应关系

(3) 利用 MATLAB 曲线拟合工具箱,勾选线性方式,基于获取电压值对应的距离,通过一阶方式进行曲线拟合,分析拟合误差,如图 5.13 所示,通过拟合工具箱获得一阶拟合方程为 $y=29x+71$。

(4) 利用 MATLAB 曲线拟合工具箱,基于获取电压值对应的距离,通过二阶方式进行曲线拟合,分析拟合误差,如图 5.14 所示,通过拟合工具箱获得二阶拟合方程为 $y=20x^2-89x+100$。

(5) 基于获取电压值对应的距离,利用分段线性化方式进行曲线拟合,具体就是把传感器距离与电压曲线分段线性化拟合,根据传感器输出电压值选取不同函数计算得到测

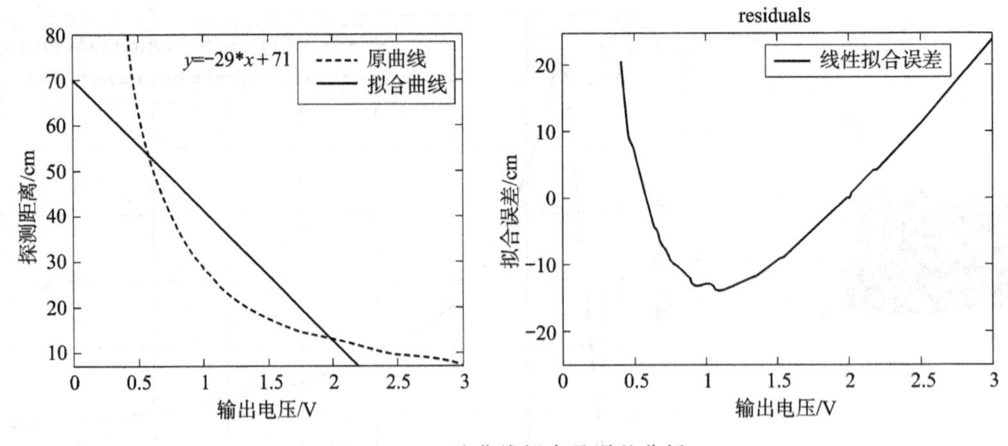

图 5.13　一阶曲线拟合及误差分析

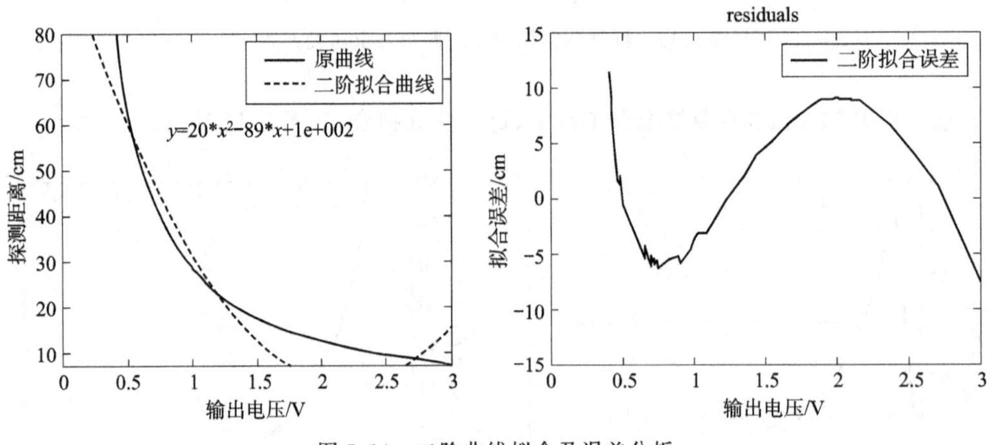

图 5.14　二阶曲线拟合及误差分析

量距离。其方法为原图充分放大，查找适合分段点，每段用直线近似，并分析拟合误差，如图 5.15 所示，分段线性化拟合方程为

$$y=\begin{cases} 6 & x\geqslant 3.14 \\ 4.8(4.39-x) & 2.31\leqslant x<3.14 \\ 10(3.31-x) & 1.31\leqslant x<2.31 \\ 20.4(2.33-x) & 0.82\leqslant x<1.31 \\ 95.2(1.135-x) & 0.61\leqslant x<0.82 \\ 150(0.943-x) & 0.42\leqslant x<0.61 \\ 80 & x<0.42 \end{cases} \tag{5.6}$$

基于图 5.13、图 5.14、图 5.15 进行误差分析，分段线性化方式相对误差较小，程序设计采用分段线性化方式设计，具体为

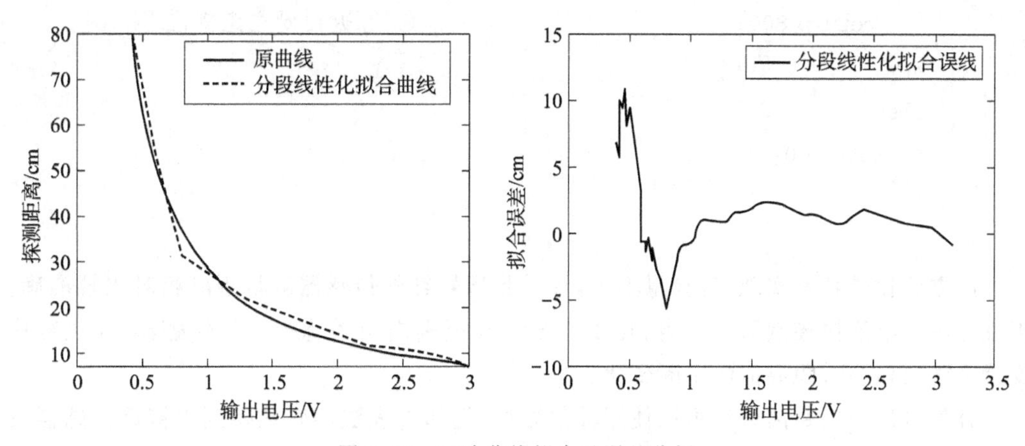

图 5.15 二阶曲线拟合及误差分析

```
u16 Wp_CalculateDistanceChannel(u8 channel)
//channel 为红外传感器安装时连接 A/D 通道号
{   float temp = 0.0;
    if (0 = = channel && channel>16)
        return 0;
    temp = analogvalue[channel - 1];               //获得对应 A/D 通道转换电压值
    if (temp>3.14)
        return 60;
    else if (temp>2.31 && temp< = 3.14)
    {   return ((4.39 - temp) * 4.8) * 10;         //返回对应距离值
    }
    else if (temp>1.31 && temp< = 2.31)
    {   return ((3.31 - temp) * 10) * 10;          //返回对应距离值
    }
    else if (temp>0.82 && temp< = 1.31)
    {   return ((2.33 - temp) * 20.4) * 10;        //返回对应距离值
    }
    else if (temp>0.61 && temp< = 0.82)
    {   return ((1.135 - temp) * 95.2) * 10;       //返回对应距离值
    }
    else if (temp>0.41 && temp< = 0.61)
    {   return ((0.943 - temp) * 150) * 10;        //返回对应距离值
    }
    else if (temp< = 0.41)
```

```
    {   return 800;                              //返回对应距离值
    }
    else
    {  return 0;
    }
}
```

此方法比较容易实现，计算量不大，针对此型号红外传感器测量距离相对比较准确。把红外传感器连接控制器并上电，在 10～80 cm 范围内用手遮挡红外传感器，通过程序变量观察窗口会看距离值的不断变化。

查找电压对应距离值还可以使用其他方法，例如查表法等转换得到更接近传感器真实测量到的距离，只是越精细，表的构建越复杂。

为了方便使用红外测距模块的输出信息，可以构建函数库，使其包含红外测距封装函数，后期使用只需要通过调用红外测距封装函数即可，如红外测距封装函数：

intSensor_Distance(u8 Channel)

Channel——接入红外测距传感器的 Adc 端口通道；

返回值：从该端口获取的 AD 转换原始数据，并换算成的红外传感器测量距离值，单位为毫米。

上述红外测据模块函数封装可以为其他机器人的红外测距传感器应用函数封装提供参考，具体程序可参考本书所附电子参考资料。

5.5 灰度传感器数据获取

灰度传感器主要用于光通量的检测，即测量传感器前端的亮度。多个灰度传感器配合使用可以实现运动追光、循线移动等功能。本节以灰度传感器 TEMT6200FX01 为例，介绍灰度传感器光通量检测方法。机器人可配备多个灰度传感器模块，并安装在底盘前方，可以获取光通量信息，进行巡线等操作，如图 4.10 所示。

灰度传感器（TEMT6200FX01）输出模拟量是电压方式输出，测量到的光通量范围 1～100 000 lux。关于光通量的数值，简单来说就是：周围环境越亮测得光通量值越大，周围环境越暗得光通量值越小。灰度传感器的硬件电路搭建如图 5.16 所示。

对于该硬件电路进行实测，当光通量在 $E_V=1\sim1\ 000$ lux 范围内，$I_{PCE}=180$ nA～180 μA，则有

$$I_{PCE}=\frac{V_{a/d}-0.99}{100K} \tag{5.7}$$

通过灰度传感器获取的光通量(lux)为

$$\frac{I_{PCE}}{180\ nA}=\frac{V_{a/d}-0.99}{100K}\frac{10^9}{180}=\frac{V_{a/d}-0.99}{180}10\ 000 \tag{5.8}$$

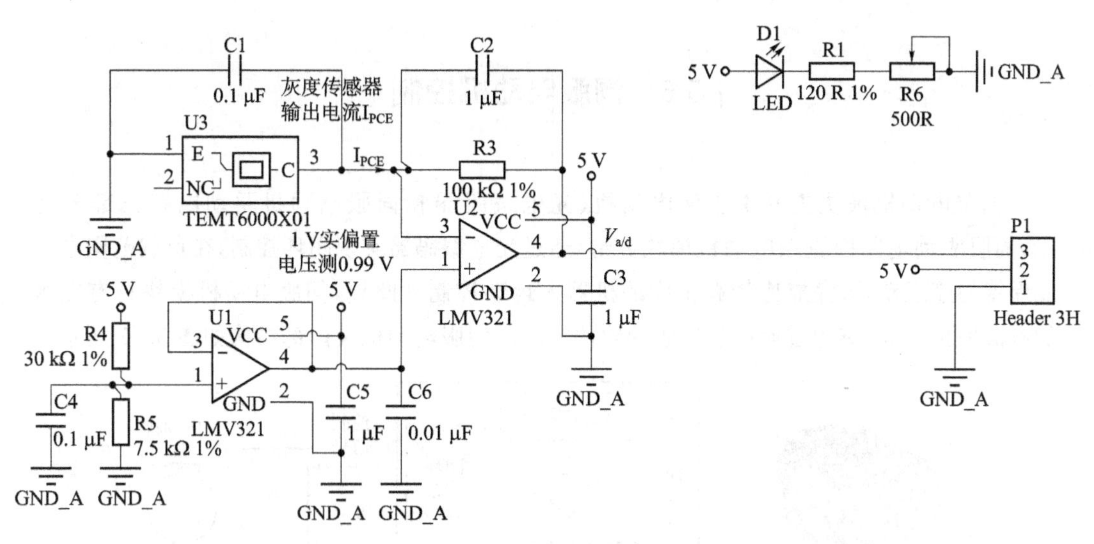

图 5.16 灰度传感器硬件电路图

对应光通量程序设计为

```
u16 Wp_CalculateLuxChannel(u8 channel)
{
    float temp = 0.00;
    if (0 = = channel)
        return 0;
    temp = ((analogvalue[channel - 1] - 0.99) * 10000) / 180;
    temp = temp * 100;     //计算得到的光通量值单位为 10 mlux
    return (u16)temp;
}
```

基于该程序，将连接控制器的灰度传感器模块面向光源，用手在一定距离内遮挡和拿开，这时会看到光通量数值的变化，并且灰度传感器在白纸和黑线间滑动时，光通量数值差异很大，会出现阶跃变化。

为了方便使用灰度传感器模块的输出信息，可以构建函数库，使其包含灰度传感器获取的光通量封装函数，后续应用只需要调用封装好的灰度传感器模块函数即可，如换算灰度检测传感器的光通量值。

intSensor_Lux(u8 Channel)

Channel——接入了灰度检测传感器的 Adc 端口通道；

返回值：从该端口获取 AD 转换原始数据，并换算成的光通量值，其计算方式是按照电压值和光通量线性比例直接换算，单位为 10 mlux。

上述灰度传感器函数封装应用方式可以为其他机器人的灰度传感器程序封装提供参考，具体程序可参考本书所附电子参考资料。

5.6 伺服电动机控制

伺服电动机模块主要由直流电动机、光电编码器和伺服电动机驱动电路三部分组成,伺服驱动电路内置在电动机模块内部,通过光电编码器实现闭环控制,在负载范围内均能保持匀速运动,可完成比较高精度的机器人运动控制。此外,伺服电动机模块具有完善的电流保护功能,避免过流过热造成的硬件损坏。伺服电动机及内部结构如图 5.17 所示。

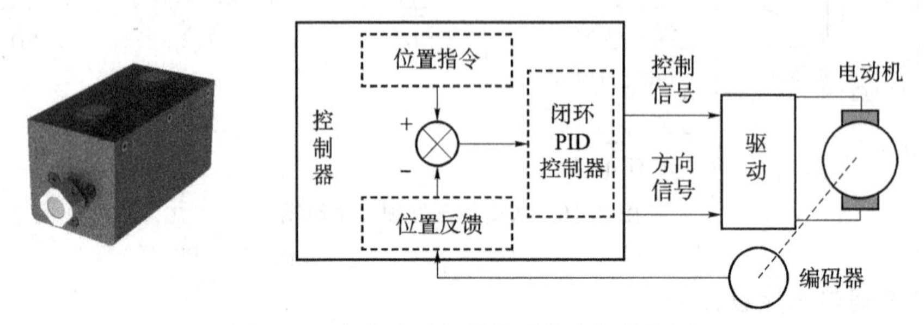

图 5.17 伺服电动机模块及其内部结构图

5.6.1 伺服电动机模块硬件设计

搭建闭环控制系统,选择合适控制器、驱动电路、光电编码器等,基本硬件结构如图 5.18 所示。

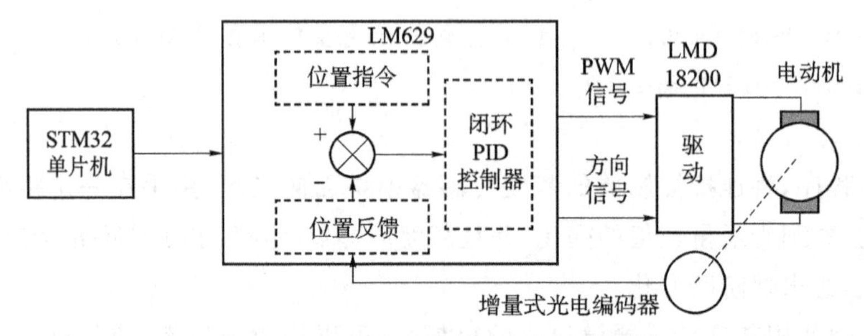

图 5.18 伺服电动机模块基本硬件框架

控制器:STM32 单片机和 LM629 芯片构成,通过 PID 控制电路可对测量元件输出偏差信号进行处理。驱动芯片 LM629 具有以下功能:完成 8 位分辨率的 PWM 输出,进行位置和速度控制,内部有 32 位的位置、速度和加速度寄存器,16 位可编程数字 PID 控制器,且参数可变,对增量式光电编码盘输出进行 4 倍频处理,使分辨率提高。

① STM32 单片机,可以向 LM629 发送运动控制参数和 PID 参数,从 LM629 接收各运动状态信息,进行监控。

② 驱动芯片:LMD18200,通过 LMD18200 对 20 W 直流电动机进行控制。

③ 被控对象:20 W 小功率直流电动机。

④ 检测环节:2000 线增量式光电编码器。

基本硬件原理图,如图 5.19 所示。

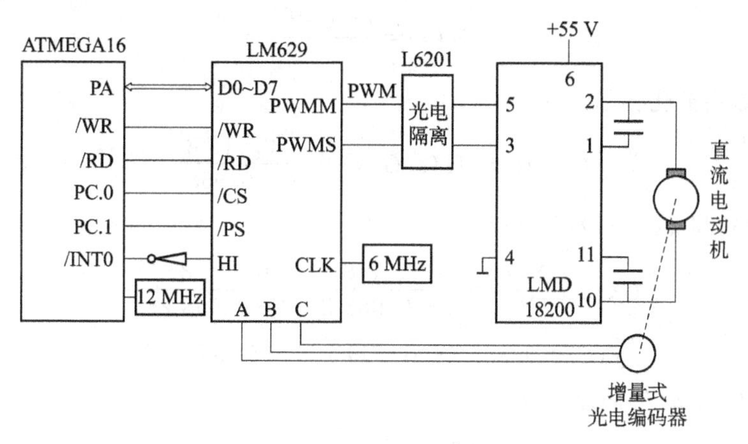

图 5.19 基本硬件原理图

5.6.2 仿真确定 PID 参数

对直流电动机进行建模,构建数字控制系统,通过 MATLAB 仿真,参数整定,确定 PID 参数。图 5.20 为仿真结构图,通过增量式光电编码器获取直流电动机输出信号,与预期输出进行比较,获取误差信号,基于数字 PID 控制器件(STM32 单片机和 LM629 组成)对误差信号进行调整,通过零阶保持器对数字信号进行采样保持,实现对直流电动机稳定控制。

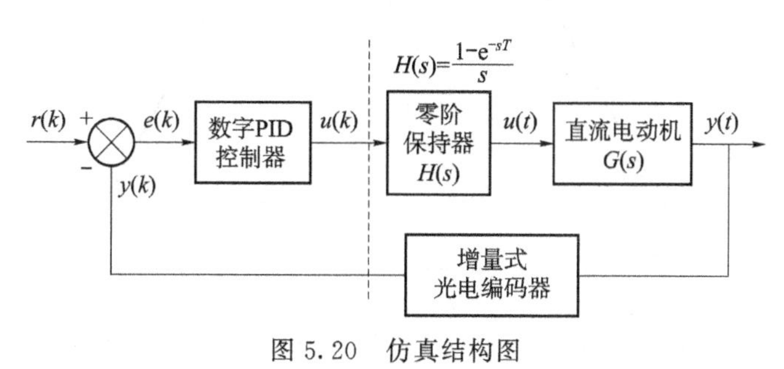

图 5.20 仿真结构图

仿真环节具体步骤如下:

(1) 直流电动机建模;

(2) 得到 $y(k)$与 $u(k)$间差分方程;

(3) 输入期望速度、位置信息 $r(k)$;

(4) 得到 $e(k)$与 $u(k)$间差分方程,设计 PID 控制器。

结合电机出厂参数,及通过实测直流电机时域响应曲线,用 MATLAB 进行曲线拟合,可得某型直流电动机的传递函数为

$$G(s)=\frac{0.45}{0.08s+1} \tag{5.9}$$

设计零阶保持器：

$$H(s)=\frac{1-e^{-sT}}{s} \tag{5.10}$$

传递函数离散化：

$$G(z)=z[H(s)G(s)]=\frac{0.018\,8}{z-0.958\,2} \tag{5.11}$$

获取 $y(k)$与 $u(k)$间差分方程为

$$G(z)=\frac{Y(z)}{U(z)}=\frac{0.018\,8}{z-0.958\,2}=\frac{0.018\,8z^{-1}}{1-0.958\,2z^{-1}} \tag{5.12}$$

$$y(k)=0.958\,2y(k-1)+0.018\,8u(k-1) \tag{5.13}$$

获取 $e(k)$与 $u(k)$间差分方程：

$$e(k)=r(k)-y(k) \tag{5.14}$$

设计增量式 PID 方程：

$$u(k)=u(k-1)+K[e(k)-e(k-1)]+K_ie(k)+K_d[e(k)-2e(k-1)+e(k-2)] \tag{5.15}$$

在 MATLAB 仿真中设置期望速度 10 r/s，期望加速度 1 r/s^2，利用 PID 参数整定，可得 $K_p=5$、$K_i=3$、$K_d=0.2$，基于以上参数，对实物进行实验，仿真图如图 5.21 所示。

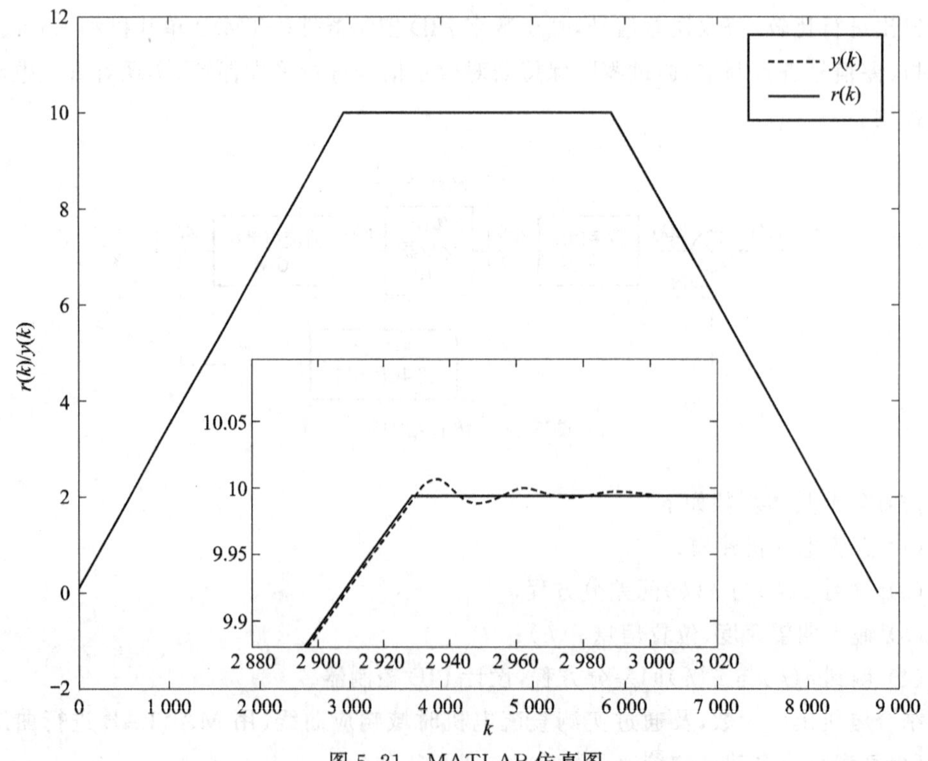

图 5.21　MATLAB 仿真图

5.6.3 运动控制实现方案

基于上述获得的参数对实际 LM629 寄存器进行设置：

(1) 电动机的预期运动参数设置：设置期望位置、速度和加速度值；

(2) PID 参数设置 $K_p=5, K_i=3, K_d=0.2$。

LM629 芯片手册：采样周期为 2 048 个时钟周期，芯片设置期望速度 $L\times T\times$ 转速(r/s)，期望加速度：$L\times T\times T\times$ 加速度(1 r/s^2)

(1) 编码器线数：$L=2\ 000\times 4=8\ 000$(4 分频)

期望位置：$L\times 100=800\ 000$

(2) 期望速度：$T=2\ 048/6\times 10^6=341$ μs 为采样时间

$$L\times T\times 600/60=8\ 000\times 341\times 10^{-6}\times 10=27.28$$

(3) 期望加速度：$L\times T\times T\times 1=0.000\ 930\ 2$

当期望速度为 10 r/s 时：

LM629 程序设置：T=2 048/6×10^6=341 μs

$$L\times T\times 600/60=8\ 000\times 341\times 10^{-6}\times 10=27.28$$

当期望加速度为 1 r/s^2 时：

LM629 程序设置：$L\times T\times T\times 1=0.0009\ 302$

且 PID 参数设置 $K_p=5$、$K_i=3$、$K_d=0.2$，对电动机进行实验，再次不断调整参数，对电动机进行稳定控制。

伺服电动机模块是移动机器人的运动底盘主要执行单元，模块机器人需要配备 3 个或 4 个伺服电动机模块，这些伺服电动机模块可以和不同类型的轮子进行组合，构成不同运动特性的底盘，如三轮全向或四轮差动运动控制。为使主控制器对伺服电动机模块有效控制，通常主控制器与伺服电动机模块采用 RS485 总线通信，一个主控制器可以通过 RS485 串联 3 个或 4 个伺服电动机模块，单伺服电动机模块与启智控制器的硬件连接方式如图 5.22 所示。启智控制器对伺服电动机模块的控制，通过 RS485 发送相应指令即可实现。

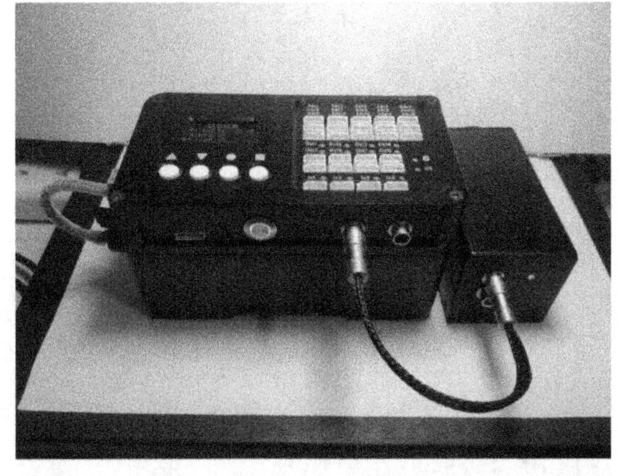

图 5.22 伺服电动机模块与启智控制器硬件连接图

为了方便使用伺服电动机模块，通常构建函数库，通过调用函数库库函数，就能完成对伺服电动机模块控制，后续应用只需要调用封装好的伺服电动机模块函数即可，如：

① 设置电动机速度

```
voidMotor_SetSpeed(u8 MotorID,float MotorSpeed)
```

MotorID——电动机 ID 号，范围 1～4；

MotorSpeed——设置的转速值，精度 0.1，单位为“转/分”。

这条函数调用后，控制器只是把速度值发给电动机模块，而电动机模块并未立刻执行，需要等待调用 Motors_Action()后才执行新的速度值。

返回值：空。

② 电动机执行新设置的速度

```
voidMotors_Action(void)
```

命令所有电动机模块执行新的速度值。

返回值：空。

上述电动机控制函数封装应用方法可以为其他机器人的电动机控制程序封装提供参考，电动机控制具体程序可参考本书所附电子参考资料。

思考题

1. 基于控制面板的指示灯、按键和显示屏的程序基本调试方法是什么？
2. 阐述基本的计时器计时方法。
3. 阐述基于四元数的姿态模块数据获取方法。
4. 阐述基于电压与距离值分段曲线拟合的红外测距传感器获取数据方法。
5. 阐述灰度传感器数据获取方法。
6. 阐述基于伺服电动机的四轮差动平台运动控制方法。

第6章 模块化机器人综合设计

以模块机器人各功能模块的基本设计方法为基础，对多个模块功能进行综合，以四轮差动运动控制、红外传感器测距避障、灰度传感器黑线循迹、蓝牙遥控与运动控制对模块机器人的设计方法进行分析，在阐述基本实现方法基础上进行程序设计实现。

6.1 四轮差动运动控制

模块机器人套件可以快速重构多个底盘构型，如四轮差动底盘，如图 6.1 所示。可以看出，四轮差动底盘是由四个独立的橡胶轮驱动单元呈长方形排布在底盘四周，要使控制器能够有效对四个驱动轮的伺服电动机进行控制，需要为四个驱动轮组的电动机模块分配各自的 ID，按照特定的顺序进行排布，如图 6.2 所示。

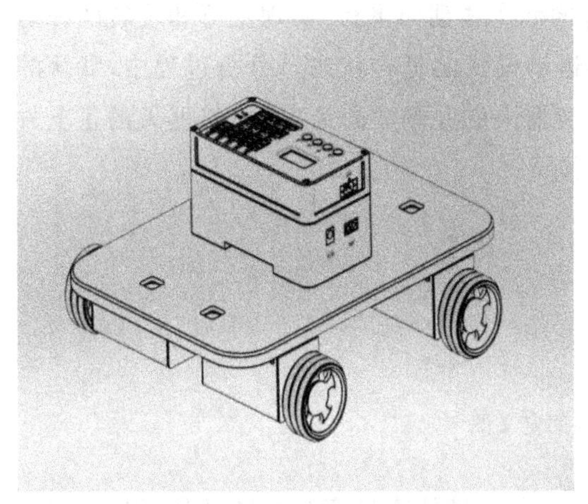

图 6.1　四轮差动底盘图

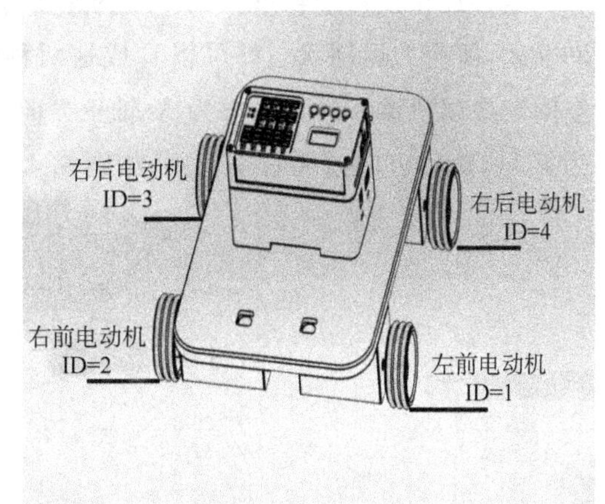

图 6.2　伺服电动机驱动模块 ID 定义图

从图 6.2 可以看出，控制器的正前方为整个底盘的前方，电动机模块的排布顺序如下：

(1) 左前侧安装的电动机模块的 ID 为 1;

(2) 右前侧安装的电动机模块的 ID 为 2;

(3) 右后侧安装的电动机模块的 ID 为 3;

(4) 左后侧安装的电动机模块的 ID 为 4。

机器人组装完毕后,将四个伺服电动机模块使用 RS485 线缆串联,并和主控制器的电动机插头连接,如图 6.3 所示。

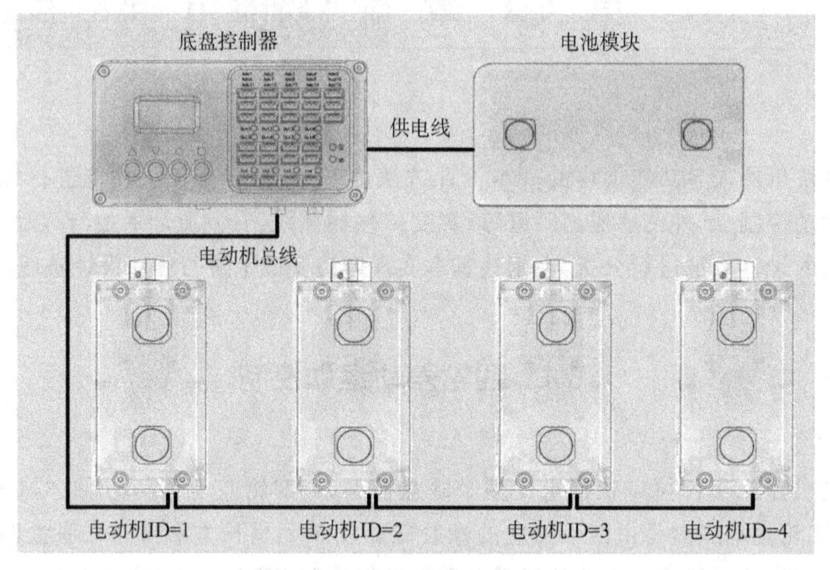

图 6.3 控制器连接图

这种连接使每个轮系单元产生的速度方向和车体朝向平行,实现直行和旋转两种运动模式,所有的运动状态都可以看成这两种运动模式的复合状态。分析过程中,默认的空间定义以机器人的正前方为 X 轴正方向,机器人的左侧方向为 Y 轴,机器人的正上方为 Z 轴,旋转方向遵循右手定则,如图 6.4 所示。

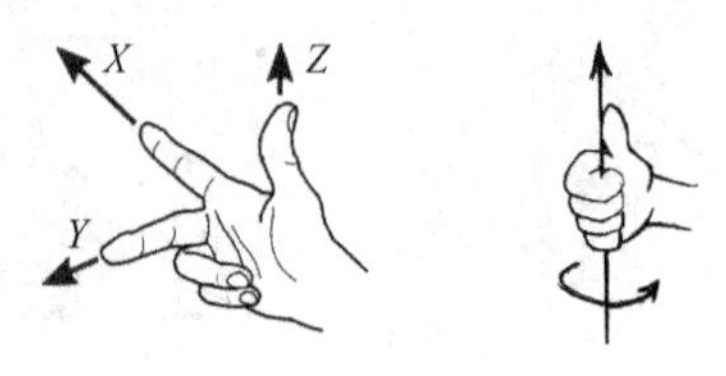

图 6.4 空间定义图

为了便于描述轮子在地面接触点产生的速度,本节所有速度分析图都是以从下方面向车体底部的视角去分析,如图 6.5 所示。

下面介绍直行、旋转和复合运动,三种运动模式运动学逆解,推算每台电动机应该输出的转速。

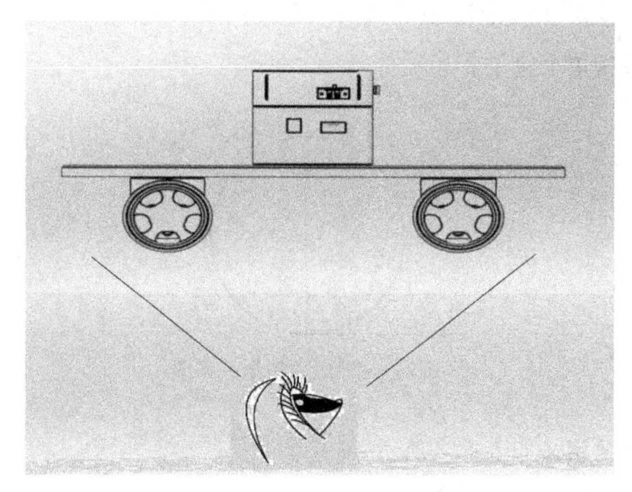

图 6.5 空间定义方向图

6.1.1 直行

四轮差动底盘的直行模式又分为前进和回退，这两种模式只是速度方向不同，本质是一样的，这里仅以前进状态为例进行分析。前进时的运动模型图如图 6.6 所示。

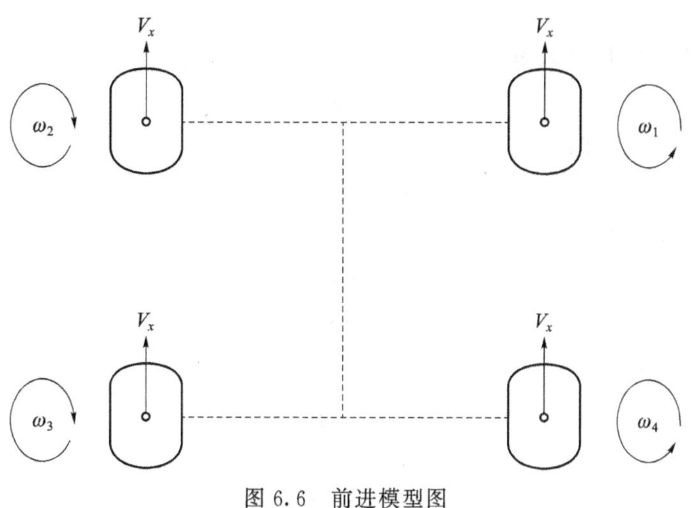

图 6.6 前进模型图

图 6.6 中的变量定义如表 6.1 所示。

表 6.1 前进模型变量定义表

变量	描述
V_x	四个轮子在与地面接触点产生的线速度，其箭头方向即为轮子产生的速度方向。当箭头朝前时，表示轮子产生的速度让车体向前移动；当箭头朝后时，表示轮子产生的速度让车体向后移动
ω_n	从轮子旋转轴向的外侧面向轮子所看到的轮子转速，下标数字表示轮子的编号。箭头方向为该视角下看到的轮子旋转方向

以图 6.7 来分析单个轮子。

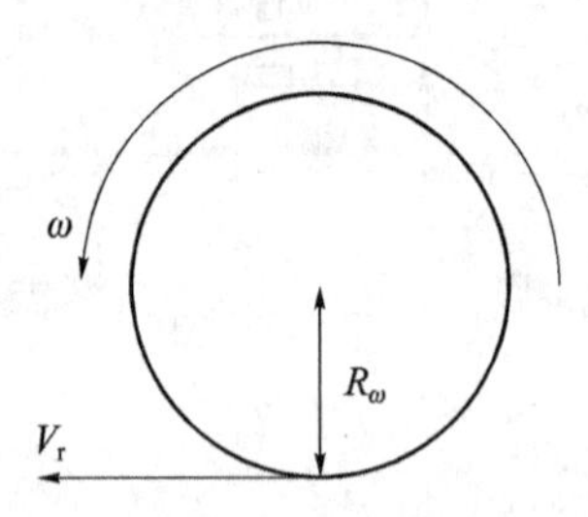

图 6.7 轮子运动矢量关系图

图 6.7 中的变量定义如表 6.2 所示。

表 6.2 轮子运动模型变量定义表

变量	描述
V_r	轮子在与地面接触点产生的速度，其箭头方向即为轮子产生的速度方向
ω	从轮子旋转轴向的外侧面向轮子所看到的轮子转速。箭头方向为该视角下看到的轮子旋转方向
R_ω	轮子的外圆半径

从图 6.2 中可以得出关系式：

$$V_r = \omega R_\omega \tag{6.1}$$

根据变量定义，可以得知：

$$V_r = V_x \tag{6.2}$$

联立两个关系式，可以推出关系：

$$\begin{cases} V_r = \omega R_\omega \\ V_r = V_x \end{cases} \tag{6.3}$$

则

$$V_x = \omega R_\omega \tag{6.4}$$

$$\omega = V_x / R_\omega \tag{6.5}$$

考虑到轮子的旋转方向，可以推出四个轮子的转速关系：

$$\begin{cases} \omega_1 = -V_x / R_\omega \\ \omega_2 = V_x / R_\omega \\ \omega_3 = V_x / R_\omega \\ \omega_4 = -V_x / R_\omega \end{cases} \tag{6.6}$$

6.1.2 旋转

四轮差动底盘的旋转模式又分为顺时针和逆时针，这两种模式只是速度方向不同，本质是一样的，以顺时针状态为例进行分析。需要注意的是，机器人顺时针旋转，从底盘下方看上去是逆时针旋转。模型分析如图 6.8 所示。

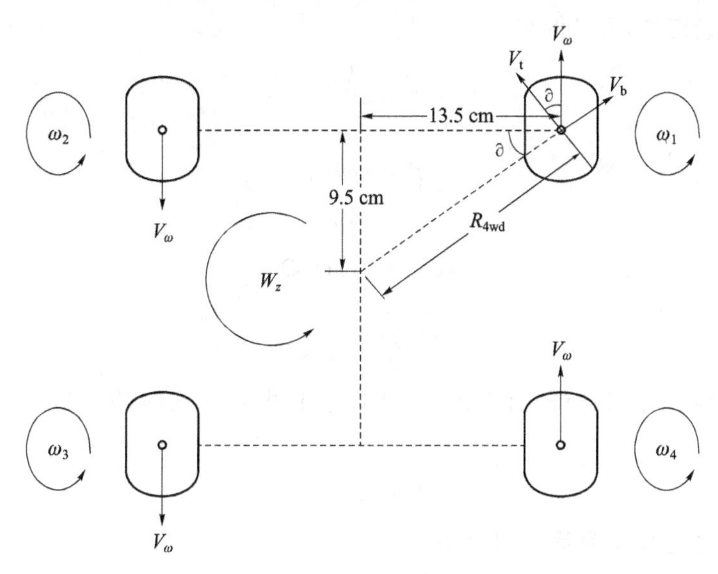

图 6.8 旋转模型图

图 6.8 中的变量定义如表 6.3 所示。

表 6.3 旋转模型变量定义表

变量	描述
V_ω	四个轮子在与地面接触点产生的线速度，其箭头方向即为轮子产生的速度方向
ω_n	从轮子旋转轴向的外侧面向轮子所看到的轮子转速，下标数字表示轮子的编号。箭头方向为该视角下看到的轮子旋转方向
V_t	轮子边缘线速度 V_ω 在机器人中心连线垂直方向上的分速度，这个速度是让车体能够旋转的有效部分
V_b	轮子边缘线速度 V_ω 在机器人中心连线方向上的分速度，这个速度会被对角的轮子以同样的速度分量抵消，是无效部分，在分析旋转状态时可以忽略
R_{4wd}	机器人旋转的车身半径，此为一个定值，长度为 16.5 cm(0.165 m)
W_z	机器人自身旋转的角速度

先计算 R_{4wd}：

$$R_{4wd}=\sqrt{(13.5)^2+(9.5)^2}\approx 16.5\ \text{cm} \tag{6.7}$$

由图 6.8 中 V_ω 和 V_t 的夹角关系，可以得出关系式：

$$V_t=V_\omega\cos\partial \tag{6.8}$$

则

$$V_\omega=V_t/\cos\partial \tag{6.9}$$

从单个轮子的分析图 6.7 中可以得出关系式：

$$V_{\mathrm{r}}=\omega R_{\omega} \tag{6.10}$$

而根据变量定义，可以得知：

$$V_{\mathrm{r}}=V_{\omega} \tag{6.11}$$

则有：

$$\begin{cases} V_{\mathrm{r}}=\omega R_{\omega} \\ V_{\mathrm{r}}=V_{\omega} \end{cases} \tag{6.12}$$

$$\omega R_{\omega}=V_{\mathrm{t}}/\cos\partial \tag{6.13}$$

$$\omega=\frac{V_{\mathrm{t}}}{R_{\omega}}\cdot\frac{1}{\cos\partial} \tag{6.14}$$

因为 V_{t} 是机器人旋转的有效速度，所以它和机器人旋转的角速度 W_{z} 存在如下关系：

$$W_{z}R_{4\mathrm{wd}}=V_{\mathrm{t}} \tag{6.15}$$

所以可以代入之前的 ω 关系式，得到：

$$\omega=\frac{W_{z}R_{4\mathrm{wd}}}{R_{\omega}}\cdot\frac{1}{\cos\partial} \tag{6.16}$$

其中：

$$1/\cos\partial=R_{4\mathrm{wd}}/13.5=16.5/13.5=1.222\,2 \tag{6.17}$$

所以 ω 关系式可写成：

$$\omega=(W_{z}R_{4\mathrm{wd}}/R_{\omega})\times1.222\,2 \tag{6.18}$$

考虑到轮子的旋转方向，可以推出四个轮子的转速关系：

$$\begin{cases} \omega_{1}=(W_{z}R_{4\mathrm{wd}}/R_{\omega})\times1.222\,2 \\ \omega_{2}=(W_{z}R_{4\mathrm{wd}}/R_{\omega})\times1.222\,2 \\ \omega_{3}=(W_{z}R_{4\mathrm{wd}}/R_{\omega})\times1.222\,2 \\ \omega_{4}=(W_{z}R_{4\mathrm{wd}}/R_{\omega})\times1.222\,2 \end{cases} \tag{6.19}$$

6.1.3 复合运动

四轮驱动底盘所有的运动状态都可以看成直行和旋转两种运动模式的复合状态，所以四个轮子的转速关系可以为直行和旋转两种速度之和：

$$\begin{cases} \omega_{1}=-V_{x}/R_{\omega}+(W_{z}R_{4\mathrm{wd}}/R_{\omega})\times1.222\,2 \\ \omega_{2}=V_{x}/R_{\omega}+(W_{z}R_{4\mathrm{wd}}/R_{\omega})\times1.222\,2 \\ \omega_{3}=V_{x}/R_{\omega}+(W_{z}R_{4\mathrm{wd}}/R_{\omega})\times1.222\,2 \\ \omega_{4}=-V_{x}/R_{\omega}+(W_{z}R_{4\mathrm{wd}}/R_{\omega})\times1.222\,2 \end{cases} \tag{6.20}$$

复合运动矢量定义如表 6.4 所示。

表 6.4 复合运动模型变量定义表

变量	描述
ω_n	从轮子旋转轴向的外侧面向轮子看轮子转速,下标数字表示轮子的编号。正值时轮子逆时针旋转,负值时轮子顺时针旋转
V_x	四个轮子在与地面接触点产生的线速度,也就是车体直行的速度值。车体往前行进时该值为正,车体向后行进时该值为负
R_ω	轮子的外圆半径。此为定值,长度为 2.9 cm(0.029 m)
W_z	机器人自身旋转的角速度
R_{4wd}	机器人旋转的车身半径,此为一个定值,长度为 16.5 cm(0.165 m)

其中只有 V_x 和 W_z 是未知数,其他都是已知,也就实现了依据指定的 V_x 和 W_z 来解算四个轮子的转速。

6.1.4 四轮差动程序实现

1. 相关封装函数

实验代码用到上一节定义的封装函数:

(1) 设置电动机速度:

```
voidMotor_SetSpeed(u8 MotorID,float MotorSpeed)
```

MotorID——电动机 ID 号,范围 1~4;

MotorSpeed——设置的转速值,精度 0.1,单位为“转/分”。

这条函数调用后,控制器只是把速度值发给电动机模块,而电动机模块并未立刻执行,需要等待调用 Motors_Action()后才执行新的速度值。

返回值:空。

(2) 电动机执行设置的速度:

```
voidMotors_Action(void)
```

命令所有电动机模块执行新的速度值。

返回值:空。

(3) 使能定时器:

```
voidTimer_Enable(u32 TimerChannel,u32 IntervalUs)
```

TimerChannel——定时器通道号,本节定时器模块即基于 STM32 的 Timer3 定时器 4 个输出比较通道的 4 路计时器,通道范围 TIMER_CHANNEL0、TIMER_CHANNEL1、TIMER_CHANNEL2 和 TIMER_CHANNEL3。

IntervalUs——定时时长,单位为微秒。1 秒(s)=1 000 000 微秒(μs)。

返回值:空。

(4) 设置定时器中断触发函数:

```
voidTimer_SetHandler(void ( * HandlerName)(u32))
```

HandlerName——定时器中断函数的函数名称；

返回值：空。

2. 实验程序

```
#include "Wp_Sys.h"
//机器人旋转时轮子施力点到机器人中心的水平距离为 0.165 m
float R4wd = 0.165;
//Rw 为橡胶轮半径，这里为 0.029 m
float Rw = 0.029;
float Pi = 3.1415926;
void FourWD(float Vx,float Wz)
{   float w1,w2,w3,w4,wt;
    w1 = -((Vx/Rw)/(2 * Pi)) * 60;
    w2 = -1 * w1;                                      //调用公式(6.6)
    w3 = w2;
    w4 = w1;
    wt = ((Wz * R4wd/Rw)/(2 * Pi)) * 60 * 1.2222;      //调用公式(6.19)
    w1 + = wt;                                         //调用公式(6.20)
    w2 + = wt;
    w3 + = wt;
    w4 + = wt;
    Motor_SetSpeed(1,w1);
    Motor_SetSpeed(2,w2);
    Motor_SetSpeed(3,w3);
    Motor_SetSpeed(4,w4);
    Motors_Action();
}
void timer_handler(u32 timerchannel)
{   if (timerchannel = = TIMER_CHANNEL0)
    { FourWD(0,0);
    }
}
int main(void)
{   Timer_SetHandler(timer_handler);
    Timer_Enable(TIMER_CHANNEL0,1000000 * 10);//定时 10 s
    WPB_Init();
    FourWD(0.1,0);     //以 0.1 m/s 的速度向前直行
```

```
    while(1){
    }
}
```

3. 代码分析

(1) 定义一个函数 void FourWD(float Vx,float Wz)。第一个参数 Vx 是机器人直行的速度,第二个参数 Wz 是机器人旋转的速度。这个函数会根据这两个输入值解算出四个电动机应该输出的转速,驱动四个电动机执行计算结果。

(2) 在 void FourWD()函数里,代码分为三个部分:第一部分是根据 Vx 计算四个电动机速度 w1、w2、w3 和 w4,公式参照前面的推导结果 6.6。第二部分代码是根据 Wt 计算机器人旋转速度,公式参照前面的推导结果 6.19。同样地,计算完毕后还需要进行一次换算,把单位从(弧度/秒)换算成(转/分)。换算后的结果,直接累计到前面的电动机速度 w1、w2、w3 和 w4,公式参照前面的推导结果 6.20。第三部分代码调用函数 Motor_SetSpeed()为四个电动机设置目标转速,再调用函数 Motors_Action()使电动机开始执行目标转速。

(3) 为比较精确的控制机器人的运动时长,使用 STM32 的硬件定时器。定义定时器触发函数 void timer_handler(u32 timerchannel)在此函数里,判断定时器的通道 ID,10 s 后调用 FourWD(0,0)让机器人停下来。

(4) 主体函数 main 函数中,先调用 Timer_SetHandler(timer_handler)为定时器设置触发函数,然后调用 Timer_Enable()使能通道为 ID,即 TIMER_CHANNEL0 硬件定时器,定时时长为 1 000 000 * 10,单位为μs,也就是 10 s。

(5) 调用系统初始化函数“WPB_Init()”,此时定时器开始计时。

(6) 调用 FourWD(0.1,0),让机器人以 0.1 m/s 的速度向前直行。10 s 后定时器触发中断,会将机器人停下来。

(7) 构建一个 while 循环,让程序能持续运行,以便定时器能够工作到触发中断。

本例程实验结果为前行 1 m,如果将控制程序代码的 main 函数的 FourWD(0.1,0)替换为 FourWD(0,(2 * Pi)/10),机器人会旋转一整周。

4. 形成四轮差动封装函数

控制四轮差动平台直行、旋转或复合运动:

```
void FourWD(float Vx,float Wz)
```

Vx——机器人直行的速度,单位“米/秒”;

Wz——设置的转速值,单位为“弧度/分钟”。

这个函数调用后,机器人会根据这两个输入值解算出四个电动机应该输出的转速,并驱动四个电动机执行这个计算结果。

返回值:空。

6.2 红外传感器测距避障

模块机器的前方支架上可安装四枚红外测距传感器，四枚红外测距传感器可沿机器人本体顺时针从左到右依次连接到 Adc1、Adc2、Adc3 和 Adc4，如图 6.9 所示，其中 Adc1 和 Adc2 连接的传感器探测的是机器人左前方障碍物，Adc3 和 Adc4 连接的传感器探测的是机器人右前方的障碍物。

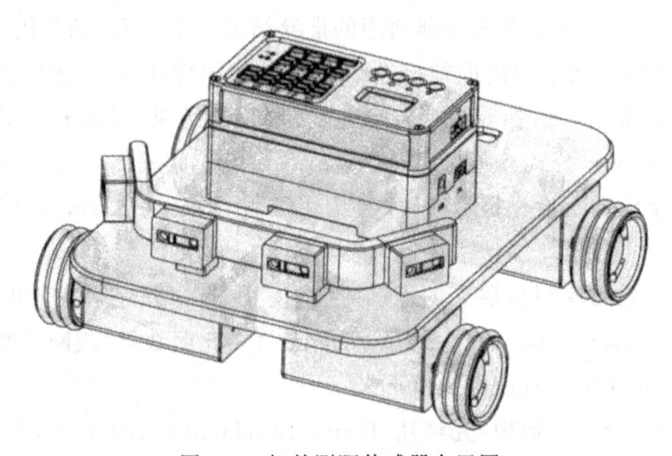

图 6.9 红外测距传感器布置图

1. 程序设计思路

机器人移动测距避障功能的实现思路是：在机器人的前方安装多个红外测距传感器，在机器人行进过程中不停读取红外测距传感器的测距数值。当左侧的传感器返回距离值低于某个阈值时，机器人右转；当右侧的传感器返回距离值低于某个阈值时，机器人左转；当所有传感器的返回值都高于阈值时，说明前方障碍物离得比较远，机器人保持直行。

2. 相关函数调用

实验代码中将会用到第 5 章和第 6.1 节封装的部分库函数：

(1) 换算红外测距的距离值

```
intSensor_Distance(u8 Channel)
```

Channel——接入了红外测距传感器的 Adc 端口通道；

返回值：从该端口获取 AD 转换原始数据，并换算成的距离值，单位为毫米。

(2) 控制四轮差动平台直行、旋转或复合运动

```
void FourWD(float Vx,float Wz)
```

Vx——机器人直行的速度，单位“米/秒”；

Wz——设置的转速值，单位为“弧度/分钟”。

该函数调用后，机器人会根据两个输入值解算出四个电动机应该输出的转速，并驱动四个电动机执行这个计算结果。

返回值：空。

(3) 显示整型数值

voidOLED_Int(unsigned char X,unsigned char Y,int Value,unsigned char Lenght)

X——数值显示在 OLED 上的横坐标，单位为“字符”；

Y——数值显示在 OLED 上的纵坐标，单位为“行”；

Value——需要显示的整型变量；

Length——数值显示的长度，最大值为 5，单位为“字符”；

返回值：空。

3. 实际程序设计

```
int main(void)
{   WPB_Init();
    while(1)
    {   for(i=0;i<4;i++)
        {   //获得四个红外传感器距离信息
            Distance[i] = Sensor_Distance(i+1);
            OLED_Int(0,i,Distance[i],3);
        }
        if(Distance[0]<200 || Distance[1]<200)
        {   FourWD(0,-2*Pi/10);    //左边有障碍物,右转
        }
        else if(Distance[2]<200 || Distance[3]<200)
        {   FourWD(0,2*Pi/10);     //右边有障碍物,左转
        }
        else
        {   FourWD(0.1,0);         //没有检测到障碍物,直行
        }
        DelayMs(100);
    }
}
```

4. 程序分析

第一步，用 for 循环调用 Sensor_Distance()函数读取四个红外测距传感器的数值并保存在数组 Distance[4]中，测距数值单位为毫米，调用 OLED_Int()函数将四个测距数值显示在控制器的 OLED 屏幕上。

第二步，使用 if 判断四个传感器的测距值是否低于阈值，这里阈值的选取是数值

200，即 200 mm。当左侧两个传感器的测距值 Distance[0]和 Distance[1]（对应 Adc1 和 Adc2）低于阈值时，说明左前方 200 mm 内有障碍物，这时调用 FourWD(0，－2 * Pi/10)驱动机器人以 0.1 圈/分钟的速度向右转。同样地，当右侧两个传感器测距值 Distance[2]和 Distance[3]（对应 Adc3 和 Adc4）低于阈值时，说明右前方 200 mm 内有障碍物，这时调用 FourWD(0，2 * Pi/10)驱动机器人以 0.1 圈/分钟的速度向左转。最后，如果四个传感器的测距数值都大于阈值，可认为前方无障碍物，调用 FourWD(0.1，0)驱动机器人以 0.1 m/s 的速度继续直行。while 循环的最后，调用 DelayMs(100)让循环停顿 100 ms。

程序在运行过程中，当障碍物在机器人左侧时它会右转，当障碍物在机器人右侧时它会左转，转到面前没有障碍物的时候又恢复直行。

然而，有时候当左右前侧都有障碍物时，机器人会陷入抖动状态，在左转和右转之间来回切换不能摆脱目前困境，可以思考如何优化它。

5. 优化方法

当机器人左右两边都有障碍物且陷入抖动状态时候，可以通过每抖动一次降低一次转速的方式优化，使转速变慢逐步查找可通行方向。具体程序可以设计为

```
int main(void)
{WPB_Init();
int nCounter = 1;                                   //首次设计抖动次数为 1
while(1)
{   for(i = 0;i<4;i + + )
{   Distance[i] = Sensor_Distance(i + 1);           //获得距离信息
    OLED_Int(0,i,Distance[i],3);                    //屏幕显示距离信息
    }
    if(Distance[0]<200 || Distance[1]<200)         //左边有障碍物
    {   //向右旋转速度除以抖动次数,用以降低旋转次数
        FourWD(0,( - 2 * Pi/10)/nCounter);
        //机器人右转,标记变量赋值为 false
        bTurnLeft = false;
    }
    else if(Distance[2]<200 || Distance[3]<200)    //右边有障碍物
    {   //向左旋转速度除以抖动次数,用以降低旋转次数
        FourWD(0,(2 * Pi/10)/nCounter);
        if (bTurnLeft = = false)
        {  nCounter + + ;                            //抖动计数增加一次
        }
        //将标识更新为 true,这样不会导致 nCounter 误增加
```

```
            bTurnLeft = true;
            }
            else
            {  FourWD(0.1,0);  //直行
            }
            DelayMs(100);
        }
    }
```

相比与前面一个程序,设置了 bTurnLeft 标识以及 nCounter 抖动次数变量,当检测到 bTurnLeft==false 时,nCounter 左转右转抖动次数自动加 1,转速降低,可以更好地帮助机器人降低转动速度,查找可通行方向。

6.3 灰度传感器黑线循迹

灰度传感器主要用于光通量的检测,多个灰度传感器安装在机器人底盘下方,可实现黑线循迹功能等功能。

本节使用两枚灰度传感器,分别安装在机器人底盘前方的左前和右前侧,安装时与机器人中线隔开一个安装位,也就是两个灰度传感器隔开一定距离,提高循线容错度。左、右前侧的灰度传感器分别连接到两路 A/D 转换通路上,分别为 Adc1 和 Adc2,可以在程序中从这两个接口读取传感器数值,如图 6.10 所示。

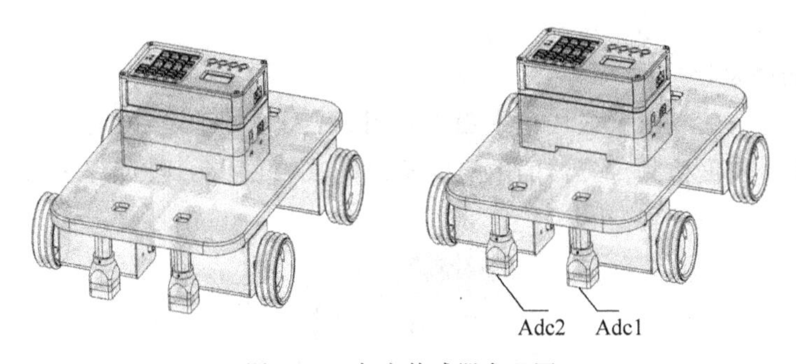

图 6.10 灰度传感器布置图

1. 程序设计思路

黑线循迹功能的实现思路是:在机器人的前方底盘下安装两枚灰度检测传感器,在机器人行进过程中不停读取灰度检测传感器的光通量数值。光通量这个数值在检测到高亮度的表面(如白纸)时数值升高,检测到低亮度的表面(如黑色线)数值降低。所以设定一个阈值,比传感器检测黑色线的光通量稍高即可。机器人行进过程中,当左侧的传感器返回光通量值低于阈值时,可认为黑线将会从机器人左侧偏出,机器人左转,及时追

回黑线；当右侧的传感器返回光通量值低于阈值时，可认为黑线将会从机器人右侧偏出，机器人右转，及时追回黑线；当所有传感器的返回值都高于阈值时，可认为黑线还在左右两个传感器之间，机器人保持直行。

2. 实验代码中将会用到第5章和第6.1节封装的部分库函数：

① 换算灰度检测传感器的光通量值：

```
intSensor_Lux(u8 Channel)
```

Channel——接入了灰度检测传感器的 Adc 端口通道。

返回值：从该端口获取的 AD 转换原始数据，并换算成的光通量值，单位为 10 mlux。

② 控制四轮差动平台直行、旋转或复合运动：

```
void FourWD(float Vx,float Wz)
```

Vx——机器人直行的速度，单位"米/秒"；

Wz——设置的转速值，单位为"弧度/分钟"。

该函数调用后，机器人会根据这两个输入值解算出四个电动机应该输出的转速，并驱动四个电动机执行这个计算结果。

返回值：空。

③ 显示整型数值：

```
voidOLED_Int(unsigned char X,unsigned char Y,int Value,unsigned char Lenght)
```

X——数值显示在 OLED 上的横坐标，单位为"字符"；

Y——数值显示在 OLED 上的纵坐标，单位为"行"；

Value——需要显示的整型变量；

Length——数值显示的长度，最大值为 5，单位为"字符"；

返回值：空。

3. 实际程序设计

将黑色轨迹线贴在白色或浅色平面上，将机器人放置于黑线的正上方，让黑色轨迹线位于左右两个灰度检测传感器的中间位置，如图 6.11 所示，设计程序如下：

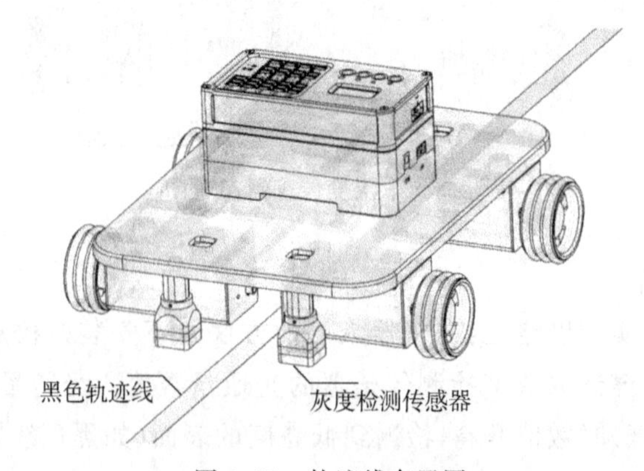

图 6.11 轨迹线布置图

```
int main(void)
{   WPB_Init();
    while(1)
    {   for(i = 0;i<2;i + + )
        {   Lux[i] = Sensor_Lux(i + 1);         //获取光通量数值
            OLED_Int(0,i,Lux[i],5);            //显示光通量数值
        }
        if(Lux[0]<1500)
        {   FourWD(0. 1,2 * Pi/20);
        }
        else if(Lux[1]<1500)
        {   FourWD(0. 1, - 2 * Pi/20);
        }
        else
        {  FourWD(0. 1,0);
        }
        DelayMs(10);
    }
}
```

4. 程序分析

在主体函数 main 函数 while 循环程序中,持续的读取传感器数值并驱动底盘进行运动控制。

第一步是用 for 循环调用 Sensor_Lux()函数读取两个灰度检测传感器的数值并保存在数组 Lux[2]中,数值单位为 10 mlux。调用 OLED_Int()函数将两个检测数值显示在控制器的 OLED 屏幕上,一共两行每行显示一个数值。

第二步就是使用 if 判断两个传感器的测距值是否低于阈值,这里阈值的选取是数值 1 500,即 15 000 mlux。这个阈值需要通过实验测得,实验方法就是用灰度传感器去测量黑色轨迹线和背景地面的具体数值。通常黑色轨迹线的检测值在 1 000 以下,而浅色背景的检测值应该在 2 000 以上,阈值 1 500 是取其中间值。当左侧灰度传感器的测量值 Lux[0](对应 Adc1)低于阈值时,说明黑色线即将从左侧偏出,这时调用 FourWD(0. 1, 2 * Pi/20)驱动机器人以 0. 05 圈/分钟的速度向左转,同时保持 0. 1 m/s 的直行速度,让机器人继续回到轨迹线上来。同样地,当右侧灰度传感器测量值 Distance[1](对应 Adc2)低于阈值时,说明黑色线即将从右侧偏出,这时调用 FourWD(0. 1,−2 * Pi/20)驱动机器人以 0. 05 圈/分钟的速度向右转,同时保持 0. 1 m/s 的直行速度,让机器人继续回到轨迹线上来。最后,如果两侧传感器的测量数值都大于阈值,可认为机器人还在黑

线上，调用 FourWD(0.1,0)驱动机器人以 0.1 m/s 的速度继续直行。while 循环的最后，调用 DelayMs(10) 让循环停顿 10 ms。

程序运行后，机器人默认是直行状态。机器人移动过程中，当移动到黑线处于左侧灰度传感器下时，机器人会往左偏转，让黑线重新回到两个灰度传感器中间。当移动到黑线处于右侧灰度传感器下时，机器人会往右偏转，让黑线重新回到两个灰度传感器中间。

本节程序逻辑只能实现一个低速的循迹功能，如果速度提高的话，可以进一步优化思考，比如增加灰度传感器数量能够让机器人对黑线偏离程度有更细腻的判断等。

思考题

1. 基于程序设计方法简述四轮差动运动控制的基本原理。
2. 简述红外测距避障程序设计流程，思考程序优化提高实验效果的方法。
3. 简述灰度传感器获取数据，进行黑线循迹程序设计流程，思考程序优化提高实验效果的方法。

第3篇

基于机器人操作系统的无人平台

第7章 机器人操作系统

ROS是Robot Operating System的缩写，通常称为"机器人操作系统"，但它并不是一个真正的操作系统，而是面向机器人的开源的元操作系统(Meta-Operating System)。它提供类似传统操作系统的诸多功能：硬件抽象、底层设备控制、进程间消息传递、程序包管理等，并且提供了众多工具和库函数，用于获取、编译、编辑代码以及在多个计算机之间运行程序完成分布式计算。由于ROS操作方便、功能强大，特别适用于机器人这种多种节点多任务的复杂场景，自2010年诞生以来，受到学术界和工程界的欢迎，如今已在类人机器人、工业机器人、群体机器人、无人车、无人机、无人艇等领域得到广泛应用。本章作为无人平台的基础章节，对ROS机器人操作系统概念、常用功能和基本应用方式进行介绍，为后续章节的理解奠定基础。

7.1 ROS机器人操作系统概述

在ROS维基百科中，ROS的定义为：ROS是一个开放源代码的机器人元操作系统。它提供了用户对操作系统期望的服务，包括硬件抽象、低级设备控制、常用功能的实现、进程之间的消息传递以及功能包管理，还提供了用于在多台计算机之间获取、构建、编写和运行代码的工具和库。也就是说，ROS本身不是一个传统的操作系统，ROS是基于现有的操作系统(如Ubuntu)之上的中间件(Middleware)或软件框架(Software framework)。使用ROS前需要先安装诸如Ubuntu的Linux发行版操作系统，之后再安装ROS，从而可以使用进程管理系统、文件系统、用户界面、开发应用程序(编译器、线程模型等)等。

ROS可以在使用现有的传统操作系统基础上，通过使用硬件抽象概念来控制机器人应用程序所必需的传感器，可以在不同类型硬件之间进行数据传输和接收，提供基于元操作系统的应用功能包。同时，它也是一个机器人软件平台，提供了专门为机器人开发应用程序的各种开发环境，如图7.1所示。

ROS致力于在机器人软件平台、中间件和框架基础上，将机器人研究和开发中的代码重用做到最大化，当前由支持多种编程语言的客户端库、用于控制硬件的硬件接口、数

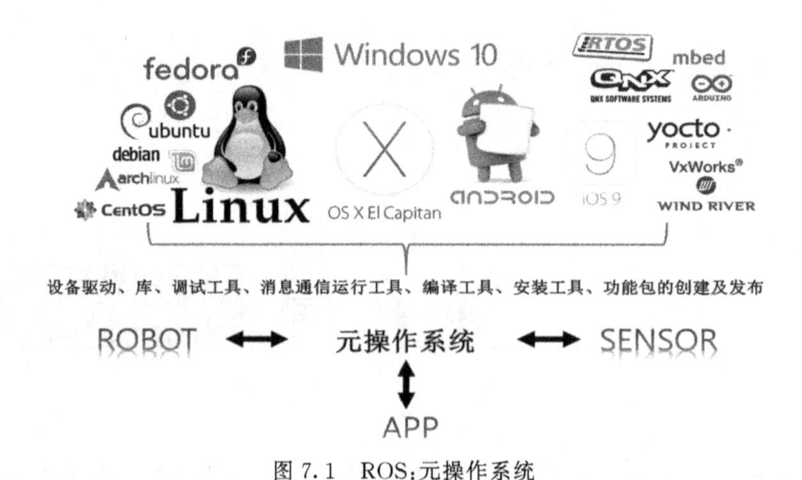

图 7.1　ROS:元操作系统

据通信通道、帮助编写各种机器人应用程序的机器人应用框架(Robotics Application Framework)、基于机器人应用框架的服务应用程序－Robotics Application、在虚拟空间中控制机器人的仿真(Simulation)工具和软件开发工具(Software Development Tool)等组成,如图 7.2 所示。

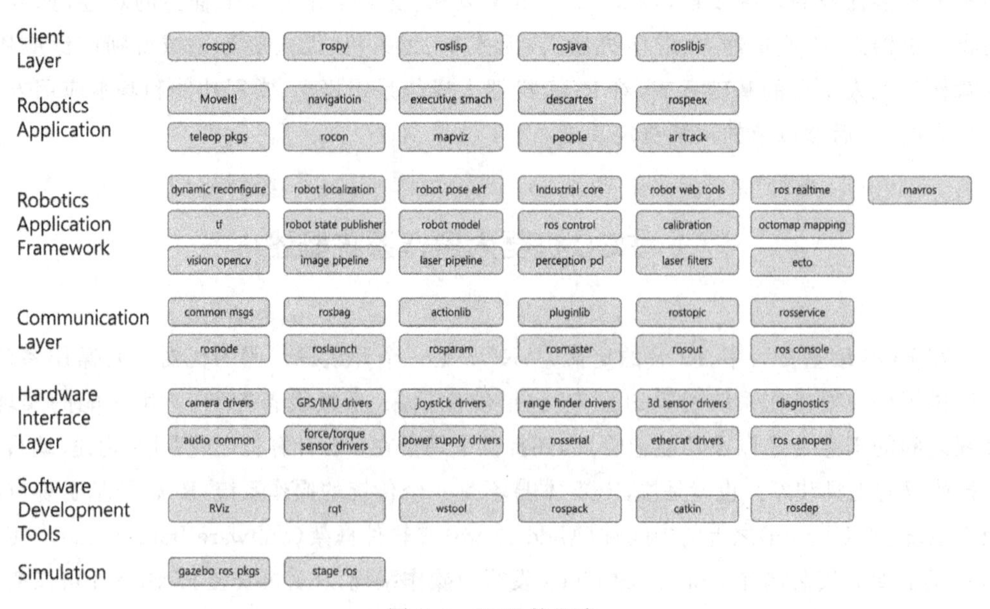

图 7.2　ROS 的组成

ROS 已经形成了将硬件制造商、操作系统公司、应用程序(APP)开发人员以及使用机器人的用户连接起来的结构。例如,当机器人制造商基于 ROS 操作系统给定硬件接口生产设备时,ROS 操作系统公司会以库的形式提供,这一切统称为生态系统,图 7.3 为 ROS 已经建立的生态系统。

基于 ROS 已经建立的生态系统,软件开发人员则无须了解硬件也可以轻松开发机

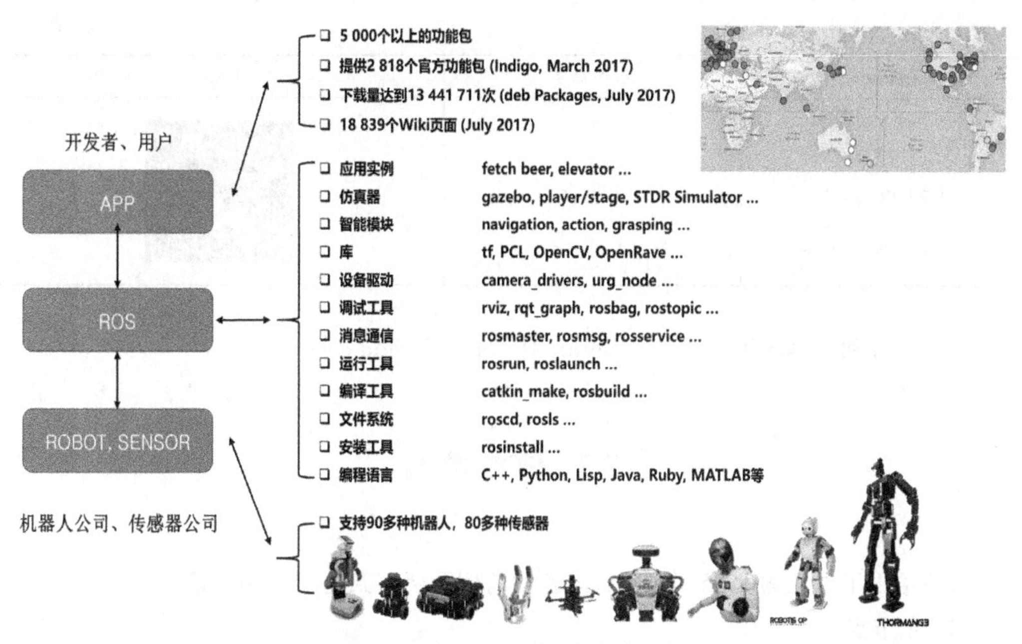

图 7.3 ROS已经建立的生态系统

器人应用程序，将产品投放到市场，让用户易于二次开发和使用。现在已经有很多家研究机构通过增加 ROS 支持的硬件或开放软件源代码的方式加入 ROS 系统的开发中。同样，也有很多家公司将其产品逐步进行软件迁移并在 ROS 系统中应用。部分 ROS 系统支持的平台往往会开放大量的代码、示例和仿真环境，以便开发人员轻松地开展工作。

应用 ROS，开发者无须像前人一样从头开始，掌握多种技能后才能开始机器人设计工作。可以用 ROS 的基础框架配合选定的功能包快速实现系统原型构建，从而让开发者将更多的时间用于核心算法的开发改进。

ROS 从 2010 年到 2020 年间发行了 13 个版本，其中基于 Ubuntu 16.04 的 Kinetic、Ubuntu 18.04 的 Melodic 和 Ubuntu 20.04 的 Noetic 是 Ubuntu 和 ROS1 操作系统当前常用版本，如表 7.1 所示。

表 7.1 Ubuntu 和 ROS1 操作系统当前常用版本

系统版本	ROS 版本	Logo
Ubuntu 20.04	Noetic	
Ubuntu 18.04	Melodic	

续 表

系统版本	ROS 版本	Logo
Ubuntu 16.04	Kinetic	

本章内容和后续内容均基于 Ubuntu 18.04 的 Melodic 版本完成。

7.2 ROS 术语

本节给出了常用的 ROS 术语，后面各章的例子会用到这些常用术语。

(1) 主节点

主节点（master）负责节点到节点的连接和消息通信，类似于名称服务器（NameServer）。roscore 是它的运行命令，当运行主节点时，可以注册每个节点的名字，并根据需要获取信息。没有主节点，就不能在节点之间建立访问和消息交流（如话题和服务）。

(2) 节点

节点（node）是指在 ROS 中运行的最小处理器单元。可以把它看作一个可执行程序。在 ROS 中，建议为一个工作或子任务创建一个节点，建议设计时注重可重用性。例如，移动机器人驱动过程，将每个程序细分化，即传感器驱动、传感器数据转换、障碍物判断、电动机驱动、编码器输入和导航等多个细分节点。

节点在运行的同时，向主节点注册节点的名称，注册发布者（publisher）、订阅者（subscriber）、服务服务器（service server）、服务客户端（service client）的名称，注册消息形式、URI 地址和端口。基于这些信息，每个节点可以使用话题和服务与其他节点交换消息。

(3) 功能包

功能包（package）是构成 ROS 的基本单元。ROS 应用程序以功能包为单位开发。功能包包括至少一个以上的节点或拥有用于运行其他功能包的节点的配置文件。它还包含功能包所需的所有文件，如用于运行各种进程的 ROS 依赖库、数据集和配置文件等。

(4) 消息

节点之间通过消息（message）来发送和接收数据。消息是诸如 integer、floating point 和 boolean 等类型的变量。用户还可以使用诸如包括消息的简单数据结构或列举消息的消息数组结构。

(5) 话题

话题(topic)就是"故事"。在发布者(publisher)节点关于故事向主节点注册之后,它以消息形式发布关于该故事的广告。希望接收该故事的订阅者(subscriber)节点获得在主节点中以这个话题注册的发布者节点的信息。基于这个信息,订阅者节点直接连接到发布者节点,用话题接收消息。

(6) 发布与发布者

发布(publish)是指以与话题内容对应的消息的形式发送数据。为了执行发布,发布者(publisher)节点在主节点上注册自己的话题等多种信息,并向希望订阅的订阅者节点订阅接收消息。单个节点可以成为多个话题的发布者。

(7) 订阅与订阅者

订阅是指以与话题内容对应的消息的形式接收数据。为了执行订阅,订阅者节点在主节点上注册自己的话题等多种信息,并从主节点接收那些发布此节点要订阅话题的发布者的节点信息。基于这个信息,订阅者节点直接联系发布者节点来接收消息。单个节点可以成为多个话题的订阅者。

发布和订阅概念中的话题是异步的,这是一种根据需要发送和接收数据的好方法。另外,由于它通过一次连接、发送和接收连续的消息,所以传感器数据发送和接收,经常用发布者和订阅者连续发送消息形式传送和接收数据。

(8) rosrun

rosrun 是 ROS 的基本运行命令,用于在功能包中运行一个节点。

(9) roslaunch

如果 rosrun 是执行一个节点的命令,那么 roslaunch 是运行多个节点的概念。该命令允许运行多个确定的节点。该命令的其他功能还包括一些专为执行具有诸多选项的节点的 ROS 命令,比如包括更改功能包参数或节点名称、配置节点命名空间、设置 ROS_ROOT 和 ROS_PACKAGE_PATH 以及更改环境变量等。

(10) TCP/IP

TCP/IP 是一种传输控制协议。从互联网协议层的角度来看,它基于 IP(Internet Protocol)且使用传输控制协议 TCP,以此保证数据传输,并按照发送顺序进行发送/接收。TCPROS 消息和服务中使用的基于 TCP/IP 的消息方式称为 TCPROS,而 UDPROS 消息及服务中使用的基于 UDP 的消息方式称为 UDPROS。在 ROS 中,常用的是 TCPROS。

(11) CMakeLists. txt

ROS 构建系统使用了 CMake,因此在功能包目录的 CMakeLists. txt 文件中描述了环境构建。

(12) package. xml

包含功能包信息的 XML 文件,描述功能包名称、作者、许可证和依赖包。

7.3 文件结构

在 ROS 中，组成软件的基本单位是功能包(package)，因此 ROS 应用程序是以功能包为单位开发的。功能包包含一个以上的节点或包含用于运行其他节点的配置文件。截至 2017 年 7 月，ROS Indigo 拥有约 2500 个功能包，而 ROS Kinetic 拥有约 1600 个官方功能包。用户开发和发布的功能包可能有一些重复，但也大约有 5000 个。这些功能包也会以元功能包(metapackage)的形式来统一管理。元功能包是具有共同目的的功能包的集合体。例如，Navigation 元功能包含 10 个功能包：AMCL、DWA、EKF 和 map_server 等。每个功能包都包含一个名为 package. xml 的文件，该文件是一个包含功能包信息的 XML 文件，包括其名称、作者、许可证和依赖包。

ROS 的文件系统分为安装目录和用户工作目录。安装 ROS desktop 版本后，在/opt 目录中会自动生成名为 ros 的安装目录，里面会安装有 roscore、rqt、RViz、机器人相关库、仿真和导航等核心实用程序。用户很少需要修改这个区域的文件。

通常 Linux 用户工作目录在“～/catkin_ws/(在 Linux 中，‘～/’指‘/home/用户名/’目录)”位置。下面介绍 ROS 用户工作目录以及工作目录下面的用户功能包。

7.3.1 工作目录

在 Ubuntu 里打开一个终端程序，输入如下指令：cd catkin_ws/src/，即可进入 ROS 工作空间。catkin_ws 由目录 build、devel 和 src 组成，如图 7.4 所示。请注意，build 和 devel 目录是在 catkin_make 之后创建的。

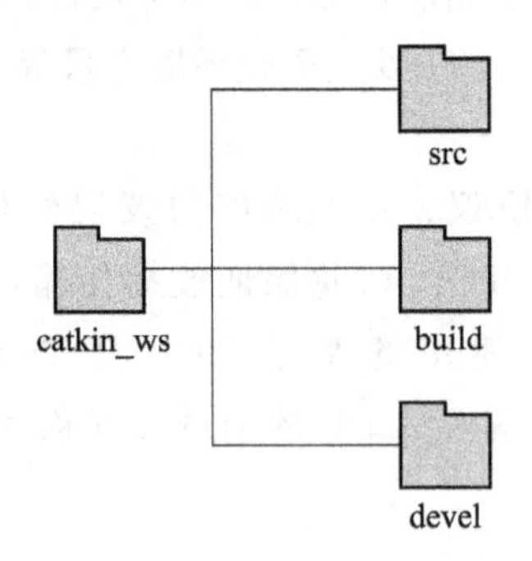

图 7.4 ROS 工作空间

(1) /catkin_ws：主目录。

(2) /build：编译过程产生的临时文件。

(3) /devel：编译后得到的可执行文件。

(4) /src：用户源代码包，即用户可以建立功能包。

7.3.2 用户功能包

目录“～/catkin_ws/src”是用户源代码的空间。在这个目录中,用户可以保存和建立自己的ROS功能包或其他开发者开发的功能包,如图7.5所示。

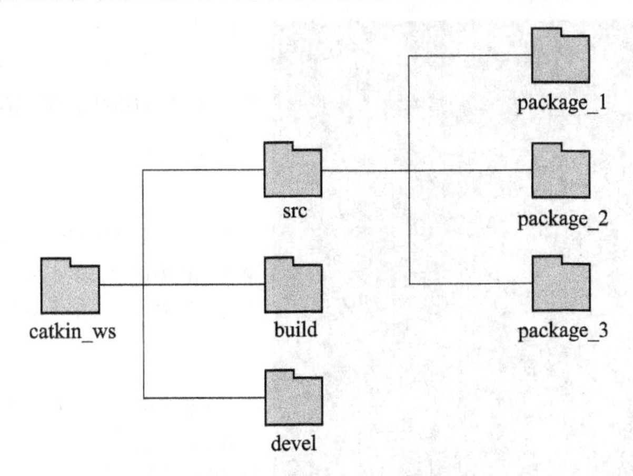

图7.5 Package源码包(用户功能包)

用户功能包Package_1、Package_2、Package_3等可以根据需求自己定义功能包名称。当用户自己创建功能包后,通常会使用以下目录和文件,但其文件组成会根据功能包的用途而有所不同,如图7.6所示。

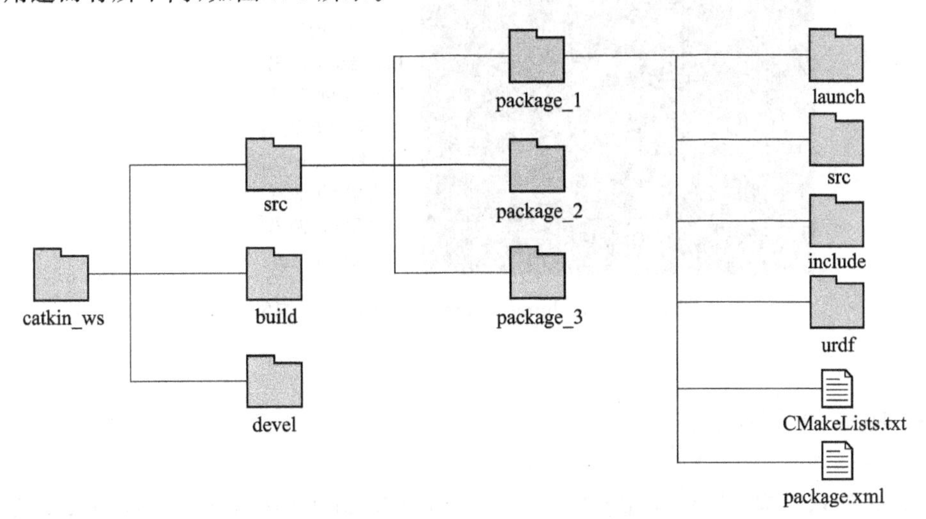

图7.6 用户功能包目录文件

(1) /Launch文件:启动文件,通过编程可以启动多个节点。

(2) /src:节点源码文件。

(3) /include:源码头文件。

(4) /urdf:模型文件。

(5) CMakeLists. txt:编译规则文件。

(6) Package. xml:Package 描述文件。

本书所附用户功能包 wpb_home_bringup,该包为 imu、手柄、相机、雷达、机械臂等测试所用,所附目录结构解析如图 7.7 所示。

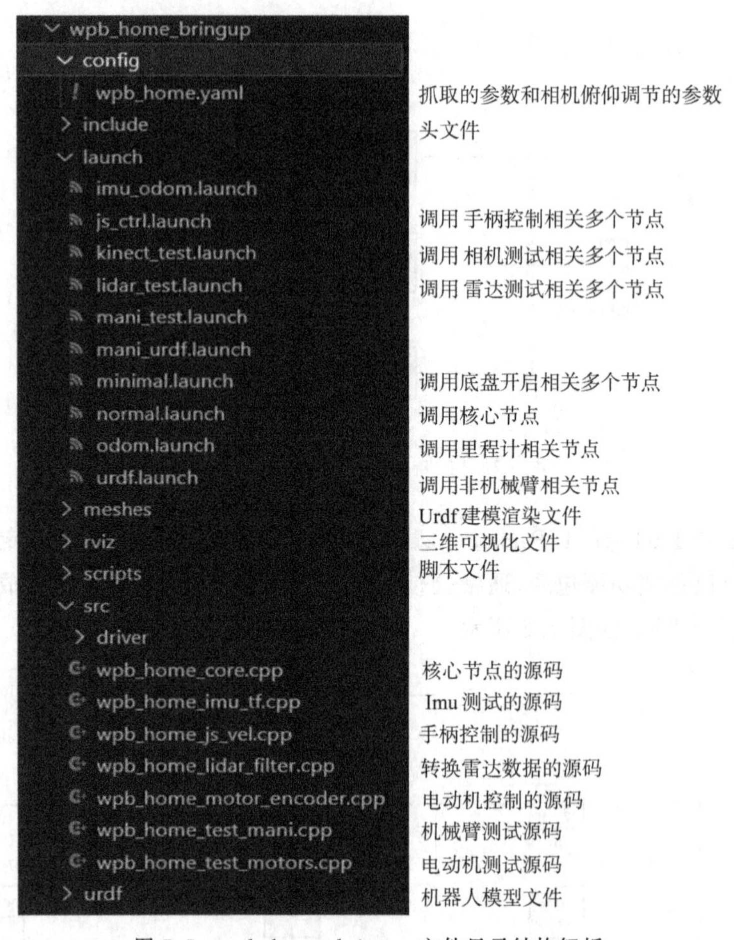

图 7.7 wpb_home_bringup 文件目录结构解析

7.3.3 ROS 的系统构建

ROS 的系统构建默认使用 CMake(Cross Platform Make),其构建环境在功能包目录中的 CMakeLists. txt 文件中描述,下面描述了常用的基于创建的功能包创建并运行一个节点的方法。

(1) 创建功能包

创建 ROS 功能包的命令如下:

$catkin_create_pkg [功能包名称] [依赖功能包 1] [依赖功能包 n]

“catkin_create_pkg”命令在创建用户功能包时会生成 catkin 构建系统所需的 CMakeLists. txt 和 package. xml 文件的包目录。

例如创建一个简单的功能包：vel_pkg 的方式如下：

首先，打开一个新的终端窗口(Ctrl＋Alt＋t)并运行以下命令移至 src 工作目录：$ cd ～/catkin_ws/src。

输入如下指令新建一个 ROS 源码包：

catkin_create_pkg vel_pkg roscpp geometry_msgs

这条指令的具体含义如表 7.2 所示。

表 7.2 catkin_create_pkg 指令的具体含义

指令	含义
catkin_create_pkg	创建 ROS 源码包(package)的指令
vel_pkg	新建的 ROS 源码包命名
roscpp	C＋＋依赖项，本例程使用 C＋＋编写，所以需要这个依赖项
geometry_msgs	包含机器人移动速度消息包格式文件的包名称

按下 Enter 键后，可以看到如下信息，表示新的 ROS 软件包创建成功，如图 7.8 所示。

```
robot@WP: ~/catkin_ws/src
robot@WP:~/catkin_ws/src$ catkin_create_pkg vel_pkg roscpp geometry_msgs
Created file vel_pkg/package.xml
Created file vel_pkg/CMakeLists.txt
Created folder vel_pkg/include/vel_pkg
Created folder vel_pkg/src
Successfully created files in /home/robot/catkin_ws/src/vel_pkg. Please adjust t
he values in package.xml.
robot@WP:~/catkin_ws/src$
```

图 7.8 vel_pkg 源码包创建

可以看到工作空间里多了一个 vel_pkg 文件夹，在其 src 子文件夹上右键单击鼠标，选择“New File”新建一个代码文件 vel_ctrl_node. cpp，如图 7.9 所示。

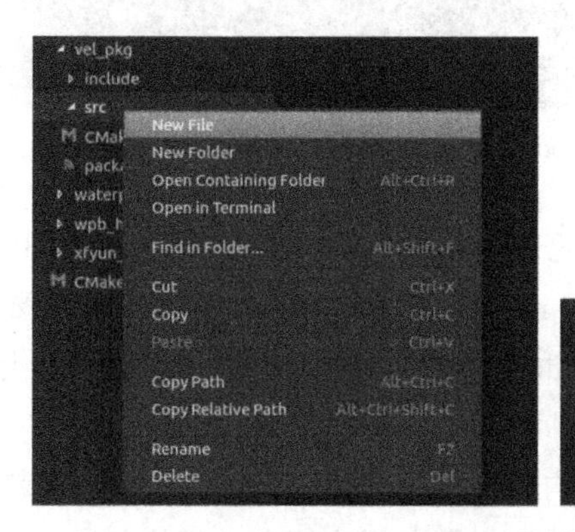

图 7.9 源码包中创建一个 cpp 代码文件

在 vel_ctrl_node. cpp 文件中编写代码如图 7.10 所示。

```
vel_ctrl_node.cpp
vel_pkg > src > vel_ctrl_node.cpp > ...
#include <ros/ros.h>
#include <geometry_msgs/Twist.h>

int main(int argc, char** argv)
{
  ros::init(argc, argv, "vel_ctrl");
  ros::NodeHandle n;
  ros::Publisher vel_pub = n.advertise<geometry_msgs::Twist>("/cmd_vel", 10);

  while(ros::ok())
  {
    geometry_msgs::Twist vel_cmd;

    vel_cmd.linear.x = 0.1;
    vel_cmd.linear.y = 0;
    vel_cmd.linear.z = 0;

    vel_cmd.angular.x = 0;
    vel_cmd.angular.y = 0;
    vel_cmd.angular.z = 0;
    vel_pub.publish(vel_cmd);

    ros::spinOnce();
  }
  return 0;
}
```

图 7.10 源码包中创建一个 cpp 代码文件

代码编写完毕，需要将文件名添加到编译文件里才能进行编译。编译文件在 vel_pkg 的目录下，文件名为“CMakeLists. txt”，在“CMakeLists. txt”文件末尾，为 vel_ctrl_node. cpp 添加新的编译规则，如图 7.11 所示。

```
CMakeLists.txt
vel_pkg > CMakeLists.txt

## Add folders to be run by python nosetests
# catkin_add_nosetests(test)

add_executable(vel_ctrl_node
  src/vel_ctrl_node.cpp
)
add_dependencies(vel_ctrl_node ${${PROJECT_NAME}_EXPORTED_TARGETS} ${catkin_EXPORTED_TARGETS})
target_link_libraries(vel_ctrl_node
  ${catkin_LIBRARIES}
)
```

图 7.11 CMakeLists. txt 添加新的编译规则

add_executable 是要创建的可执行文件的选项。以下内容是引用 src/my_first_ros_pkg_node. cpp 文件生成 my_first_ros_pkg_node 可执行文件。如果有多个要引用的 *. cpp文件，将其写入 my_first_ros_pkg_node. cpp 之后。如果要创建两个以上的可执行文件，需追加 add_executable 项目。

add_dependencies 是一个首选项，是在构建库和可执行文件之前创建依赖消息和 dynamic reconfigure 的设置。target_link_libraries 是在创建特定的可执行文件之前将库和可执行文件进行链接的选项。

(2) 功能包节点运行

输入如下命令,进入 ROS 的工作空间:

```
cd catkin_ws/
```

然后再执行如下命令开始编译:

```
catkin_make
```

执行这条指令之后,会出现滚动的编译信息,直到出现"[100%] Built target vel_ctrl_node"信息,说明新的 vel_ctrl_node 节点已经编译成功。

启动机器人的核心节点,因为 vel_ctrl_node 节点只发送一次速度指令,所以需要保证在其发送前,机器人的核心节点(在 wpb_home_bringup 包中定义)已经处于待命状态,运行该命令前,需要先把本书附录 wpb_home_bringup 包复制到 src 文件夹中(本部分选自源程序代码 wpb_home_bringup 文件包)。

```
roslaunch wpb_home_bringup minimal.launch
```

启动 vel_ctrl_node 节点

```
rosrun vel_pkg vel_ctrl_node
```

则可以看到该节点运行效果,如果有该机器人,则发现机器人 0.1 m/s 速度向前运行。

7.4 通信方式

为了最大化用户的可重用性,ROS 是以节点的形式开发的,节点是根据其目的细分的可执行程序的最小单位。节点通过消息(message)与其他的节点交换数据,最终成为一个大型的程序。这里的关键概念是节点之间的消息通信,它分为三种。单向消息发送/接收方式的话题(topic);双向消息请求/响应方式的服务(service);双向消息目标(goal)/结果(result)/反馈(feedback)方式的动作(action)。另外,节点中使用的参数可以从外部进行修改。这在大的框架中也可以被看作消息通信。消息通信可以用一张图来说明,如图 7.12 所示,它们的不同之处总结在了表 7.3 中。在对 ROS 进行编程时,为不同的目的使用合适的通信方式,如话题、服务、动作,正确配置参数是很重要的。

表 7.3 消息通信的不同之处

种类	区别		
话题	异步	单向	连续单向地发送/接收数据的情况
服务	同步	双向	需要对请求给出即时响应的情况
动作	异步	双向	请求与响应之间需要太长的时间,所以难以使用服务的情况,或需要中途反馈值的情况

本节主要对话题和消息的应用进行阐述。

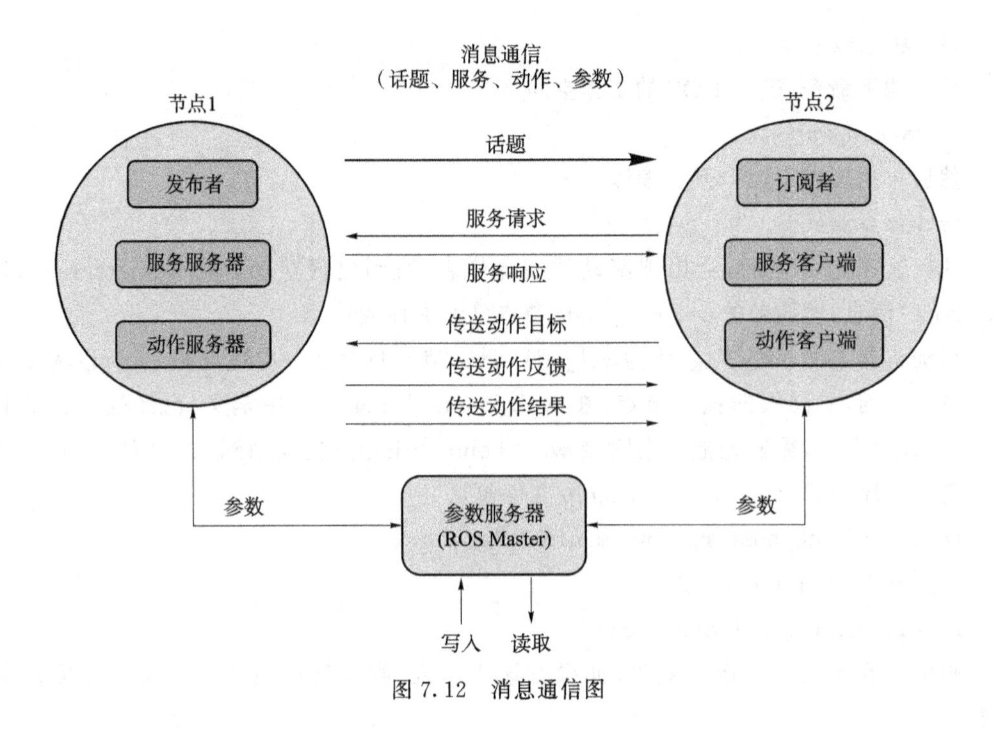

图 7.12　消息通信图

7.4.1　话题和消息

1. 话题的定义

话题消息通信是指发送信息的发布者和接收信息的订阅者以话题消息的形式发送和接收信息。希望接收话题的订阅者节点接收的是与在主节点中注册的话题名称对应的发布者节点的信息。基于这个信息，订阅者节点直接连接到发布者节点来发送和接收消息。例如，通过计算移动机器人的两个车轮的编码器值生成可以描述机器人当前位置的测量(odometry)信息，并以话题信息(x，y，i)传达，以此实现异步单向的连续消息传输。话题是单向的，适用于需要连续发送消息的传感器数据，因为它们通过一次的连接，连续发送和接收消息。另外，单个发布者可以与多个订阅者进行通信；相反，一个订阅者可以在单个话题上与多个发布者进行通信。

服务中使用的节点、话题、消息以及 ROS 中使用的参数都具有唯一的名称(name)。话题名称分为相对方法、全局方法和私有方法。

```
int main(int argc,char * * argv)
ros::init(argc,argv,"node1");
ros::NodeHandle nh;
//声明发布者，话题名 = bar
ros::Publisher node1_pub = nh.advertise<std_msg::Int32>("bar",10);
```

这里的节点名称是/node1。如果用一个没有任何字符的相对形式的 bar 来声明一

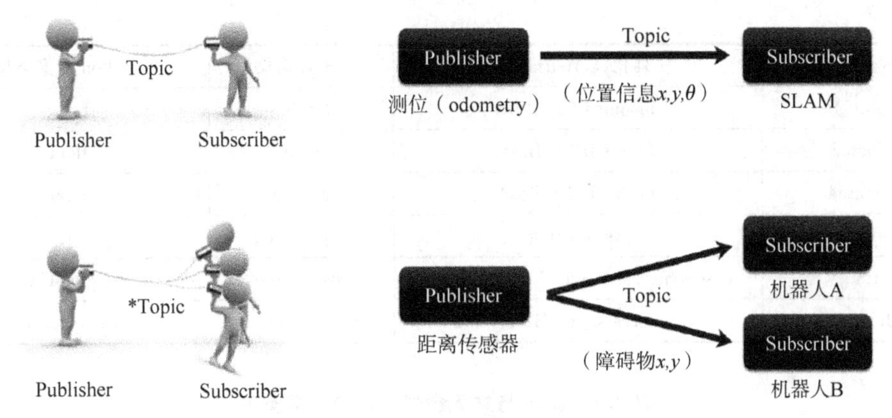

图 7.13 话题消息通信

个发布者,这个话题将和/bar具有相同的名字。如果以如下所示使用斜杠(/)字符用作全局形式,话题名也是/bar。

```
ros::Publisher node1_pub = nh.advertise<std_msg::Int32>("/bar",10);
```

2. 消息

消息(message)是用于节点之间的数据交换的一种数据形式。前述的话题、服务和动作都使用消息。消息可以是简单的数据结构,如整数(integer)、浮点(floating point)和布尔值(boolean),或者是像"geometry_msgs/PoseStamped"消息一样包含简单的数据结构,或者也可以像"float32[ ]ranges"或"Point32 points"之类的消息数组结构。另外,ROS中常用的头(header、std_msgs/Header)也以作为消息来使用。这些消息由两种类型组成:字段类型(fieldtype)和字段名称(fieldname)。

字段类型应填入ROS数据类型,如表7.4所示。字段名称要填入指示数据的名称。这只是最简单的消息形式,如果要添加更多的消息,则可以将字段类型描述为如表7.5所示的数组。

表 7.4 ROS基本消息数据类型

ROS数据类型	序列化(Serialization)	C++数据类型	Python数据类型
bool	unsigned 8-bit int	uint8_t	bool
int8	signed 8-bit int	uint8_t	Int
uint8	unsigned 8-bit int	uint8_t	Int
int16	signed 8-bit int	int16_t	Int
uint16	signed16-bit int	uint16_t	Int
int32	signed 32-bit int	int32_t	Int
uint32	unsigned 32-bit int	uint32_t	Int
int64	signed 64-bit int	Int64_t	Long

续 表

ROS 数据类型	序列化(Serialization)	C++数据类型	Python 数据类型
uint64	unsigned 64-bit int	Uint64_t	Long
float32	32-bit IEEE float	float	float
Float64	64-bit IEEE float	double	float
string	Ascii string	std::string	str
time	secs/nsecs unsigned 32-bit ints	ros::Time	Rospy. Time
duration	secs/nsecs signed 32-bit ints	ros::Duration	Rospy. Duration

表 7.5 ROS 与数组类似用法的数据类型

ROS 数据类型	序列化(Serialization)	C++数据类型	Python 数据类型
fixed-length	no extra serialization	boost::array,std::vector	tuple
variable-length	uint32 length prefix	std::vector	tuple
uint8[]	uint32 length prefix	std::vector	bytes
bool[]	uint32 length prefix	std::vector<uint8_t>	list of bool

7.4.2 创建发布者节点

以下创建发布者节点 vel_ctrl,用以发布机器人速度控制话题"/cmd_vel"(本部分选自源程序代码 wpb_home_bringup 文件包)。

在 CMakeLists. txt 文件中,给出了生成以下可执行文件的选项。

```
add_executable(vel_ctrl_node
  src/vel_ctrl_node.cpp
)
```

在 src 目录中构建 vel_ctrl_node. cpp 文件以创建 vel_ctrl 可执行文件。按如下顺序创建一个执行发布者节点函数的源代码。

```
$roscdvel_pkg/src                //移至 src 目录,该目录是功能包的源代码目录
$geditvel_ctrl_node.cpp          //新建源文件并修改内容
#include<ros/ros.h>              //ROS 默认头文件
#include<geometry_msgs/Twist.h>
//MsgTutorial 消息头文件(构建后自动生成)
int main(int argc,char * * argv)    //节点主函数
{ ros::init(argc,argv,"vel_ctrl");//初始化节点名称 vel_ctrl
  ros::NodeHandle n;             //声明一个节点句柄来与 ROS 系统进行通信
//发布者 Publisher vel_pub,话题名称为/cmd_vel
```

```
    //消息文件发布者队列(queue)的大小设置为i10
    ros::Publisher vel_pub = n.advertise<geometry_msgs::Twist>("/cmd_vel",
10);
    while(ros::ok())
    { geometry_msgs::Twist vel_cmd;
      vel_cmd.linear.x = 0.1;
      vel_cmd.linear.y = 0;
      vel_cmd.linear.z = 0;

      vel_cmd.angular.x = 0;
      vel_cmd.angular.y = 0;
      vel_cmd.angular.z = 0;
      vel_pub.publish(vel_cmd);

      ros::spinOnce();
      }
      return 0;
    }
```

(1) main 函数里,首先调用 ros::init(argc,argv,"vel_ctrl");进行该节点的初始化操作,函数的第三个参数是节点名称。

(2) 声明一个 ros::NodeHandle 对象 n,并用 n 生成一个发布者 vel_pub,话题名称为/cmd_vel,广播 geometry_msgs::Twist 类型的数据。对机器人的控制,就是通过广播形式实现的。这里就有一个疑问:为什么是往话题"/cmd_vel"里广播数据而不是其他的话题?机器人怎么知道哪个话题里是要执行的速度?

答案是:在 ROS 里有很多约定俗成的习惯,比如激光雷达数据发布话题通常是"/scan",坐标系变换关系的发布话题通常是"/tf",所以这里的机器人速度控制话题"/cmd_vel"也是这样一个约定俗成的情况。

(3) 为了连续不断地发送速度,使用一个 while(ros::ok())循环,以 ros::ok()返回值作为循环结束条件可以让循环在程序关闭时正常退出。

(4) 为了发送速度值,声明一个 geometry_msgs::Twist 类型的对象 vel_cmd,并将速度值赋值到这个对象里。其中:

(5) vel_cmd 赋值完毕后,使用发布者 vel_pub 将其发布到话题"/cmd_vel"上去。机器人的核心节点会从这个话题接收人们发过去的速度值,并转发到硬件底盘去执行。

可以通过指令查看 ROS 的节点网络状况,启动终端程序(也可以通过同时按下键盘组合键"Ctrl+Alt+T"来启动)。输入以下指令:

```
rqt_graph
```

显示当前ROS系统里的节点网络情况，如图7.14所示。

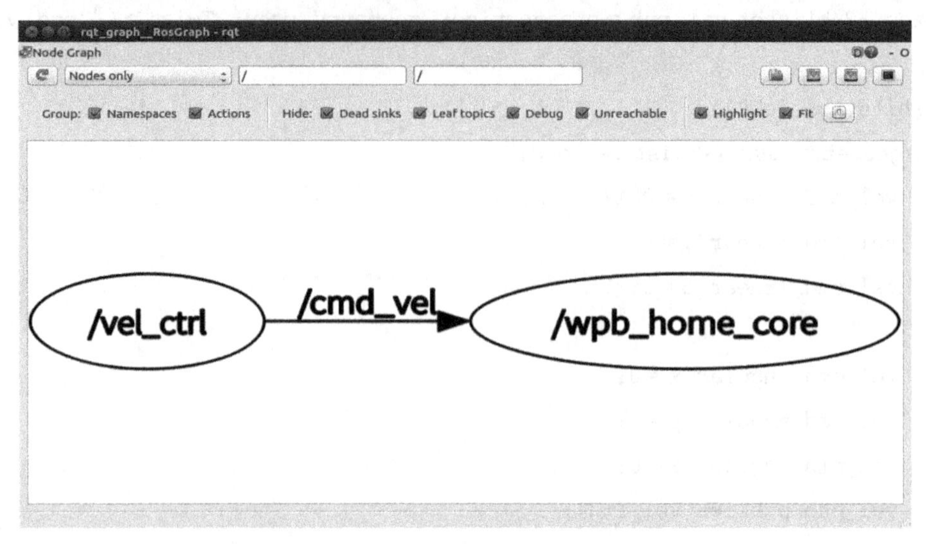

图7.14 ROS系统里的节点网络情况

可以看到，编写的vel_ctrl节点，通过话题"/cmd_vel"向ROS的核心节点wpb_home_core发送速度消息包。wpb_home_core节点获得速度消息后，将其发送到机器人的硬件底盘，控制机器人运动。

7.4.3 创建订阅者节点

以下为创建lidar_data订阅者节点，用以接收激光雷达数据话题"/scan"。（本部分选自源程序代码wpb_home_bringup文件包）

在CMakeLists.txt文件中添加以下选项来生成可执行文件。

```
add_executable(lidar_data_node
  src/lidar_data_node.cpp
)
```

在src目录中构建lidar_data_node.cpp文件以创建lidar_data_node可执行文件。按如下顺序创建一个执行订阅者节点函数的源代码。

```
$roscdlidar_pkg/src          //移至src目录，该目录是功能包的源代码目录
$geditlidar_data_node.cpp    //新建源文件并修改内容
#include<ros/ros.h>          //ROS默认头文件
#include<std_msgs/String.h>
#include<sensor_msgs/LaserScan.h>
//这是一个消息后台函数
//此函数在收到一个下面设置的名为ros_tutorial_msg的话题时候被调用。
void lidarCallback(const sensor_msgs::LaserScan::ConstPtr& scan)
```

```
{   int nNum = scan->ranges.size();
    for(int i = 0 ; i<nNum ; i++)
    {  //显示 scan->ranges[i]消息
        ROS_INFO("Point[%d] = %f",i,scan->ranges[i]);
    }
}
int main(int argc,char * *argv)                //节点主函数
{   ros::init(argc,argv,"lidar_data_node");  //初始化节点名称
    ROS_INFO("lidar_data_node start!");
    ros::NodeHandle nh;   //声明一个节点句柄来与 ROS 系统进行通信
//声明订阅者,创建一个订阅者 lidar_sub
//话题名称是"/scan",订阅者队列(queue)的大小设为 10
    ros::Subscriber lidar_sub = nh.subscribe("/scan",10,&lidarCallback);

//用于调用后台函数,等待接收消息。在接收到消息时执行后台函数
    ros::spin();
}
```

(1) 定义一个回调函数 void lidarCallback(),用来处理激光雷达数据。ROS 每接收到一帧激光雷达数据,就会自动调用一次回调函数。雷达的测距数值会以参数的形式传递到这个回调函数里。

(2) 在回调函数 void lidarCallback()中,从话题名称"/scan"里获取雷达数据,并使用 printf 把每个角度的测距数值逐个显示在终端程序里。参数 scan 是一个 sensor_msgs::LaserScan 格式的数据包,其中 float32[]ranges 数组存放的就是激光雷达的测距数值。这里,ROS 机器人使用的是 RPLidar A2 型号激光雷达,其旋转一周测量 360 个距离值,所以在代码里,ranges 是一个 360 个成员的距离数组。

(3) 在主函数 main()中,调用 ros::init(),对这个节点进行初始化。

(4) 调用 ROS_INFO()向终端程序输出字符串信息,以表明节点正常启动了。

(5) 定义一个 ros::NodeHandle 节点句柄 nh,并使用这个句柄向 ROS 核心节点订阅"/scan"话题的数据,回调函数设置为之前定义的 lidarCallback()。

启动一个终端程序,输入如下指令:rqt_graph。节点网络图如图 7.15 所示。

节点/joint_state_publisher 通过话题/joint_states 中向节点/robot_state_publisher 发布消息,这个消息包含了机器人的一些关节信息,包括激光雷达在机器人模型中的空间位置。

节点/rplidarNode 是激光雷达的驱动节点,是从激光雷达的 ROS 包里启动的,这个节点通过话题/scan 向编写的/lidar_data_node 节点发布消息,这个消息包里是激光雷达旋转一周测量到的 360 个角度的障碍物距离值。/lidar_data_node 节点接收到这个消息后,把距离值显示到了终端程序界面上,这样就看到了这些不断刷新的障碍物距离数值。

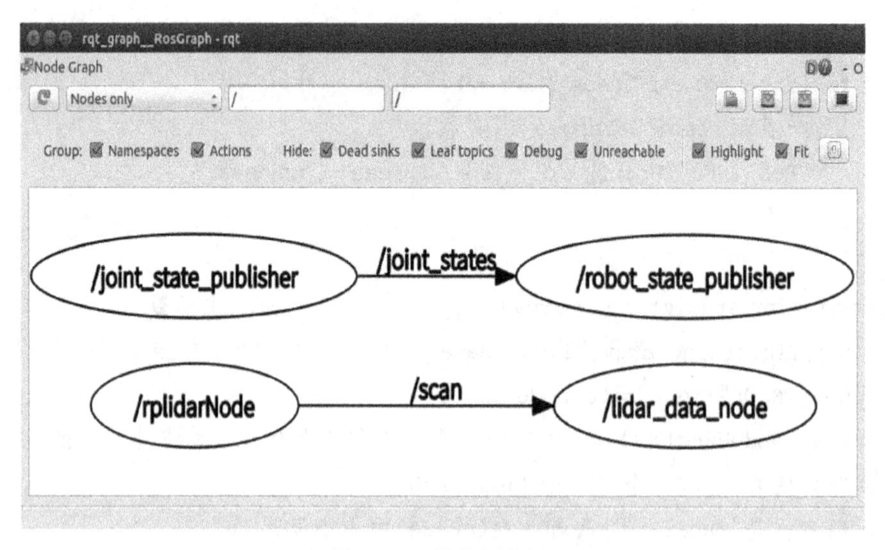

图 7.15　节点网络图

7.5　常用命令和常用工具

本节主要介绍 ROS 的常用命令和常用可视化工具。

7.5.1　常用命令

1. roscore:运行 ROS 主节点

roscore 命令会运行主节点,主节点管理节点之间的消息通信中的连接信息。主节点是使用 ROS 时必须首先被运行的必要元素。ROS 主节点由 roscore 运行命令来驱动,并作为 XMLRPC 服务器运行。主节点接收多种信息的注册,如节点的名称、话题和服务名称、消息类型、URI 地址和端口号,并在收到节点的请求时将此信息通知给其他节点。如:$ roscore。

2. rosrun:运行 ROS 节点

rosrun [功能包名称] [节点名称]

rosrun 执行指定的功能包中的一个节点的命令。

如:rosrun lidar_pkg lidar_data_node,运行激光雷达创建 lidar_data 发布者节点,用以接收激光雷达数据话题。

3. roslaunch:运行多个 ROS 节点

roslaunch [功能包名称] [launch 文件名]

roslaunch 运行指定功能包中的一个或多个节点或设置执行选项的命令。

如:roslaunch wpb_home_bringup lidar_test. launch,运行多个节点,启动激光雷达。

4. rosclean:检查及删除 ROS 日志

该命令检查或删除 ROS 日志文件。在运行 roscore 时,对所有节点的记录都会写入日志文件,随着时间的推移,需要定期使用 rosclean 命令删除这些记录。

以下是检查日志使用情况的示例。

```
$rosclean check
320K ROS node logs 意味着 ROS 日志一共占 320 KB
```

当运行 roscore 时,如果显示以下警告信息,则意味着日志文件超过 1 GB,如果用户觉得会让系统不堪重负,请使用 rosclean 命令将其删除。

```
WARNING:disk usage in log directory [/xxx/.ros/log] is over 1 GB.
```

7.5.2 常用工具

1. 三维可视化工具(RViz)

RViz 是 ROS 的三维可视化工具,它的主要目的是以三维方式显示 ROS 消息,可以将数据进行可视化表达。ROS 三维可视化工具 RViz 的启动画面,如图 7.16 所示。

图 7.16 ROS 三维可视化工具 RViz 的启动画面

如在终端中输入:roslaunch wpb_home_bringup urdf.launch 指令(本部分选自源程序代码 wpb_home_bringup 文件包),ROS 核心节点便在后台启动,桌面上能看到一个"Rviz"的启动 Logo。经过片刻的初始化工作,一个图形窗体出现在桌面上,这是 ROS 里最常用的图形化显示界面 Rviz,所有用到的传感器以及算法产生的结果都可以很直观地显示在这个界面里,为机器人编程调试提供了很大的方便。

回到刚才输入的指令:roslaunch wpb_home_bringup urdf.launch。

用 roslaunch 工具软件,启动一个名为"wpb_home_bringup"软件包里的 urdf.launch

启动文件(本部分选自源程序代码 wpb_home_bringup 文件包)。Launch 文件是 ROS 里对多个程序节点(Node)进行批量启动的文本描述文件,如下所示:

```
<launch>
<arg name = " model" default = " $(find wpb_home_bringup)/urdf/wpb_home.urdf"/>
<arg name = "gui" default = "true" />
<arg name = " rvizconfig" default = " $(find wpb_home_bringup)/rviz/urdf.rviz" />
<param name = "robot_description" command = "$(find xacro)/xacro.py $(arg model)" />
<param name = "use_gui" value = "$(arg gui)"/>
<node name = "joint_state_publisher" pkg = "joint_state_publisher" type = "joint_state_publisher" />
<node name = "robot_state_publisher" pkg = "robot_state_publisher" type = "state_publisher" />
<node name = "rviz" pkg = "rviz" type = "rviz" args = " - d $(arg rvizconfig)" required = "true" />
</launch>
```

可以看到:显示界面,如图 7.17 所示。

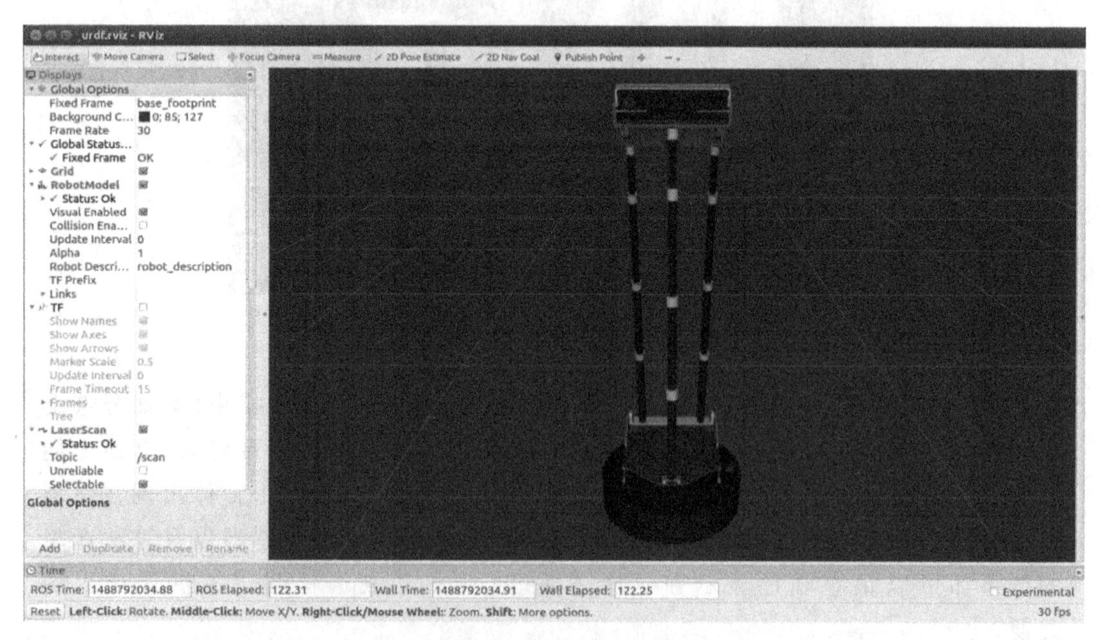

图 7.17　Rviz 显示界面

通常 Rviz 的主界面会分为左右两栏,左边一栏是"Displays",右边是主显示区

"View"。其中右边"View"是一个三维世界的显示，默认情况下可以看到栅格状的基准地面，可以使用鼠标拖动来调整三维视角。左边的"Displays"则用于配置"View"里显示的信息种类和数量。

其中：

(1) joint_state_publisher 节点从 robot_description 参数指令解析的机器人 urdf 里读取机器人各关节值，通过/joint_states 话题传递给 robot_state_publisher 节点。

(2) robot_state_publisher 节点将获得的机器人关节值转换成 tf 格式数据，发布到/tf 话题。

(3) rviz 节点(就是人们看到的图形界面)从/tf 话题读取数据，实时更新其显示的三维模型。

运行：rqt_graph，节点及相互之间的数据关系图如图 7.18 所示。

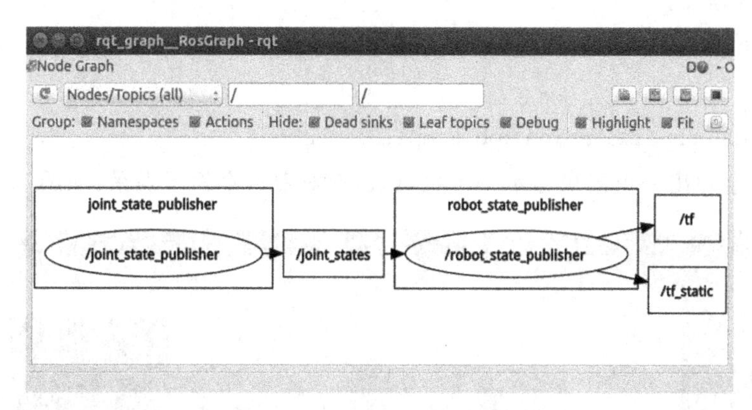

图 7.18 节点及相互之间的数据关系图

椭圆表示节点，带箭头的曲线表示数据流，矩形方框表示话题，节点之间是通过"话题"这个渠道来传递数据的。

2. Gazebo 仿真器

Gazebo 是一款 3D 仿真器，支持机器人开发所需的机器人、传感器和环境模型，并且通过搭载的物理引擎可以得到逼真的仿真结果。Gazebo 是近年来最受欢迎的三维仿真器之一，并被选为美国 DARPA 机器人挑战赛的官方仿真器。因此它再接再厉，即便是开源仿真器，却具有高水准的仿真性能，在机器人工程领域中非常流行。

Gazebo 的特征如下：

(1) 动力学仿真：在最初的版本中，只支持 ODE(开放式动力引擎)，但从 3.0 版本开始，各种物理引擎如 Bullet、Simbody 和 DART 被用来满足不同用户的需求。

(2) 3D 图形：Gazebo 采用经常在游戏中使用的 OGRE(开源图形渲染引擎)，因此不仅可以实现机器人模型，还可以逼真地表达光、阴影和材质。

(3) 支持传感器和噪声：支持虚拟的激光测距仪(LRF)、2/3D 相机、深度相机、触摸传感器、力矩传感器，并且在检测到的数据中包含与真实世界相似的噪声。

(4) 可添加插件：提供 API，以便用户可以以插件的形式亲手创建机器人、传感器和环境控制等。

(5) 机器人模型：PR2、Pioneer2 DX、iRobot Create 和 TurtleBot 已经以 SDF 格式存在于 Gazebo 中。SDF 格式是一个 Gazebo 模型文件格式。此外，用户可以添加自己创建的 SDF 格式的机器人。

(6) TCP/IP 数据传输：仿真也可以在远程服务器上执行，这是使用 Google 的 protobufs(基于 socket 的消息传递)实现的。

(7) 云仿真：提供 CloudSim 云仿真环境，因此可以在 Amazon、Softlayer 和 OpenStack 等云环境中使用 Gazebo。

(8) 命令行工具：不仅可以使用 GUI 界面，还可以使用 GUI 风格的命令行工具来查看和控制仿真过程。

通过如下指令启动一个简单的仿真场景(本部分选自源程序代码 wpr_simulation 仿真文件包)：

```
roslaunch wpr_simulation wpb_simple.launch
```

启动后，会弹出一个窗口显示一个机器人，面对着一个柜子发呆，如图 7.19 所示。

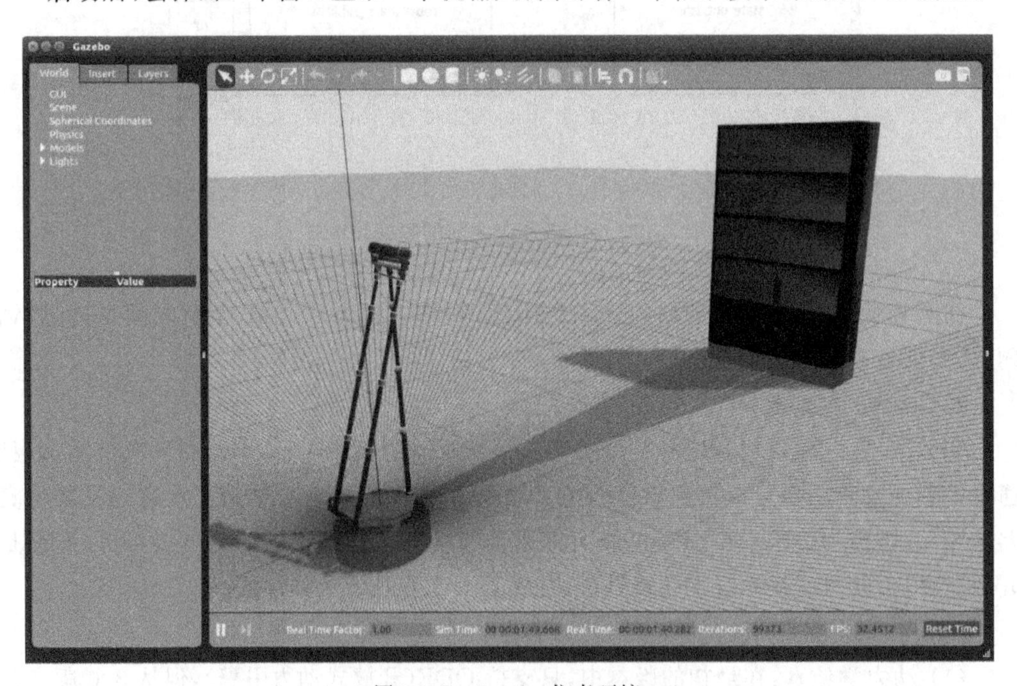

图 7.19　Gazebo 仿真环境

这就是仿真环境的主界面，可以看到界面的周围有很多的工具按钮和菜单列表，当输入：rosrun wpr_simulation demo_vel_ctrl 时，可以看到机器人向柜子走去。本节涉及的节点程序可参考本书所附电子参考资料。

思考题

1. 简述功能包、节点、消息和话题的含义。
2. 简述系统的构建过程和方法。
3. 简述发布者节点和订阅者节点的功能和含义。
4. 简述常用的 rosrun 和 roslaunch 的含义及应用方法。
5. 简述常用工具 Rviz 和 Gazebo 的特点及常用方式。

第8章 基于ROS的无人平台综合设计

无人平台是软硬件平台的综合集成体，整合了处理器、传感器模块（激光雷达、摄像头、姿态传感器等）、软件（如路径规划、避障、导航、目标识别等），在运行过程中每个传感器都不断产生数据，控制系统对传感器产生的数据进行获取，计算和实时处理，以期实现无人平台预期的功能指标。较为简单的系统可以通过模块化的方式完成，但相对复杂的系统需要成熟、稳定、高性能的操作系统管理各个模块。ROS 作为一个强大而灵活的机器人编程框架，支持几十余种无人平台，几十余种传感器，提供了众多工具和库函数，用于获取、编译、编辑代码，多个计算机之间运行程序完成分布式计算，具有建图、导航、识别、运动控制等智能模块，具有强大的生态结构，适合完成复杂的无人平台设计。本章以典型的无人平台为例，阐述基于 ROS 的建图、导航、识别、跟随、编队控制等关键技术的基本实现方案，为后续章节实际应用奠定基础。

8.1 基于 ROS 的无人平台组成

无人平台结构依据功能特点各有不同，本章理论内容依托的平台结构如图 8.1 所示，该平台具有典型无人平台的组成结构，内含处理器（内含 ROS 操作系统）、高清摄像机、立体相机、激光雷达、三轮全向底盘（内含姿态传感器、伺服电动机驱动模块和机械臂启动模块）、机械臂等组成。依托该平台可实现测距避障、建图导航、物体检测、目标识别与跟随，多个平台可以实现编队控制等无人平台通常所具有的功能。

（1）平台电气描述

典型的无人平台可以通过 USB-HUB 或 CAN 总线与其他模块连接，本节介绍室内无人平台，通过 USB-HUB 与其他模块的连接方式，如图 8.2 所示。方式方法为：处理器通过 USB 3.0 连接 Kinect2 视觉传感器，USB-HUB 连接激光雷达、面板接口（如连接控制手柄）、以太网路由器、底盘主控器、电源管理板等。底盘主控器连接三个伺服电动机模块，形成三轮全向运动底盘，也可以连接机械臂，控制机械臂运动。电源管理板连接总开关、急停开关和电池模块，总开关为无人平台的总电源开关，急停开关为无人平台的制动开关。

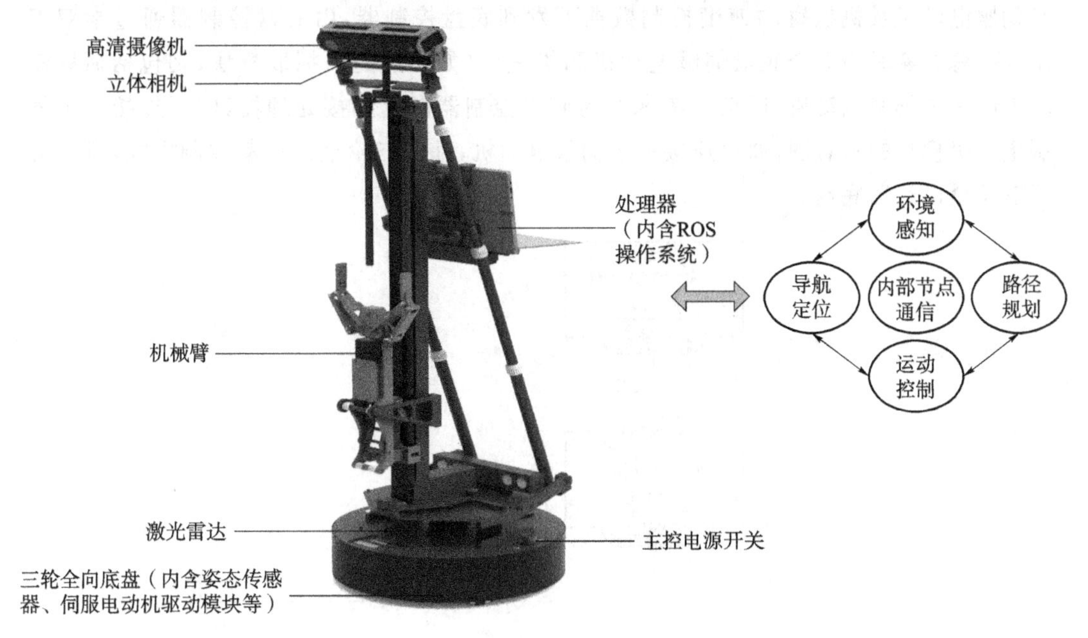

图8.1　平台结构

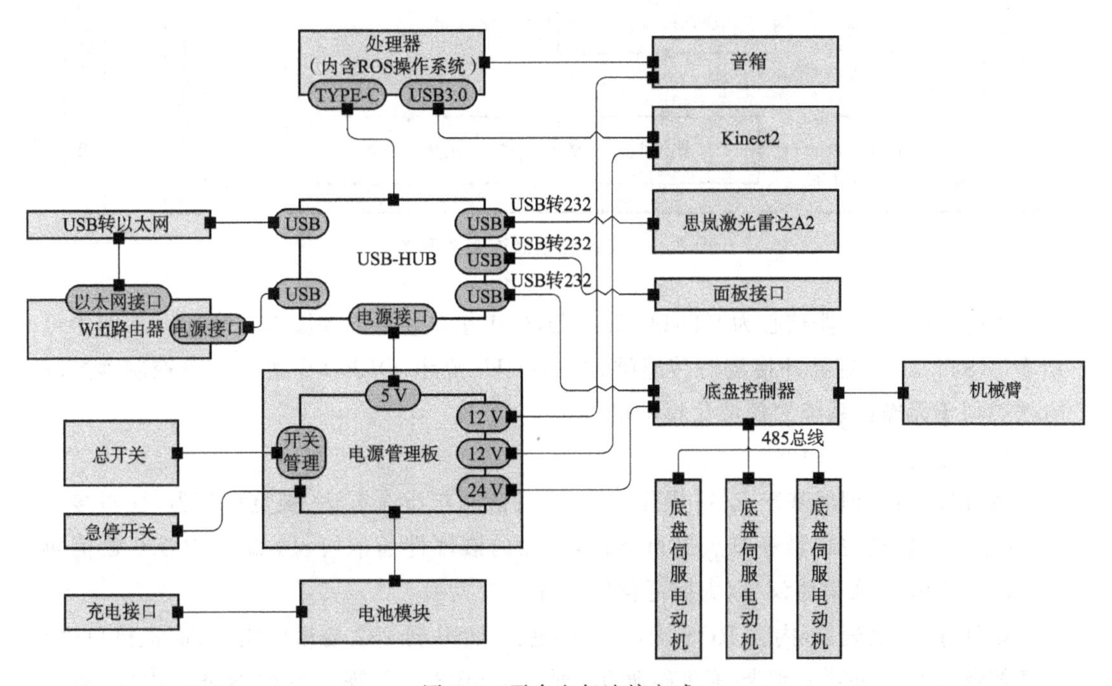

图8.2　平台电气连接方式

（2）底盘控制器

底盘控制器负责处理器与底盘伺服电动机及机械臂之间的数据交互。处理器将底盘伺服电动机及机械臂的速度控制数据下发到底盘控制器，由底盘控制器通过半双工RS485总线实时与3个底盘伺服电动机和机械臂（如果选配了抓取模块，则包括抓取模块上的2个伺服电动机）通信。图8.3为底盘控制器向上连接处理器，向下连接三个伺服电动机模块的示意图，通过连接三个伺服电动机，基于三轮全向运动控制方式，可以形成三轮全向运动底盘。

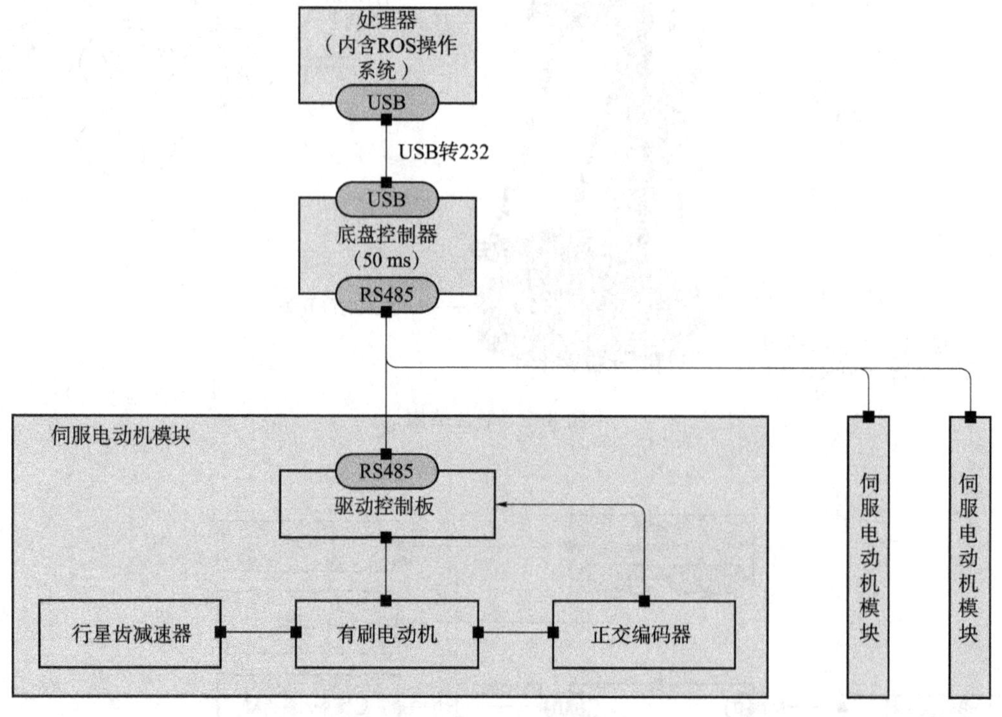

图8.3　底盘控制器连接关系图

另外，底盘控制器核心为STM32处理器，外扩接口连接图如图8.4所示。从图中可以看出STM32处理器外接姿态传感器（6轴IMU、蓝牙、OLED屏等），底盘控制器控制方法类似于无操作系统的模块化移动机器人。

（3）通信连接

软件连接：处理器基于ROS操作系统，通过话题与激光雷达、视觉传感器、面板接口（控制手柄）、底盘控制器等节点进行通信，节点内嵌硬件通信协议，如USB 3.0通信协议、232串行接口通信协议、以太网通信协议等。

硬件连接：处理器（内含ROS操作系统）通过USB转232与激光雷达、面板接口（如连接控制手柄）、底盘控制器等进行通信，通过USB 3.0与视觉传感器进行通信，通过USB转以太网连接路由器。

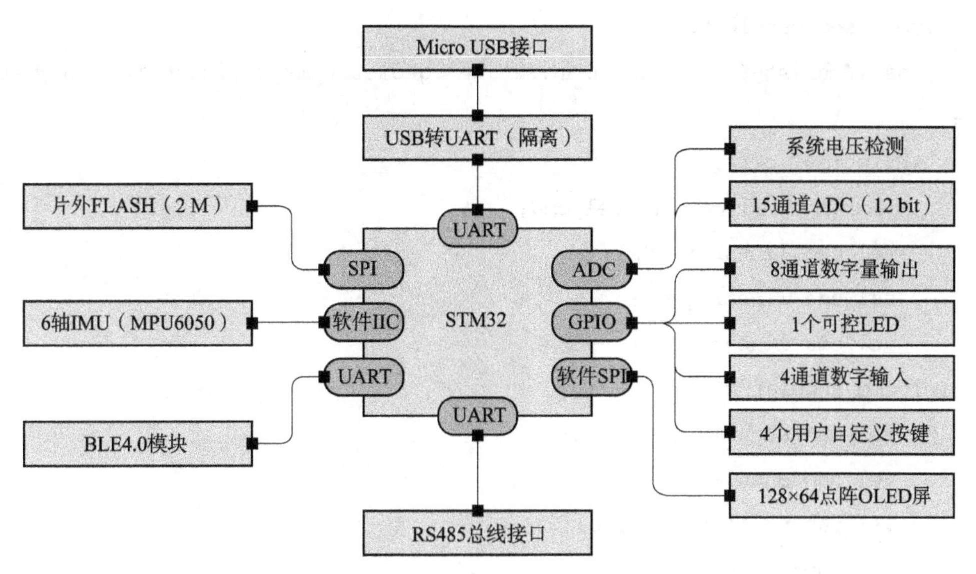

图 8.4　底盘控制核心 STM32 处理器连接关系图

8.2　运动控制

在 ROS 系统中，对平台的速度控制是通过向平台处理器的核心节点发送速度消息来实现的，消息的类型为 geometry_msgs::Twist。这个消息类型包含了两部分速度值，第一部分是 linear，包含 x、y、z 三个值，表示平台在前后、左右、上下三个方向上的平移速度，单位是“米/秒”。第二部分是 angular，也包含了 x、y、z 三个值，表示平台在水平前后轴向、水平左右轴向、竖直上下轴向三个轴向上的旋转速度值，旋转方向的定义遵循右手定则，如图 8.5 所示，数值单位为“弧度/秒”。

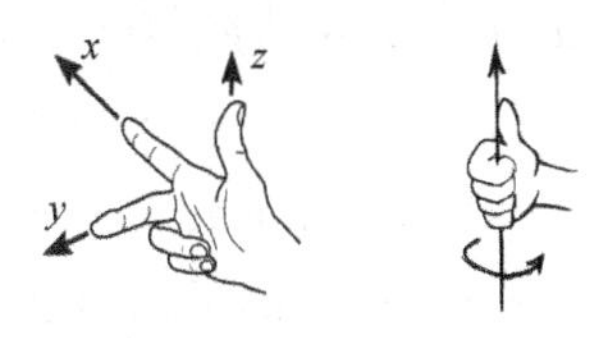

图 8.5　右手定则

通过话题发送速度控制消息，才能实现对平台速度的控制。对于大多数使用 ROS 的无人平台来说，通常速度控制话题为"/cmd_vel"。只需要向这个话题发送类型为 geometry_msgs::Twist 的消息包，即可实现速度控制。

本节所用三轮全向运动平台，相关节点 vel_ctrl_node.cpp 代码如下：

```
#include<ros/ros.h>
#include<geometry_msgs/Twist.h>

int main(int argc,char * * argv)
{ ros::init(argc,argv,"vel_ctrl");
```

```
    ros::NodeHandle n;
    ros::Publisher vel_pub = n.advertise<geometry_msgs::Twist>("/cmd_vel",
10);
    while(ros::ok())
    { geometry_msgs::Twist vel_cmd;
      vel_cmd.linear.x = 0.1;
      vel_cmd.linear.y = 0;
      vel_cmd.linear.z = 0;
  vel_cmd.angular.x = 0;
      vel_cmd.angular.y = 0;
      vel_cmd.angular.z = 0;
      vel_pub.publish(vel_cmd);
      ros::spinOnce();
    }
    return 0;
  }
```

(1) 声明一个 ros::NodeHandle 对象 n,并用 n 生成一个发布者 vel_pub,在 ROS 中速度控制话题为/cmd_vel,广播 geometry_msgs::Twist 类型的数据。对平台的速度控制,就是通过这个广播形式实现的,即声明一个 geometry_msgs::Twist 类型的对象 vel_cmd,并将速度值赋值到这个对象里。其中:

vel_cmd.linear.x 是平台前后平移运动速度,正值往前,负值往后,单位是“米/秒”;

vel_cmd.linear.y 是平台左右平移运动速度,正值往左,负值往右,单位是“米/秒”;

vel_cmd.angular.z(注意 angular)是平台自转速度,正值左转,负值右转,单位是“弧度/秒”;

(2) vel_cmd 赋值完毕后,使用发布者 vel_pub 将其发布到话题“/cmd_vel”上去。无人平台的核心节点会从这个话题接收发过去的速度值,并转发到硬件底盘去执行。

(3) 调用 ros::spinOnce()函数给其他回调函数得以执行(本例程未使用回调函数)。

(4) 启动 vel_ctrl_node 节点:rosrun vel_pkg vel_ctrl_node,可以看到平台以 0.1 m/s 的速度缓慢向前移动。尝试在代码里给 vel_cmd.linear.x、vel_cmd.linear.y 和 vel_cmd.angular.z 进行赋值,移动状况的不同。

应用指令:rqt_graph 显示当前 ROS 系统里的节点网络情况,如图 8.6 所示。

可以看到,编写的 vel_ctrl 节点,通过话题“/cmd_vel”向平台的核心节点 wpb_home_core 发送速度消息包。wpb_home_core 节点获得速度消息后,将其发送到平台的硬件底盘,控制平台运动。

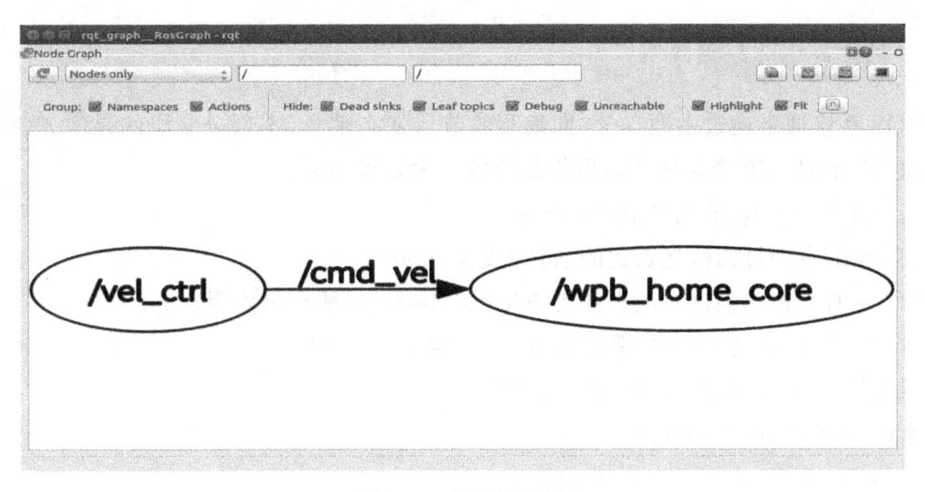

图 8.6　节点网络图

8.3　基于激光雷达的测距避障

本节介绍基于单线激光雷达的测距避障方法。本例搭载 RPLidar A2 激光雷达，该激光雷达的旋转频率是 10 Hz，也就是 1 s 转 10 周。其扫描角度为 0°到 360°，扫描分辨率是 1°，也就是每隔 1°测量一个距离值，旋转一周可以获得 360 个距离值。激光雷达安装在无人平台圆形底盘的上方，由载物支架进行保护，避免撞击受损，如图 8.7 所示。

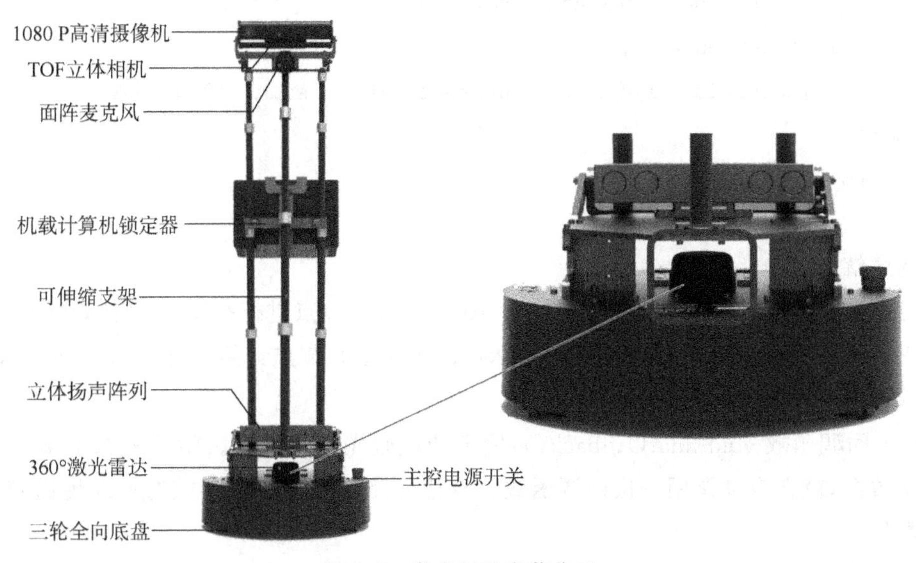

图 8.7　激光雷达安装位置

8.3.1 激光雷达的数据获取

ROS系统通常通过主题/scan向编写的节点发布消息，本部分获取的是激光雷达旋转一周测量到的360个角度的障碍物距离值。大致思路为：

(1) 创建一个ROS的节点(Node)；

(2) 在节点中订阅激光雷达的消息主题(Topic)；

(3) 从激光雷达消息主题里获得消息包(Message)解析出测距数值；

(4) 使用printf将获取的距离数值输出在终端程序里。

相关节点lidar_data_node.cpp代码如下：

```
#include<ros/ros.h>
#include<std_msgs/String.h>
#include<sensor_msgs/LaserScan.h>
void lidarCallback(const sensor_msgs::LaserScan::ConstPtr& scan)
{   int nNum = scan->ranges.size();   //这里nNum为360
    for(int i = 0 ; i<nNum ; i++)
    {   ROS_INFO("Point[%d] = %f",i,scan->ranges[i]); //获取测距值
    }
}
int main(int argc,char * *argv)
{   ros::init(argc,argv,"lidar_data_node");
    ROS_INFO("lidar_data_node start!");
    ros::NodeHandle nh;
    ros::Subscriber lidar_sub = nh.subscribe("/scan",10,&lidar
Callback);
    ros::spin();
}
```

程序解析：

(1) 在主函数main()中，调用ros::init()，对这个节点进行初始化。定义一个ros::NodeHandle节点句柄nh，并使用这个句柄向ROS核心节点订阅“/scan”主题的数据，回调函数设置为lidarCallback()。

(2) 回调函数void lidarCallback()，用来处理激光雷达数据。ROS每接收到一帧激光雷达数据，就会自动调用一次回调函数。雷达的测距数值会以参数的形式传递到该回调函数里。

(3) 在回调函数void lidarCallback()中，从参数scan里获取雷达数据，并使用printf把每个角度的测距数值逐个显示在终端程序里。参数scan是一个sensor_msgs::LaserScan格式的数据包，float32[]ranges数组存放的就是激光雷达的测距数值。

RPLidar A2 激光雷达，旋转一周测量 360 个距离值，则通过代码 nNum＝scan—>ranges. size()，可以得到 nNum＝360，代码中 scan—>ranges[i]获取的为 360 个成员的距离数组。

加载激光雷达驱动，启动激光雷达，弹出 Rviz 界面，界面上会显示无人平台的三维模型，同时激光雷达检测到的障碍点会以虚线点的形式显示在无人平台模型周围，如图 8.8 所示。

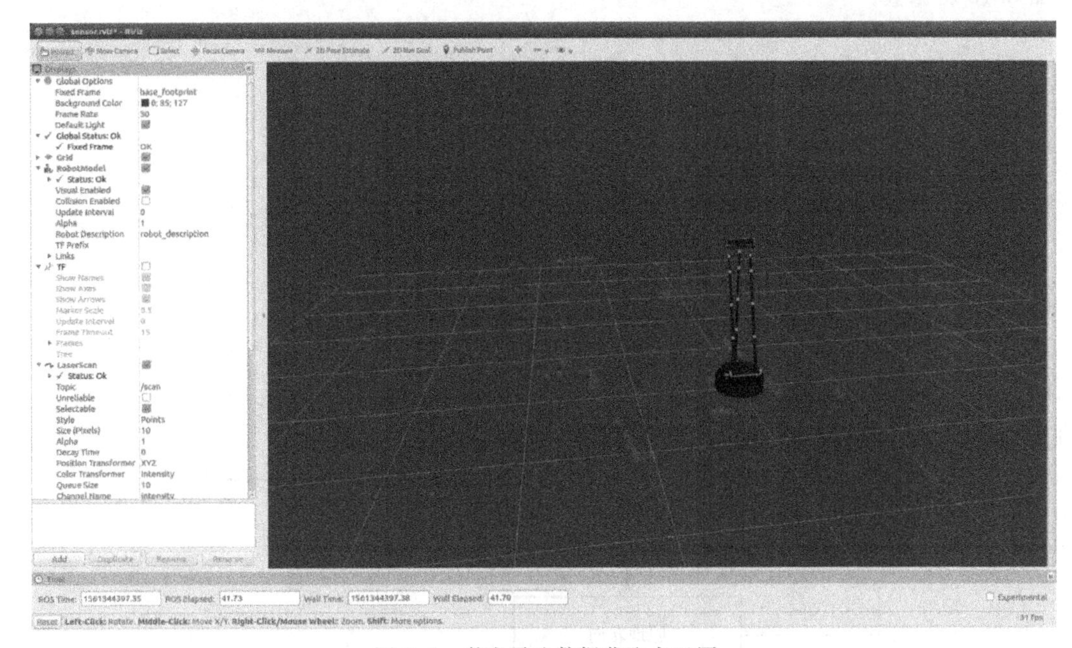

图 8.8　激光雷达数据获取点云图

启动编写的 lidar_data_node 节点，会从激光雷达的“/scan”主题里不断获取激光雷达数据包，并把测距数值显示在终端程序里，会看到从 Point[0]到 Point[359]的 360 个距离值不断地刷新，这个距离值是一个浮点数，单位是米。比如终端里显示“Point[180]＝1.051000”表示激光雷达在 180°的这个角度测量到的障碍物距离值是 1.051 m，以此类推，如图 8.9 所示。

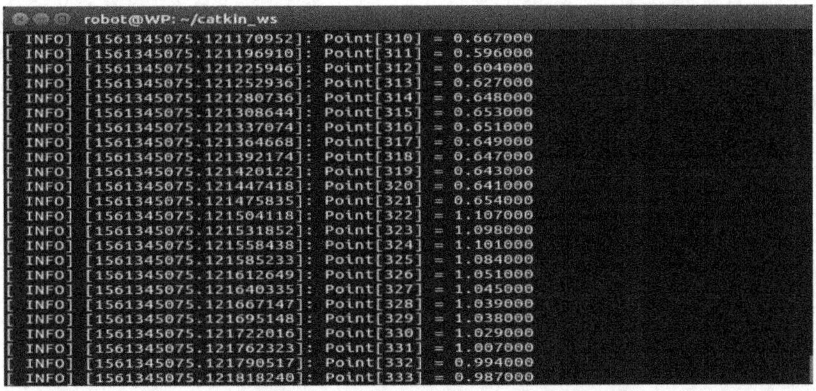

```
robot@WP: ~/catkin_ws
[ INFO] [1561345075.121170952]: Point[310] = 0.667000
[ INFO] [1561345075.121196910]: Point[311] = 0.596000
[ INFO] [1561345075.121225946]: Point[312] = 0.604000
[ INFO] [1561345075.121252936]: Point[313] = 0.627000
[ INFO] [1561345075.121280736]: Point[314] = 0.648000
[ INFO] [1561345075.121308644]: Point[315] = 0.653000
[ INFO] [1561345075.121337074]: Point[316] = 0.651000
[ INFO] [1561345075.121364668]: Point[317] = 0.649000
[ INFO] [1561345075.121392174]: Point[318] = 0.647000
[ INFO] [1561345075.121420122]: Point[319] = 0.643000
[ INFO] [1561345075.121447418]: Point[320] = 0.641000
[ INFO] [1561345075.121475835]: Point[321] = 0.654000
[ INFO] [1561345075.121504118]: Point[322] = 1.107000
[ INFO] [1561345075.121531852]: Point[323] = 1.098000
[ INFO] [1561345075.121558438]: Point[324] = 1.101000
[ INFO] [1561345075.121585233]: Point[325] = 1.084000
[ INFO] [1561345075.121612649]: Point[326] = 1.051000
[ INFO] [1561345075.121640335]: Point[327] = 1.045000
[ INFO] [1561345075.121667147]: Point[328] = 1.039000
[ INFO] [1561345075.121695148]: Point[329] = 1.038000
[ INFO] [1561345075.121722016]: Point[330] = 1.029000
[ INFO] [1561345075.121762323]: Point[331] = 1.007000
[ INFO] [1561345075.121790517]: Point[332] = 0.994000
[ INFO] [1561345075.121818240]: Point[333] = 0.987000
```

图 8.9　激光雷达实时数据获取

8.3.2 基于激光雷达的单点避障方法

基于无人平台的运动控制和激光雷达获取的数据,实现无人平台避障运动的闭环行为。在编写代码之前,需要先设计好整个程序的实现思路,激光雷达测距避障流程图如图 8.10 所示。

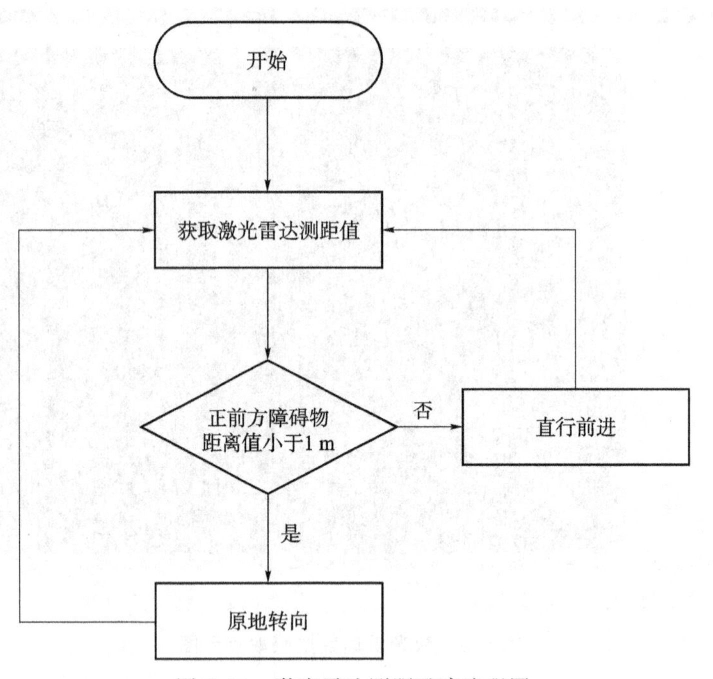

图 8.10 激光雷达测距避障流程图

以加装在无人平台底盘上方的 RPLidar 激光雷达为例,具体为激光雷达获得测距信息,如果正前方障碍物的距离值小于 1 m,无人平台将原地转向试图避开障碍物,一直到无人平台正前方障碍物的距离值大于 1 m 时,无人平台停止旋转,直线向前移动。本例搭载的 RPLidar 激光雷达的测距角度如图 8.11 所示。

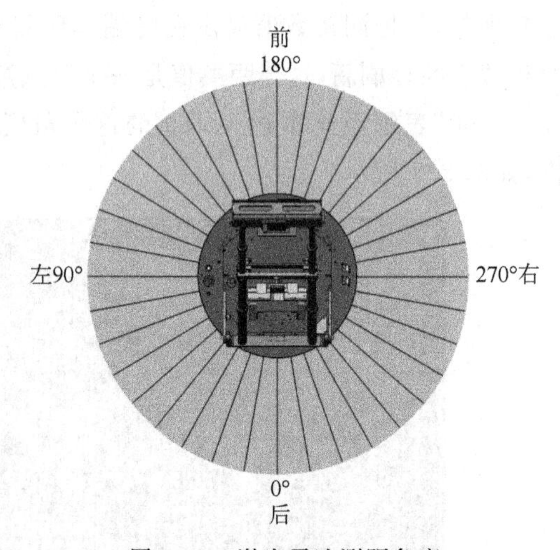

图 8.11 激光雷达测距角度

激光雷达旋转一周的扫描角度范围为 0°～360°,无人平台正前方的激光射线角度为扫描角度范围的中间值,也就是 360°的一半为 180°。在程序实现的时候,只需要将 180°方向上的激光雷达测距数值作为判断依据,控制平台旋转和直行即可。

避障节点程序 behavior_node.cpp 如下：

```
#include<ros/ros.h>
#include<std_msgs/String.h>
#include<sensor_msgs/LaserScan.h>
#include<geometry_msgs/Twist.h>
ros::Publisher vel_pub;
void lidarCallback(const sensor_msgs::LaserScan::ConstPtr& scan)
{   int nNum = scan->ranges.size();          //获得 nNum 值为 360
    int nMid = nNum/2;
    float fMidDist = scan->ranges[nMid];     //取 180 的测距值
    ROS_INFO("Point[%d] = %f",nMid,fMidDist);
    geometry_msgs::Twist vel_cmd;
    if(fMidDist>1.0f)                        //如果测距距离大于 1 m
    {   vel_cmd.linear.x = 0.05;             //执行
    }
    else { vel_cmd.angular.z = 0.1;          //左转
    }
    vel_pub.publish(vel_cmd);
}
int main(int argc,char **argv)
{   ros::init(argc,argv,"behavior_node");
    ROS_INFO("behavior_node start!");
    ros::NodeHandle nh;
    ros::Subscriber lidar_sub = nh.subscribe("/scan",10,&lidarCallback);
    vel_pub = nh.advertise<geometry_msgs::Twist>("/cmd_vel",10);
    ros::spin();
}
```

程序解析：

(1) 在主函数 main()中，调用 ros::init()，对这个节点进行初始化。定义一个 ros::NodeHandle 节点句柄 nh，使用这个句柄向 ROS 核心节点订阅“/scan”话题的数据，回调函数设置为 lidarCallback()。

(2) 使用节点句柄 nh 对 vel_pub 进行初始化，让其在话题“/cmd_vel”发布速度控制消息，平台核心节点会从这个话题获取 vel_pub 发布的消息，并控制平台底盘执行消息包里的速度值。

(3) 定义一个回调函数 void lidarCallback()，用来处理激光雷达数据。ROS 每接收到一帧激光雷达数据，就会自动调用一次回调函数。雷达的测距数值会以参数的形式传递到回调函数里。

float32[]ranges 数组存放的就是激光雷达的测距数值，在代码里 ranges 是一个包含 360 个成员的距离数组。

从图 8.7 中可知平台正前方的激光射线角度为扫描角度范围的中间值，定义一个变量 nNum，用来获取 ranges 数组的成员个数。再定义一个变量 nMid，值为 nNum 的一半即为 180，由图 8.7 可知，为平台正前方的扫描线，以 nMid 作为下标从 ranges 数组里取到的值即为无人平台正前方的雷达测距数值，将这个测距值保存到变量 fMidDist 中。

当 fMidDist 大于 1.0 时，平台正前方的障碍物距离大于 1 m 的时候，给 vel_cmd 的 x 赋值 0.05，控制平台以 0.05 m/s 的速度缓慢向前移动；当 fMidDist 不大于 1.0 时，也就是平台正前方的障碍物距离小于或等于 1 m 的时候，给 vel_cmd 的 z 赋值 0.1，控制平台以 0.1 rand/s 的速度原地向左旋转。对 vel_cmd 赋值完毕后，通过 vel_pub 将其 publish 发布到相关话题上，核心节点会从话题中获得这个数据包，并按照赋值的速度对底盘进行运动控制。

运行效果：

(1) 程序启动后，平台以 0.05 m/s 的速度向前移动。

(2) 当平台前方 1 m 处出现障碍物时，停止移动，以 0.1 rand/s 的速度原地转动。

(3) 当平台转到前方 1 m 范围内没有障碍物时，停止转动，继续以 0.05 m/s 的速度向前移动。

这里只使用激光雷达正前方 180°位置探测到的障碍物距离值，但是 RPlidar 这款激光雷达可以得到 360°旋转探测出的 360 个测距信息。如果利用平台更多的前向射线探测出的众多距离值，则可以做出更复杂的功能。

8.3.3 激光雷达全面扫描避障方法

激光雷达全面扫描方案基本原理：基于激光雷达对 90°～270°进行扫描，测距投影到 y 轴，在安全距离 0.35 m 范围内，即 −0.35～0.35 m 范围内，查找测距最小值，如果最小测距值小于 1 m 就避障，如图 8.12 所示。

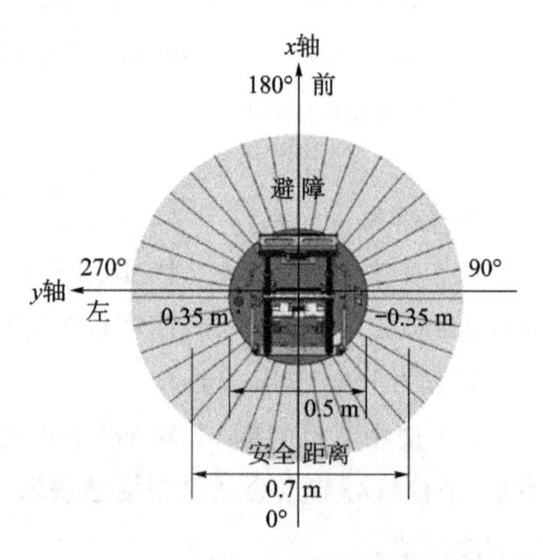

图 8.12 激光雷达全面扫描原理图

程序设计如下：

```
#include<ros/ros.h>
#include<std_msgs/String.h>
#include<sensor_msgs/LaserScan.h>
#include<geometry_msgs/Twist.h>
ros::Publisher vel_pub;
static double x_cos[360];
```

```
static double y_sin[360];
static float pnt_x[360];
static float pnt_y[360];
void lidarCallback(const sensor_msgs::LaserScan::ConstPtr& scan)
{   for (int i = 0; i<360; i++)
    {pnt_x[i] = scan->ranges[i] * x_cos[i]; //得到在 x 轴的投影
    pnt_y[i] = scan->ranges[i] * y_sin[i]; //得到在 y 轴的投影
    }
    float min_x = 999.99;
    int min_index = 180;
    for (int i = 90; i<270; i++)        //在 90°~270°范围内进行扫描
    {if(fabs(pnt_y[i])<0.35)            //在 -0.35~0.35 m 范围内进行检测
        {   if (pnt_x[i]<min_x)
            {   min_x = pnt_x[i];       //找到最小测距值
                min_index = i;          //找到最小测距值对应的角度
            }
        }
    }
    geometry_msgs::Twist vel_cmd;
    if (min_x<1.0)
    {   vel_cmd.linear.x = 0;
        if (min_index<180)
        {   vel_cmd.linear.y = 0.05;    //障碍物在右边,向左平移
        }
        else
        {   vel_cmd.linear.y = -0.05;   //障碍物在左边,向右平移
        }
    }else
    {   vel_cmd.linear.x = 0.05;        //如果大于 1 m 则直行
        vel_cmd.linear.y = 0;
    }
    vel_pub.publish(vel_cmd);
}
int main(int argc,char * * argv)
{  ros::init(argc,argv,"behavior_node1");
   ROS_INFO("behavior_node start!");
```

```
    double kStep = (M_PI * 2) / 360;
    for (int i = 0; i<360; i + + )
    {   x_cos[i] = - 1 * cos(M_PI * 0.0 - kStep * i);
        y_sin[i] = - 1 * sin(M_PI * 0.0 - kStep * i);
    }
    ros::NodeHandle nh;
    ros::Subscriber lidar_sub = nh.subscribe("/scan",10,&lida
    rCallback);
vel_pub = nh.advertise<geometry_msgs::Twist>("/cmd_vel",10);
    ros::spin();
}
```

这里对回调函数 lidarCallback()进行解析：

(1) 通过 pnt_x[i] = scan - >ranges[i] * x_cos[i];

pnt_y[i] = scan - >ranges[i] * y_sin[i];

得到测距值在 x 轴和 y 轴的投影。

(2) 对 y 轴投影 fabs(pnt_y[i])<0.35，即－0.35～0.35 m 范围内进行检测，找到最小测距值 min_x，最小测距值对应角度 min_index。

(3) 当 min_index<180，则障碍物在右边，向左平移，否则向右平移。

无人平台基于激光雷达的测距避障方法很多，如直方图测距避障、几何避障法和人工势场法等，可以依托激光雷达和基本避障方案尝试实现。

8.4 SLAM 建图

SLAM，英文全称是“Simultaneous Localization And Mapping”，意为“同步定位与地图构建”。SLAM 最早由 Smith、Self 和 Cheeseman 于 1988 年提出，由于其重要的理论与应用价值，被很多学者认为是实现无人平台自主功能的关键。本节主要阐述 SLAM 建图的基本概念以及基于激光雷达的 SLAM 建图方法。

8.4.1 SLAM 建图的基本概念

目前，用在 SLAM 上的传感器主要分为两类，一种是激光雷达，另一种是视觉传感器。

(1) 激光 SLAM

激光 SLAM 采用 2D 或 3D 激光雷达(也称为单线或多线激光雷达)，2D 激光雷达一般用于室内机器人上(如扫地机器人)，而 3D 激光雷达一般使用于无人驾驶领域。激光雷达的出现和普及使得测量更快更准，信息更丰富。激光雷达采集到的物体信息呈现出一系列分散、具有准确角度和距离信息的点，被称为点云。通常，激光SLAM系统通过对不同时刻两片点云的匹配与比对，计算激光雷达相对运动的距离和姿态的改变，完成了对平台自身的定位。

激光雷达测距比较准确，误差模型简单，在强光直射以外的环境中运行稳定，点云的处理也比较容易。同时，点云信息本身包含直接的几何关系，使得无人平台的路径规划和导航变得直观。激光SLAM理论研究也相对成熟，落地产品更丰富。

(2) 视觉SLAM

眼睛是人类获取外界信息的主要来源。视觉SLAM也具有类似特点，它可以从环境中获取海量的、富于冗余的纹理信息，拥有超强的场景辨识能力。早期的视觉SLAM基于滤波理论，其非线性的误差模型和巨大的计算量成为它实用落地的障碍。近年来，随着具有稀疏性的非线性优化理论(Bundle Adjustment)以及相机技术、计算性能的进步，实时运行的视觉SLAM已经不再是梦想。

视觉SLAM的优点是它能够利用的丰富纹理信息。例如，两块尺寸相同内容却不同的广告牌，基于点云的激光SLAM算法无法区别他们，而视觉则可以轻易分辨。这带来了重定位、场景分类上无可比拟的巨大优势。同时，视觉信息可以较为容易地被用来跟踪和预测场景中的动态目标，如行人、车辆等，对于在复杂动态场景中的应用至关重要。

通过对比发现，激光SLAM和视觉SLAM各有擅长，单独使用都有其局限性，而融合使用则可能具有巨大的取长补短的潜力。例如，视觉在纹理丰富的动态环境中工作稳定，并能为激光SLAM提供非常准确的点云匹配，而激光雷达提供的精确方向和距离信息在正确匹配点云上会发挥更大的威力。而在光照严重不足或纹理缺失的环境中，激光SLAM的定位工作使得视觉可以借助更多的信息进行场景记录。

8.4.2 基于激光雷达的SLAM建图方法

要理解SLAM，先得理解激光雷达的数据特点，激光雷达的扫描数据可以理解为一个障碍物分布的切面图，如图8.13所示，反映的是在一个特定高度上，障碍物面向雷达的面的边缘形状和分布位置。

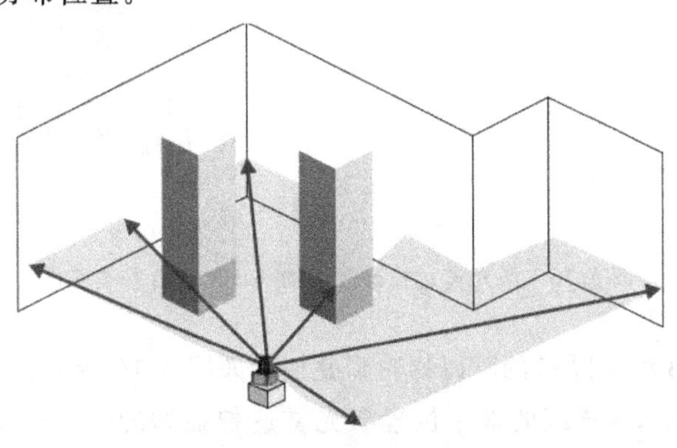

图8.13 激光雷达扫描图

当携带激光雷达的无人平台在未知环境中运动时，在某一个时刻，只能得到有限范围内的障碍物部分轮廓和其在无人平台本体坐标系里的相对位置。比如在图 8.14 中，反映了无人平台在相邻比较近的 A、B、C 三个位置激光雷达扫描到的障碍物轮廓。

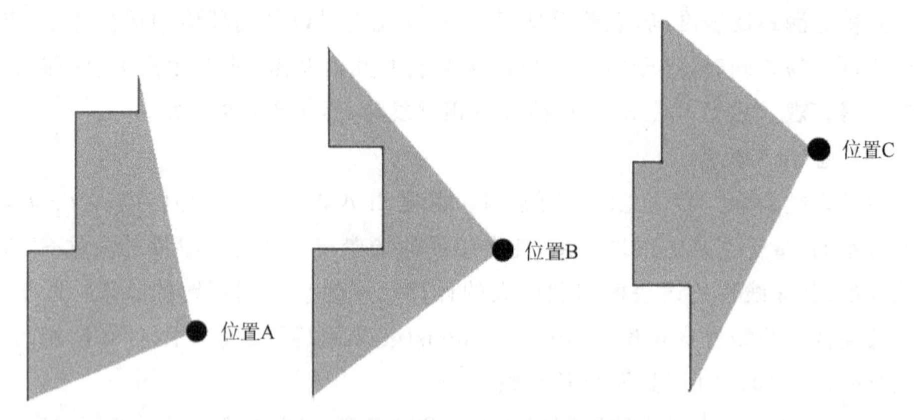

图 8.14 激光雷达扫描障碍物轮廓图

虽然此时还不知道位置 A、B、C 的相互关系，但是通过仔细观察，可以发现在 A、B、C 三个位置所扫描到的障碍物轮廓的某些部分，是可以匹配重合的。因为这三个位置离得比较近，假设扫描到的障碍物轮廓的相似部分就是同一个障碍物，可以试着将相似部分的障碍物轮廓叠加重合在一起，得到一个更大的障碍物轮廓图案，比如位置 A 和位置 B 的障碍物轮廓叠加后如图 8.15 所示。

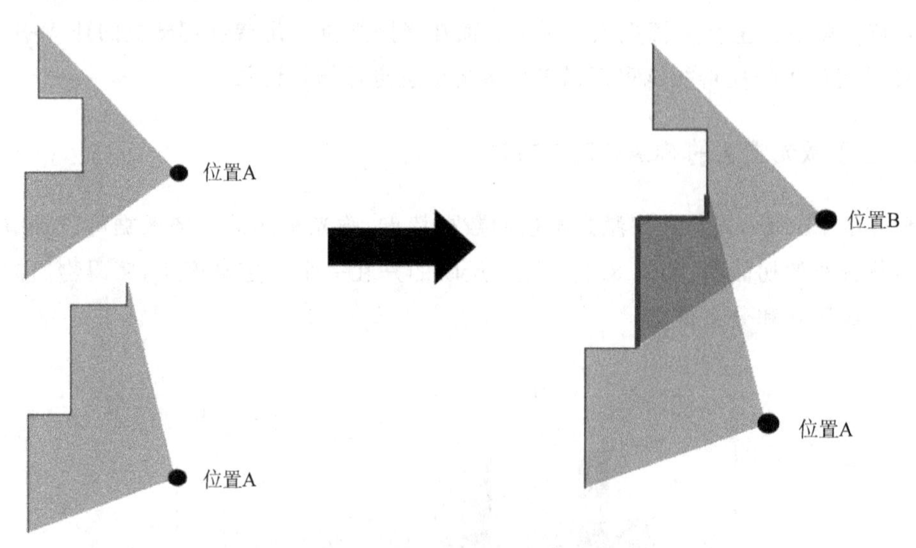

图 8.15 激光雷达扫描障碍物 AB 位置合并轮廓图

再比如，位置 B 和位置 C 的障碍物轮廓叠加后如图 8.16 所示。

按照上述的方法，将连续的多个位置激光雷达扫描到的障碍物轮廓拼合在一起，就能形成一个比较完整的平面地图。这个地图是一个二维平面上的地图，其反映的是在激

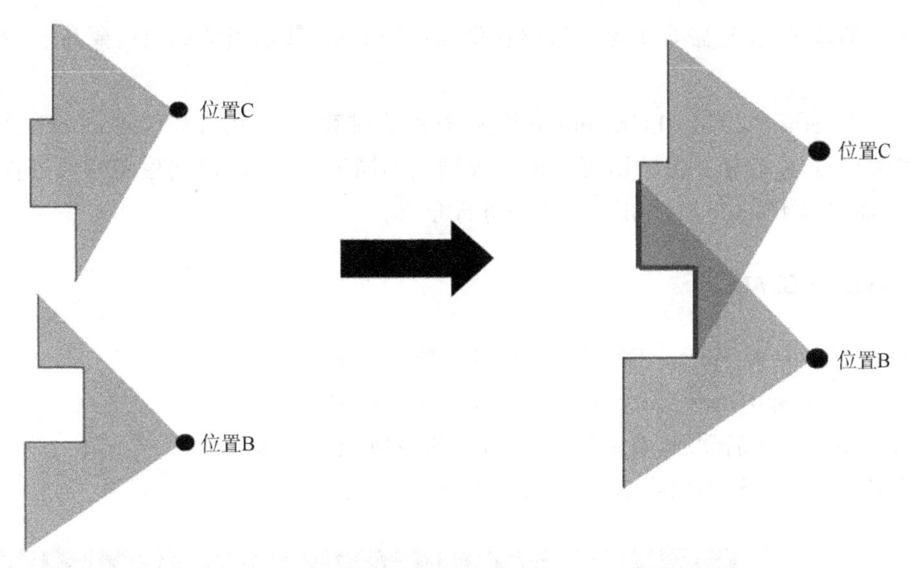

图 8.16　激光雷达扫描障碍物BC位置合并轮廓图

光雷达的扫描面上，整个环境里的障碍物轮廓和分布情况。在构建地图的过程中，还可以根据障碍物轮廓的重合关系，反推出平台所走过的这几个位置之间的相互关系以及平台在地图中所处的位置，这就同时完成了地图构建和平台的自身实时定位这两项功能，这也就是“SLAM”全称“Simultaneous Localization And Mapping”的由来。同样以前面的A、B、C三个位置为例，将三个位置的激光雷达扫描轮廓拼合在一起，就能得到一个相对更完整的平面地图，同时也得出A、B、C三个位置在这个地图中的位置，如图8.17所示。

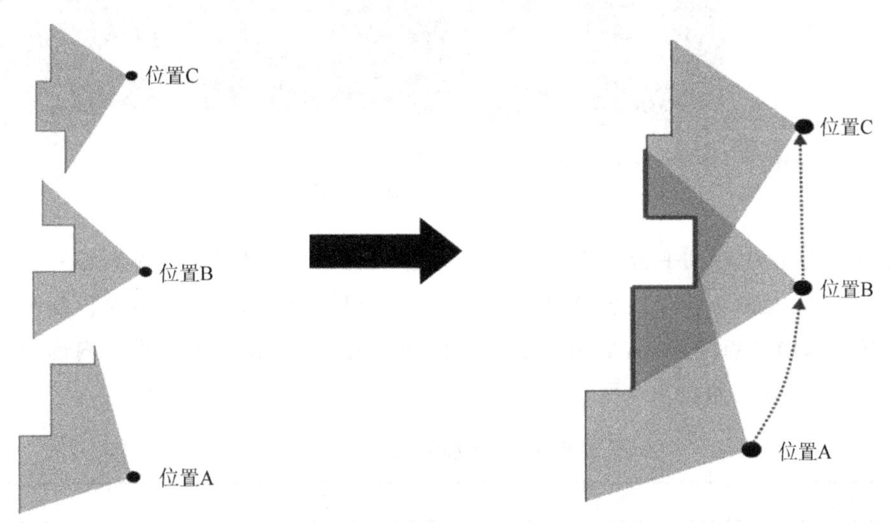

图 8.17　激光雷达扫描障碍物ABC位置合并轮廓图

ROS支持多种SLAM算法，其中主流的是Hector SLAM和Gmapping。Hector SLAM仅依靠激光雷达就能工作，其原理和前面描述的方法比较类似；Gmapping则是在上述方法的基础上，还融合了电动机码盘里程计等信息，其建图的稳定性要高于 Hector SLAM。

由于 Hector SLAM 和 Gmapping 均为 ROS 自带算法，使用过程仅在 launch 文件中调用相关节点，修改相关参数即可。由于仅调用不同节点算法，但其建图操作过程基本一致，下面仅以 Hector SLAM 建图算法进行介绍。

8.4.3　Hector SLAM 算法

由于 ROS 自带 Hector SLAM 算法，所以输入以下指令：

```
roslaunch wpb_home_tutorials hector_mapping. launch
```

该 launch 命令启动后，自动启动 Hector SLAM 建图算法节点。

按 Enter 键确认后，将会启动 Rviz，如图 8.18 所示。

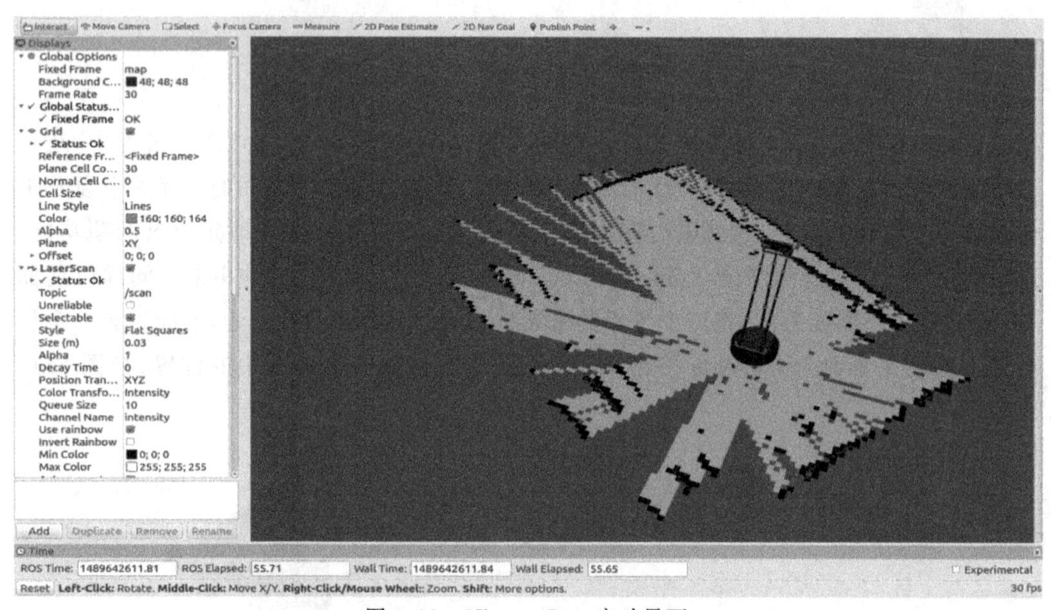

图 8.18　Ubuntu Rviz 启动界面

可以在 Rviz 中看到平台周围的地面基准变成了深灰色，而平台下则出现一片白色图案。这个图案，是由很多条线段叠加而成，这些线段是平台本体中心地面投影和每一个激光雷达获取障碍点的连线，是测距激光飞行的轨迹，这里表示这条线段内部没有障碍物，各颜色代表意义如表 8.1 所示。

表 8.1　地图颜色含义表

地图	代表意义
障碍物轮廓点阵	激光雷达探测到的障碍点
灰色	还没有探索到的未知区域
白色	已经探明的不存在静态障碍物的区域
黑色	静态障碍物轮廓

推动平台进行移动，观察Rviz里的颜色区域变化情况。可以发现白色的区域在不断增加，而且跟周围的墙壁桌子这些静态障碍物的轮廓越来越接近，如图8.19所示。

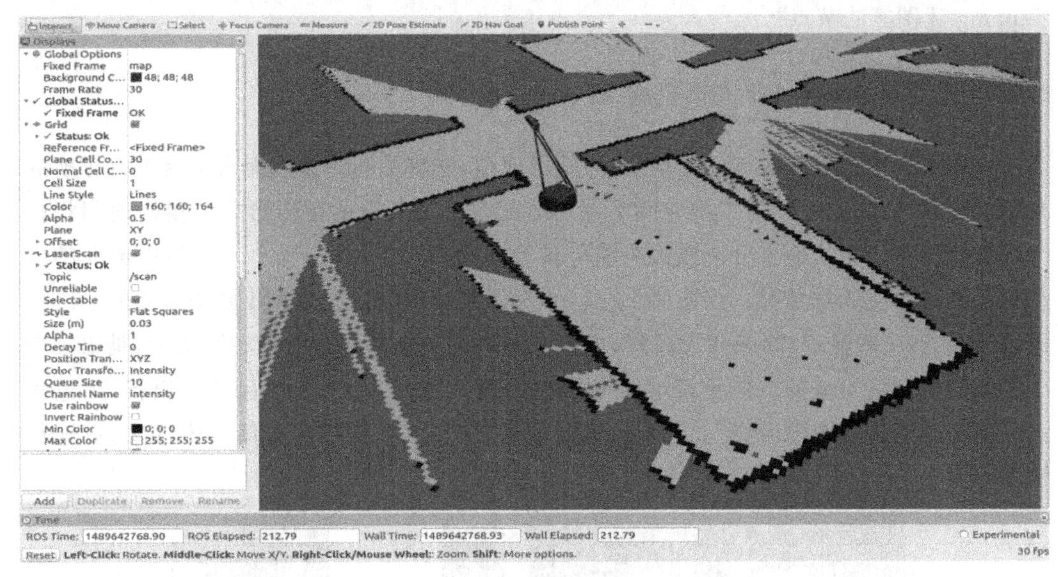

图8.19 Rviz颜色区域变化图

将平台推动绕场地一圈后，可以把地图保存下来，将来进行自主导航时会用到。保存地图时，需要保持Hector SLAM的程序仍在运行，不能关闭建好图的Rviz界面。启动终端程序(也可以通过同时按下键盘组合键"Ctrl+Alt+T"来启动)。输入以下指令：rosrun map_server map_saver-f map。

这条指令的意思是，启动map_server包的map_saver程序，"map_server"的ROS包，可以用来保存和加载二维地图，也就是将当前SLAM建好的图保存为名为"map"的地图。按Enter键，确认保存，会提示如图8.20所示的信息。

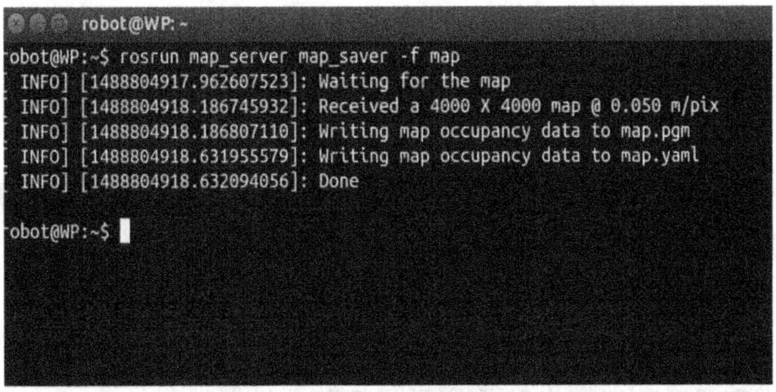

```
robot@WP: ~
obot@WP:~$ rosrun map_server map_saver -f map
 INFO] [1488804917.962607523]: Waiting for the map
 INFO] [1488804918.186745932]: Received a 4000 X 4000 map @ 0.050 m/pix
 INFO] [1488804918.186807110]: Writing map occupancy data to map.pgm
 INFO] [1488804918.631955579]: Writing map occupancy data to map.yaml
 INFO] [1488804918.632094056]: Done

obot@WP:~$
```

图8.20 SLAM建图保存界面

保存完毕后，会在Ubuntu系统的"主文件目录"里，发现两个新文件，一个名为"map.pgm"，另一个名为"map.yaml"。其中"map.pgm"为图片格式，双击可以查看图片内容，就是建好的地图图案。

Gmapping 同样也是 ROS 自带的 SLAM 建图算法，终端运行命令为：

roslaunch wpb_home_tutorials gmapping. launch，该 launch 命令启动后，自动启动 Gapping 建图算法节点。

8.4.4 基于 SLAM 算法建立栅格地图

使用激光雷达 SLAM 建立的地图为栅格地图，这种地图是室内无人平台进行导航的常用地图格式，它是一种在二维空间上描述障碍物分布状况的地图形式。栅格地图将整个环境状况在一个切面上分割成一个横竖排列的栅格小空间，每一个小空间用不同的颜色标记出这个空间的情况。如图 8. 21 所示，左图是用 ROS 的 SLAM 算法建立的二维平面地图在 Rviz 的显示，如果放大观察，这个二维地图的细节部分就如右图所示，是由一个个正方形的栅格组成的。白色表示该栅格空间内无障碍物，无人平台可以通行；黑色表示该栅格空间内存在障碍物，无人平台不能通行；灰色表示该栅格空间尚未探索，可通行情况不明。

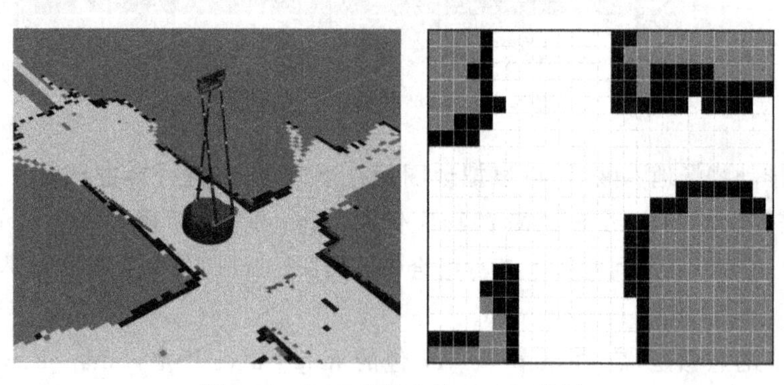

图 8. 21　ROS 机器人的 SLAM 建图

8.5 自主导航

如图 8. 22 所示，有了栅格地图，无人平台的地图导航问题就变成在栅格地图中寻找无人平台能通过的空间区域并驱动平台从起点移动到终点，这里面包含了两个部分任务。

(1) 平台定位。平台需要知道自己当前在地图的位置，才能确定导航的起点。平台在移动过程中，也需要时刻确定自己的位置是否贴合规划的路径。

(2) 路径规划。路径规划算法在栅格地图中寻找一条可通行的路径，即连续的可通行栅格，从当前位置一直延伸到导航的目标终点。

ROS 是无人平台的常用系统，Navigation 导航系统是 ROS 中最常用的子系统，超过一半的无人平台导航部分开发会直接应用 ROS 系统的 Navigation 导航系统。

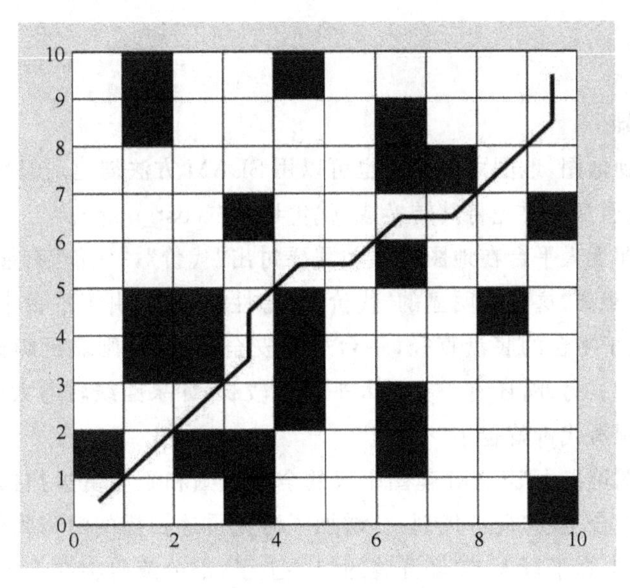

图 8.22 栅格地图

Navigation 导航系统的架构设计经典且复杂，以至于后来出现的其他机器人系统，在导航部分都基本借鉴了 Navigation 这个经典架构。

Move_Base：是 Navigation 系统里扮演核心中枢的 ROS 包，它将无人平台导航需要用到的地图、坐标、路径和行为规划器连接到了一起，同时还提供了导航参数的设置接口，如图 8.23 所示。

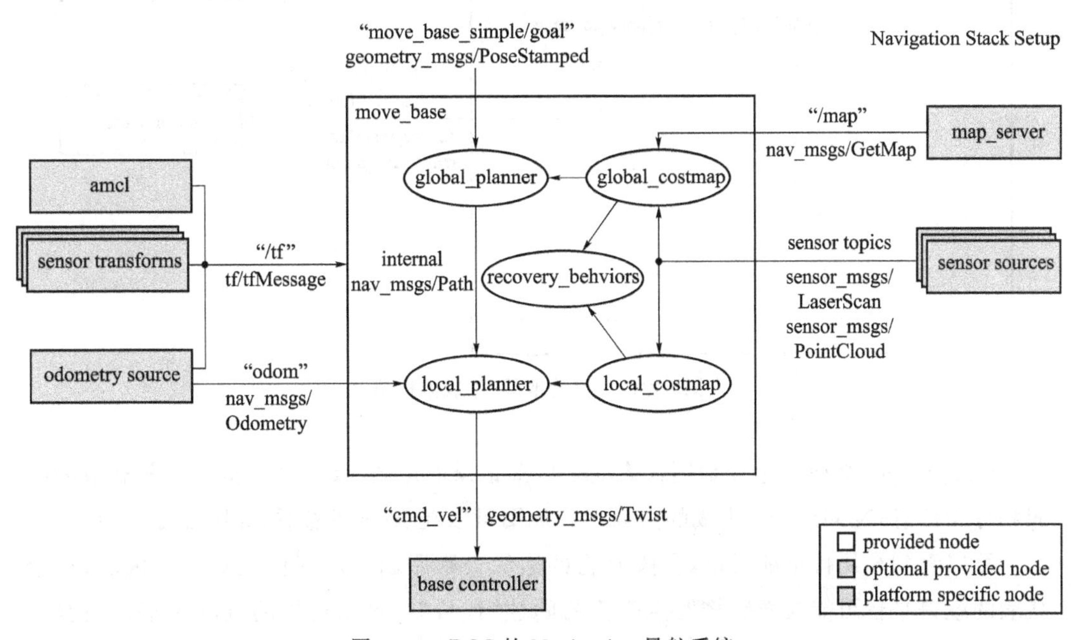

图 8.23 ROS 的 Navigation 导航系统

8.5.1 路径规划

1. 全局规划器

导航需要用到地图,地图可以手绘也可以用SLAM方法创建。但是原始的地图并不能直接进行导航,通常需要先将其转换成“代价地图”(cost_map)。

“代价地图”即无人平台在地图里移动需要付出“代价”,“代价”有显性也有隐性。显性的,比如行走的距离,这是最明显的“代价”。隐性的,比如由于平台本身体积所占用的空间,只有空间大于平台的底盘直径,平台才能安全通过,否则靠近障碍物将发生碰撞,这是隐性的“代价”。另外,还有一些无人平台比较长,如果路线转弯太多也是“代价”,所以导航的路线越顺滑代价就越小。

通常代价地图可以由SLAM建图生成的全局地图和激光雷达扫描获取平台周围的障碍物位置信息融合生成(局部规划)。增加了激光雷达扫描的障碍物信息后,代价地图会有些变化,如路上多了行人,曾经开着的门关上了,部分障碍物在人为影响下的位置变化等。在形成全局代价地图后,可以使用Dijkstra算法、A*算法等进行全局路径规划。

在ROS操作系统的Navigation系统里,“代价地图”生成的架构图如图8.24的右上角。全局代价地图是通过ROS的map_server提供的全局地图(通常SLAM已建好)和激光雷达获取的当前平台周围障碍物信息(局部规划)共同融合生成。

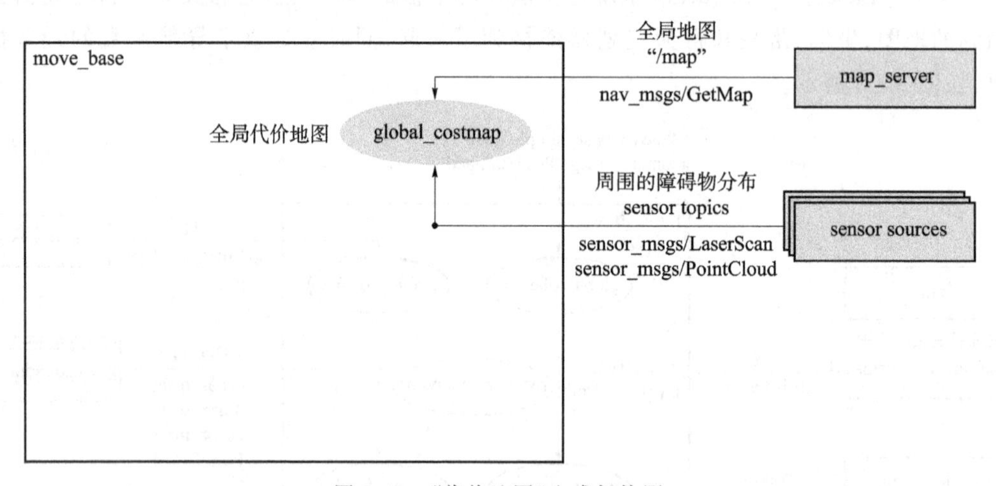

图8.24 “代价地图”生成架构图

map_server提供的全局地图代表的是以前记录的地图,增加激光雷达当前获取的障碍物分布信息,Navigation生成的全局代价地图可以在Rviz里查看,如图8.25所示。

可以看到全局代价地图里,在障碍物的边缘会膨胀出一层淡蓝色的渐变区域,这个代表的就是平台可能与障碍物发生碰撞的隐性“代价”。这条边界的宽度为平台底盘半径长度,即提示平台位于这条安全边界里时会与障碍物发生碰撞,平台的可通行路径会避开这一条安全边界,在剩余的可通行区域里规划。越靠近障碍物,与障碍物碰撞的风

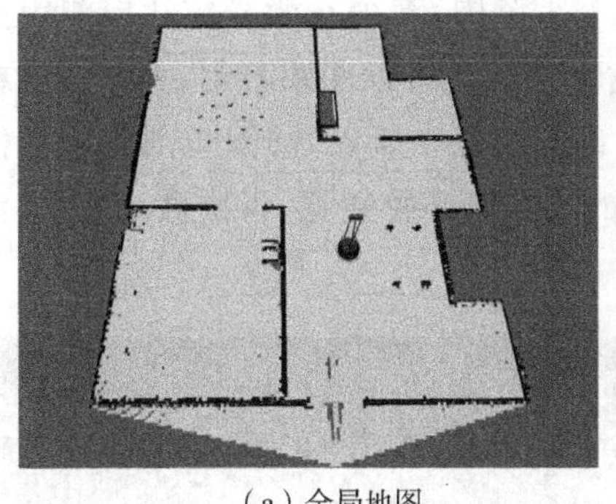

(a) 全局地图

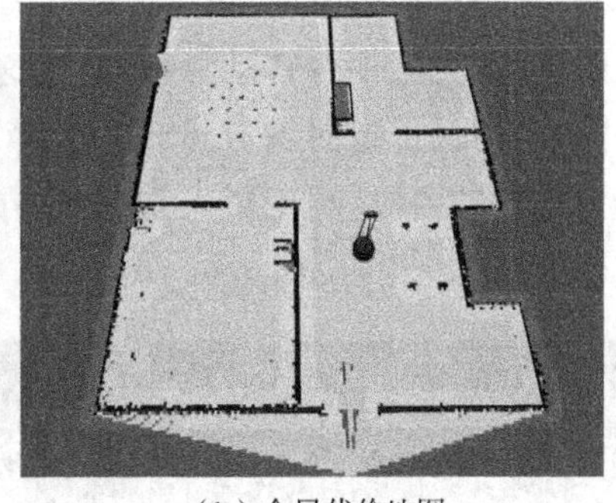

(b) 全局代价地图

图 8.25 Navigation 生成的全局代价地图

险越大,颜色越深,隐性"代价"越大。移动距离产生的显性代价,通常都是在路径规划算法内部计算和使用,在 Rviz 里一般不会显示。

在代价地图基础上,ROS 系统的 Navigation 系统,通常由全局规划器(global_planner)来生成。

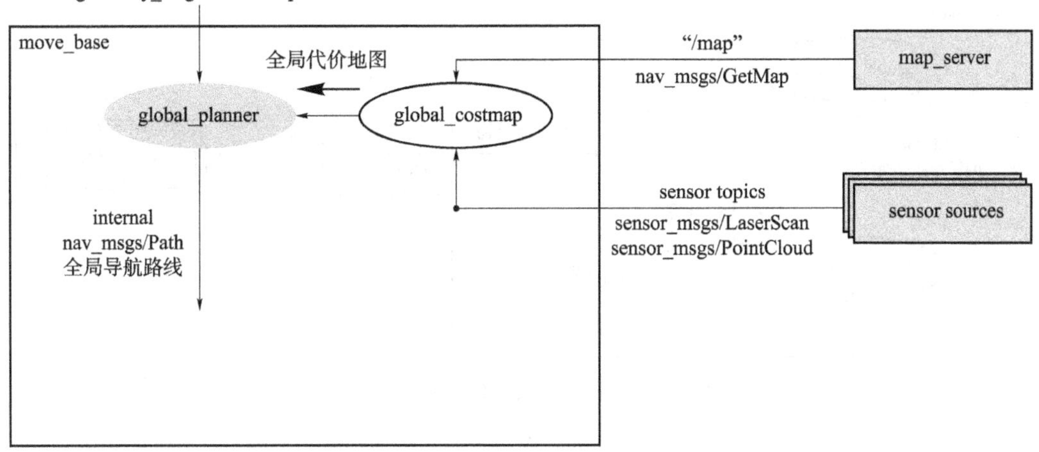

图 8.26 Navigation 系统的全局规划器

从图 8.26 中可以看出,全局规划器的任务是从外部获得导航目标点,在全局代价地图里找出"代价最小"的路线,在 ROS 操作系统中最成熟的全局规划路线为 Dijkstra 算法。图 8.27 为在 ROS 系统 move_base 的全局路径规划和 Dijkstra 算法在 launch 中的调用方式。

2. 局部规划器

平台运行的局部规划需要建立在全局规划规划基础上。因为真实的环境里,有时并不是只有当前平台在移动,在商场里有行人,在马路上有汽车,在工业环境中也有其他正在移动作业的无人平台。由于激光雷达的扫描范围有限,这些不停运动着的交通参与者，在全局地图中很多是看不到的。需要一个小范围，至少在激光雷达探测距离内的局部代价地图，并在无人平台移动过程中，让这个局部代价地图跟着走，始终围绕在平台周围，以弥补了全局代价地图没有体现移动障碍的缺点。所以，局部规划器的工作是从全局规划器获得导航路线，利用激光雷达获得的当前障碍物数据，再次做一个“代价地图”，即局部代价地图(local_costmap)。

```
<!-- Run move_base -->
<node pkg="move_base" type="move_base" respawn="false" name="move_base"  output="screen">
  <rosparam file="$(find wpb_home_tutorials)/nav_lidar/costmap_common_params.yaml" command="load" ns="global_costmap"
  <rosparam file="$(find wpb_home_tutorials)/nav_lidar/costmap_common_params.yaml" command="load" ns="local_costmap"
  <rosparam file="$(find wpb_home_tutorials)/nav_lidar/local_costmap_params.yaml" command="load" />
  <rosparam file="$(find wpb_home_tutorials)/nav_lidar/global_costmap_params.yaml" command="load" />
  <rosparam file="$(find wpb_home_tutorials)/nav_lidar/local_planner_params.yaml" command="load" />
  <param name="base_global_planner" value="global_planner/GlobalPlanner" />
  <param name="use_dijkstra" value="true"/>
  <param name="base_local_planner" value="wpbh_local_planner/WpbhLocalPlanner" />

  <param name= "controller_frequency" value="10" type="double"/>
</node>
```

图 8.27　move_base 的全局路径规划和 Dijkstra 算法调用方式

在 ROS 系统中的 navigation 系统，局部代价地图如图 8.28 所示。

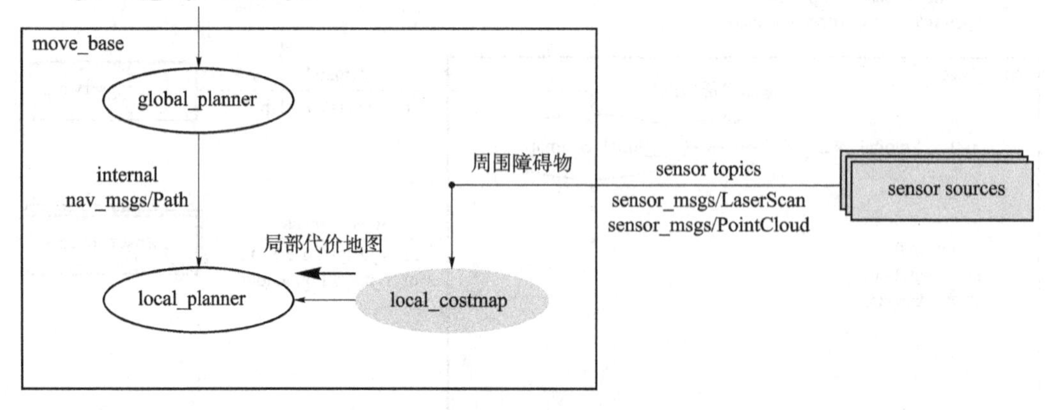

图 8.28　Navigation 系统的局部规划器

图 8.29 为 ROS 系统中局部规划器的调用方法。

```
<!-- Run move_base -->
<node pkg="move_base" type="move_base" respawn="false" name="move_base"  output="screen">
  <rosparam file="$(find wpb_home_tutorials)/nav_lidar/costmap_common_params.yaml" command="load" ns="global_costmap"
  <rosparam file="$(find wpb_home_tutorials)/nav_lidar/costmap_common_params.yaml" command="load" ns="local_costmap"
  <rosparam file="$(find wpb_home_tutorials)/nav_lidar/local_costmap_params.yaml" command="load" />
  <rosparam file="$(find wpb_home_tutorials)/nav_lidar/global_costmap_params.yaml" command="load" />
  <rosparam file="$(find wpb_home_tutorials)/nav_lidar/local_planner_params.yaml" command="load" />
  <param name="base_global_planner" value="global_planner/GlobalPlanner" />
  <param name="use_dijkstra" value="true"/>
  <param name="base_local_planner" value="wpbh_local_planner/WpbhLocalPlanner" />

  <param name= "controller_frequency" value="10" type="double"/>
</node>
```

图 8.29　ROS 系统局部规划器

图8.30为Navigation在全局代价地图上生成的局部代价地图。由此,可以看出Navigation系统的设计注重了全局视野,关注了局部视野,且注重细节。

图8.30 局部代价地图

有了局部代价地图,还需对平台进行定位,设计局部规划算法,有了平台定位和局部规划算法,平台才能进行局部规划。考虑到ROS的Navigation系统架构,局部规划算法在导航输出部分阐述。

8.5.2 平台定位

平台需要知道自己当前在地图上的位置,才能确定导航的起点。自适应蒙特卡罗粒子滤波定位算法(Adaptive Monte Carlo Localization,AMCL),是ROS的Navigation系统中唯一指定的定位算法,是一种使用概率理论在已知地图中对平台自定位置进行估计的方法。这种方法会在平台可能的位置周围假设多个位置,然后在平台行进过程中,依据激光雷达和电动机码盘里程计等信息对这些假设位置进行筛选,逐步剔除明显不可信的假设位置,留下可信度较高的定位位置。

具体为,平台开始移动之前在全局地图中均匀撒满粒子,粒子可以认为是平台的可能位置,通过平台运动来移动粒子,平台向前移动一米,所有的粒子也就向前移动一米。这个统一步伐来自底盘电动机码盘(odom里程计),当电动机码盘里程计提示平台往前直行的时候,所有粒子都会同时往前直行;当电动机码盘里程计提示平台往左转的时候,所有粒子也同时往左转。平台的粒子在移动的过程中,会不停地用传感器感知身边障碍物和地图进行比对,以判断自己是不是那个正确的位置,从而赋给每个粒子一个概率。例如用激光雷达数据与地图匹配程度给粒子打分,分数越高代表平台在这个位置的概率越大,经过粒子滤波器以后留下的就是概率高的粒子。之后根据生成的概率来重新生成粒子,概率越高的粒子生成的概率越大,这样迭代之后,所有的粒子会慢慢收敛到一起,即平台最可能的位置,称为粒子收敛。

对应在Rviz里,导航中的平台周围绿色箭头会逐渐收拢,和平台真实的位置合为一体。比如图 8.31 地面上那些分散的绿色箭头就是平台的假设位置,一开始的时候绿色箭头很多很分散,在平台运动过程中,这些箭头会逐渐收敛,最终汇聚成一个箭头就是平台最可信的定位位置。

(a)初始位置

(b)运动过程中可信位置

图 8.31　平台 Navigation 可信位置图

在 Navigation 架构图中,AMCL 的部分在最左侧,如图 8.32 所示。

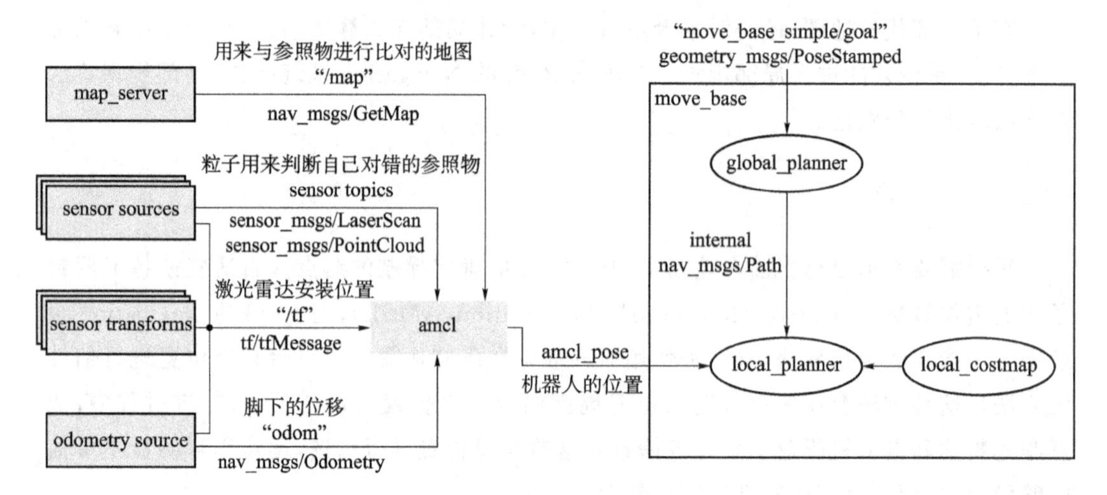

图 8.32　Navigation 架构图的 AMCL

8.5.3　导航输出

加上 AMCL 定位器之后,局部规划器(local_planner)需要在局部代价地图中添加局部规划算法,平台就可以运行了。由于平台的底盘类型千差万别,有的只能前后移动和原地转向(差动底盘),有的可以 360°随意移动(全向底盘),等等。在 ROS 中,局部规划算法的类型多且烦琐,如 base_local_planner、DWA、TEB、Eband 等。本节主要针对常用的 DWA 动态窗口法进行阐述。

DWA 算法全称为 Dynamic Window Approach,其原理主要是在速度空间(v,w)中采样多组速度,并模拟出这些速度在一定时间内的运动轨迹,并通过评价函数对这些轨迹进行评价,选取最优轨迹对应的速度驱动平台运动。

动态窗口法DWA的实现包含两个步骤：

① 对平台速度进行约束限制，形成动态窗口获取采样速度；

② 根据速度采样点求出待评价轨迹，基于评价函数选取最优速度命令。

动态窗口由一系列的约束构成，约束主要包括差动机器人的非完整约束、环境障碍物约束和受结构与电动机影响的动力学约束。

(1) 机器人动力学模型

平台运动模型示意图如图8.33所示，用v和ω分别代表平台在载体坐标系下的平移速度与转动速度。由于在一次采样时间内，平台的移动距离较小，所以可以把两次采样间的运动轨迹看作一条直线，则可以得到式(8.1)。

$$\begin{cases} x(t)=x(t-1)+v(t)\Delta t\cos(\theta(t-1)) \\ y(t)=y(t-1)+v(t)\Delta t\sin(\theta(t-1)) \\ \theta(t)=\theta(t-1)+\omega(t)\Delta t \end{cases} \tag{8.1}$$

式中：

$x(t)$为平台在t时刻的x轴坐标。

$x(t-1)$为平台在$t-1$时刻的x轴坐标。

$y(t)$为平台在t时刻的y轴坐标。

$y(t-1)$为平台在$t-1$时刻的y轴坐标。

$\theta(t)$为平台在t时刻与x轴的夹角。

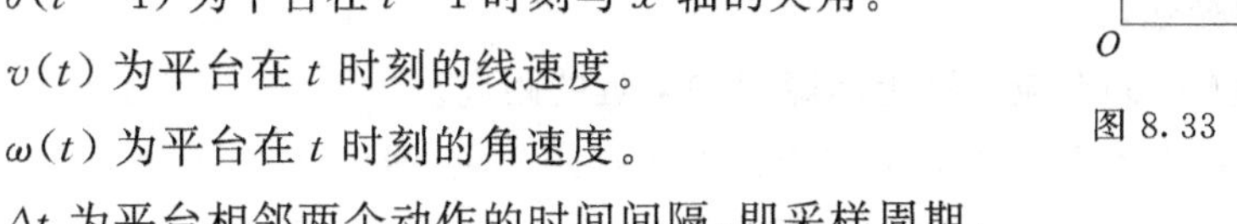

$\theta(t-1)$为平台在$t-1$时刻与x轴的夹角。

$v(t)$为平台在t时刻的线速度。

$\omega(t)$为平台在t时刻的角速度。

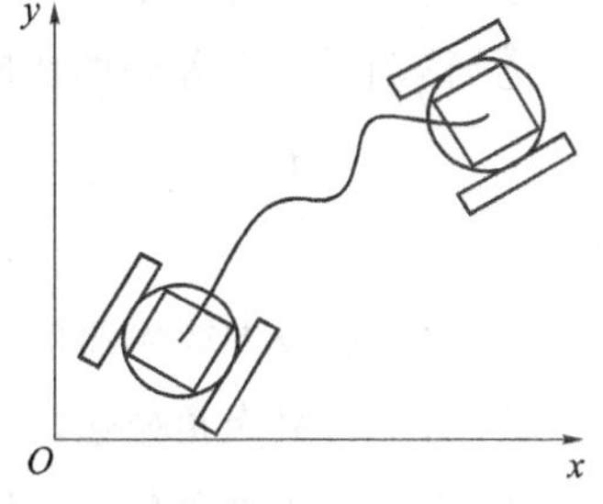

图8.33　平台运动模型示意图

Δt为平台相邻两个动作的时间间隔，即采样周期。

(2) DWA算法采样空间

图8.34　传统DWA算法的速度矢量空间示意图

图8.34为传统DWA算法的速度矢量空间示意图。图中横坐标为平台角速度，纵坐标为平台线速度，整个区域为V_s，所有白色区域V_a为避免碰撞的可行区域，灰色区域的速度表示执行该速度可能造成平台碰撞的障碍物，V_d为考虑电动机扭矩在控制周期内限制的平台可达速度范围，V_r为上述三个集合的交集，即最终的动态窗口。滑动窗口主要由以下三个方面限制：平台受自身最大速度最小速度的限制、移动平台受电动机性能的影响(加速度)、移动平台受障碍的影响。

① 移动平台受自身最大速度和最小速度限制

$$\boldsymbol{V}_s=\{(v,\omega)\,|\,v\in[v_{\min},v_{\max}]\wedge\omega\in[\omega_{\min},\omega_{\max}]\} \tag{8.2}$$

式中：

$\mathbf{V}_s$ 为能够达到的所有速度矢量的集合。

v_{min}、v_{max} 为平台最大、最小线速度。

ω_{max}、ω_{min} 为平台最大、最小角速度。

② 移动平台受电动机性能的影响

$$V_d=\{(v,\omega)\mid v\in[v_c-\dot{v}_b\Delta t,v_c+\dot{v}_a\Delta t]\wedge\omega\in[\omega_c-\dot{\omega}_b\Delta t,\omega_c+\dot{\omega}_a\Delta t]\} \tag{8.3}$$

式中：

v 为平台一个采样周期内线速度范围。

ω 为平台一个采样周期内角速度范围。

v_c 为平台现在的线速度。

ω_c 为平台现在的角速度。

$\dot{v}_a$、$\dot{v}_b$ 为平台最大线加、减速度。

$\dot{\omega}_a$、$\dot{\omega}_b$ 为平台最大角加、减速度。

Δt 为平台采样周期。

③ 移动平台受障碍的影响

$$V_a=\{(v,\omega)\mid v\leqslant\sqrt{2\mathrm{dist}(v,\omega)\dot{v}_b}\wedge\omega\leqslant\sqrt{2\mathrm{dist}(v,\omega)\dot{\omega}_b}\} \tag{8.4}$$

式中：

$\dot{v}_b$ 为平台最大线减速度。

$\dot{\omega}_b$ 为平台最大角减速度。

$\mathrm{dist}(v,\omega)$ 为速度 (v,ω) 对应轨迹上离障碍物最近的距离。

综上所述，DWA 的动态窗口为以上三个速度集合的交集，即

$$V_r=V_s\cap V_a\cap V_d \tag{8.5}$$

(3) DWA 算法评价函数

根据采样的速度得到相应轨迹后，需要对轨迹进行评价，进而选择当前最佳轨迹，评价函数定义如下：

$$G(v,\omega)=\sigma(\alpha\mathrm{heading}(v,\omega)+\beta\mathrm{distance}(v,\omega)+\gamma\mathrm{velocity}(v,\omega)) \tag{8.6}$$

$\mathrm{heading}(v,\omega)$ 为平台方位角评价子函数。

$\mathrm{distance}(v,\omega)$ 为平台与障碍物距离评价子函数。

$\mathrm{velocity}(v,\omega)$ 为平台速度评价子函数。

σ、α、β、γ 为各评价子函数的系数。

式中：

① $\mathrm{heading}(v,\omega)$ 主要促进平台在移动过程中使其航向角不断朝向目标点。$\mathrm{heading}(v,\omega)=180°-\theta$，$\theta$ 为平台待评价轨迹末端点朝向与目标点连线的夹角，方位角示意图如图 8.35 所示。

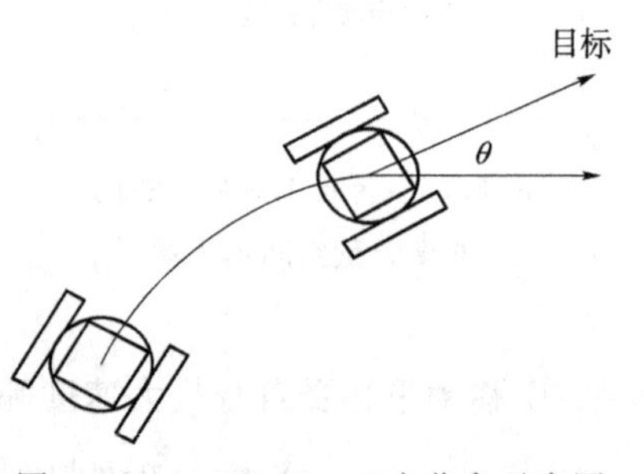

图 8.35 heading(v,ω)方位角示意图

② distance(v,ω)：主要的意义为平台处于预测轨迹末端点位置时与地图上最近障碍物的距离，对于靠近障碍物的采样点进行惩罚，确保平台的避障能力，降低平台与障碍物发生碰撞的概率。

$$\text{distance}(v,\omega)=\begin{cases}d, d<L\\ L, d\geqslant L\end{cases} \tag{8.7}$$

式中：

d 为平台处于轨迹末端点位置与地图上最近障碍物的距离。

L 为提前设定的距离障碍物的阈值，$L>d$。

设定 L 的目的是，一旦轨迹上没有障碍物，将函数输出为一较大的固定值，避免在评价函数中占比重过大。

③ velocity(v,ω)为了促进平台快速到达目标而采用的评价函数，具体定义如下：

$$\text{velocity}(v,\omega)=|V_g| \tag{8.8}$$

式中：

V_g：为待评价轨迹线速度。

局部规划器(local_planner)在局部代价地图中添加 DWA 局部规划算法，平台就可以输出速度运行了，如图 8.36 所示。

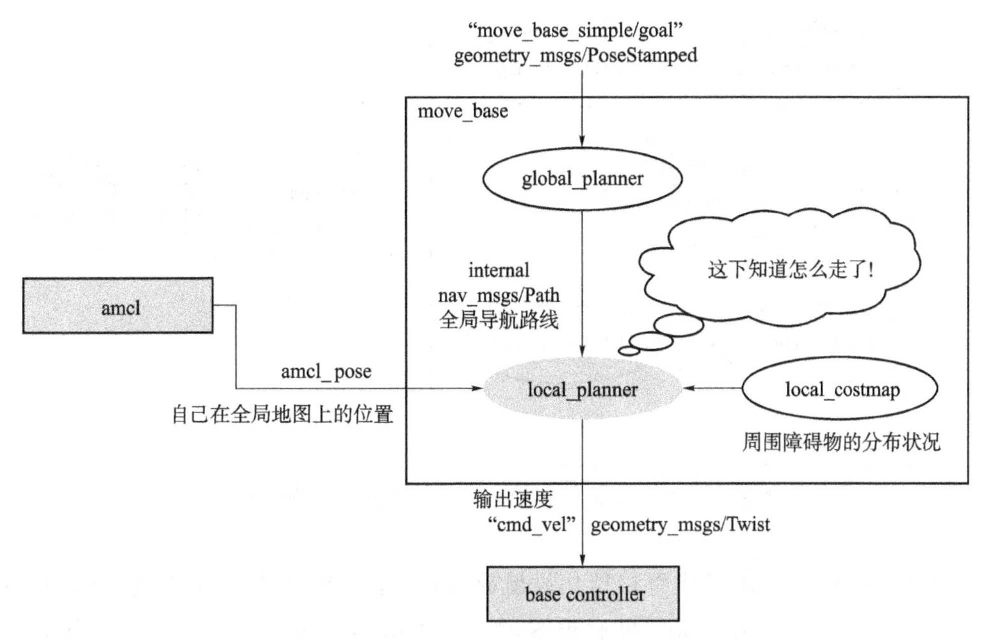

图 8.36　Navigation 架构图的局部规划器

图 8.37 中的紫色曲线，就是 Navigation 系统规划出的导航路径。

8.5.4　遇到障碍物的恢复行为

在导航调试过程中，最常见的问题莫过于平台遇到新出现的障碍物时应该怎么办。

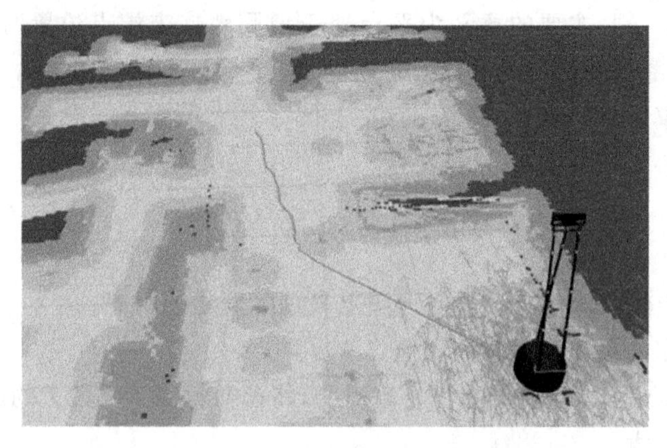

图 8.37　Navigation 系统规划出的导航路径

在 ROS 中的 Navigation 系统设计了 recovery_behavior 机制，让平台能够绕过障碍物，继续前进，如图 8.38 所示。

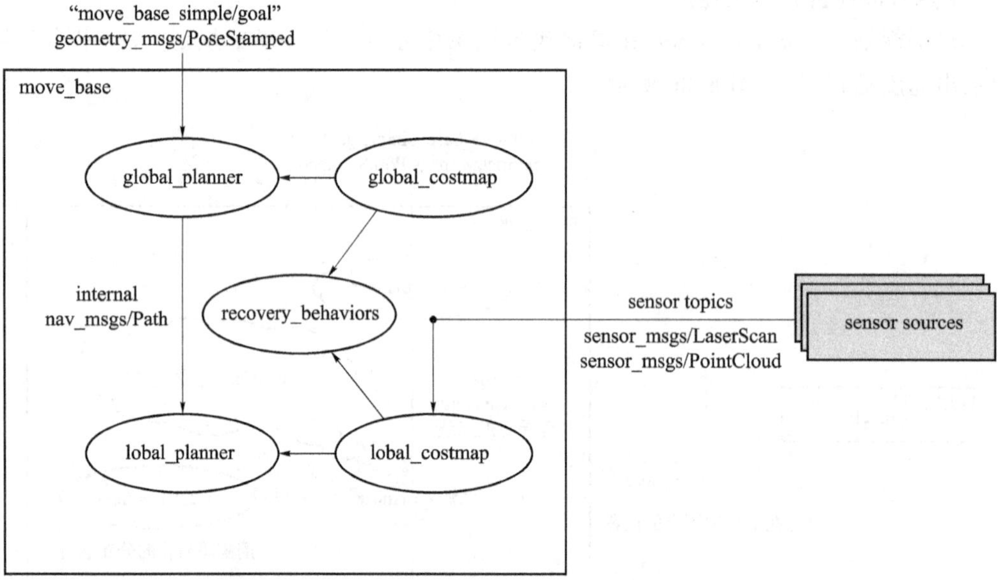

"move_base_simple/goal"
geometry_msgs/PoseStamped
move_base
global_planner
global_costmap
internal
nav_msgs/Path
recovery_behaviors
sensor topics
sensor_msgs/LaserScan
sensor_msgs/PointCloud
sensor sources
lobal_planner
lobal_costmap

图 8.38　Navigation 系统的 recovery_behavior 旋转机制

通常是平台被大体积障碍物挡住导航路线时，平台规划不出能绕过障碍的局部路线，这时"recovery_behavior"机制被激活。很多版本的 ROS，"recovery_ behaviors"默认行为通常会设置为"rotate_ recovery"，即让平台原地旋转，查找能够通行的方向，原因是部分激光雷达的支撑结构可能会遮挡激光雷达的视野，造成视觉盲区，通过旋转有可能会在盲区中发现能够绕过障碍物的路线。然而，当转圈也解决不了问题的时候，最终还是得全局规划器（global_ planner）重新规划一条新的全局导航路线，如图 8.39 所示。

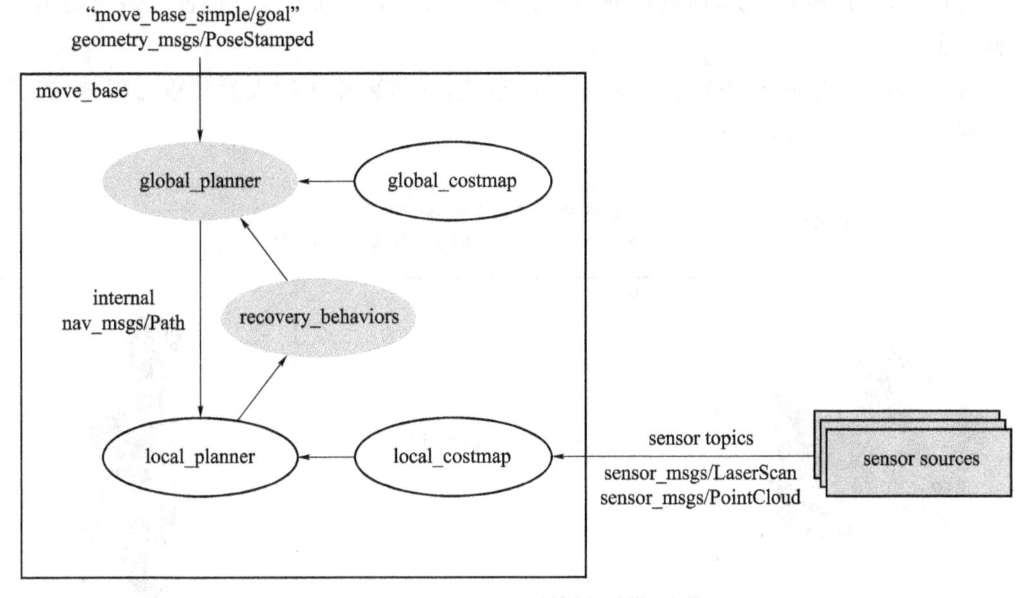

图 8.39 recovery_behavior 旋转后仍需全局路径规划

8.5.5 ROS 的 Navigation 系统应用

ROS 的 Navigation 导航系统中 ROS 包 Move_Base 扮演核心中枢，如图 8.18 所示，Move_Base 的大致工作流程是：

（1）map_server 在话题"/map"里提供全局地图信息，global_costmap 从这个话题里获得全局地图信息，再加上从 sensor sources 获得激光雷达和点云等信息，融合成一个全局的栅格代价地图。

（2）全局的栅格代价地图交给 global_planner 进行全局路径规划，再结合外部节点发送到话题"/move_base_simple/goal"的移动终点得出紫色的全局移动路径。

（3）local_costmap 从 global_costmap 中截取平台周围一定距离内的地图，结合传感器信息生成局部规划器。

（4）local_planner 从 global_planner 获得全局规划路径，结合从 local_costmap 局部规划器以及 AMCL 提供的平台位置信息，可以通过动态窗口法 DWA 计算获得平台当前应该执行的最优速度，发送到话题"/cmd_vel"里，驱动平台沿着全局路径进行移动。

以上为 ROS 的 Navigation 系统应用原理，如果直接使用 Navigation 系统，使用方式非常简单，可以输入开发者设置的导航目标点坐标，输出则为平台的运动控制指令。只需要让平台的主控节点订阅主题"cmd_vel"的速度指令，向导航服务提交导航目标点。Navigation 会自动向主题"cmd_vel"发送速度值，驱动平台到达导航目标。如果进行仿真，需要在 Gazebo 中加载平台的虚拟核心节点，由核心节点来获取 Navigation 输出速度并驱动平台移动。如果编写的导航节点就是简单输出一个导航目标点，并查找可到达目标点的路径，则直接应用ROS内部的Navigation，无人平台就可以直接查找路径到达的目标点了。

所以，如果直接使用ROS的Navigation系统，只需要输入输入量和输出部分，就可以实现导航，如图8.40所示。

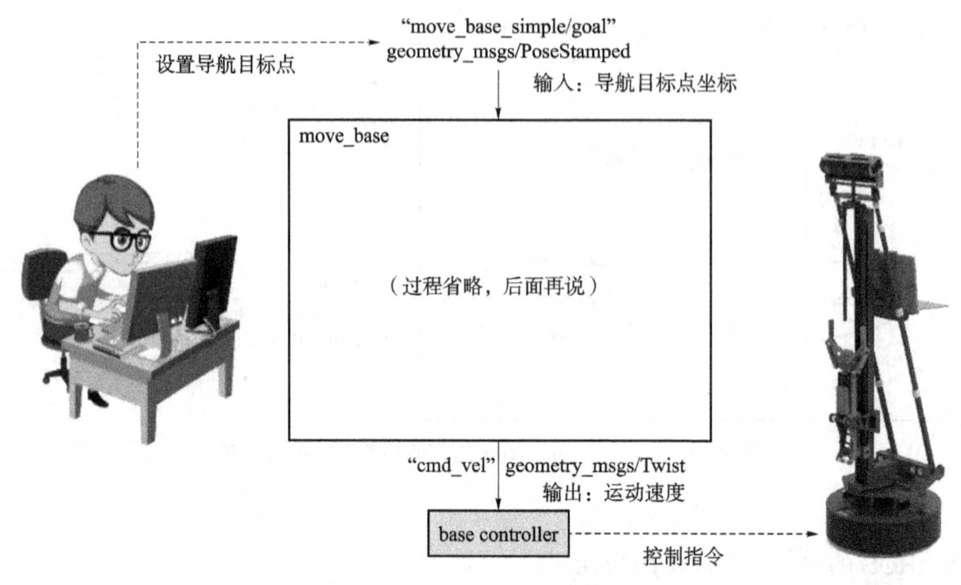

图8.40　ROS的Navigation系统使用方法

作为用户，ROS的Navigation系统已经包含了导航需要的大部分功能，用户只需要提供两个信息即可：

① 导航所需要的全局地图，已通过SLAM建图生成；

② 导航的移动终点，需要在程序中设置。

命名完毕后，在IDE的右侧可以开始编写simple_goal.cpp的代码：

```
#include<ros/ros.h>                                  //ros的系统头文件
#include<move_base_msgs/MoveBaseAction.h>   //导航目标结构体
#include<actionlib/client/simple_action_client.h>
Typedefactionlib::SimpleActionClient<move_base_msgs::MoveBaseAction>
MoveBaseClient;                                      //构建客户端类
int main(int argc,char * * argv)
{ros::init(argc,argv,"simple_goal");
//构建客户端调用move_base节点的导航服务
MoveBaseClient ac("move_base",true);
//等待move_base服务启动，等待5 s
while(! ac.waitForServer(ros::Duration(5.0)))
{ ROS_INFO("Waiting for the move_base action server to come up");
   }
```

```
move_base_msgs::MoveBaseGoal goal;              //定义导航的目标点
//这个坐标值是相对平台载体坐标系的,如果map为地理坐标系
goal.target_pose.header.frame_id = "base_footprint";
goal.target_pose.header.stamp = ros::Time::now();
//导航以平台载体坐标系为基础,向X轴(平台正前方)移动1.0 m
goal.target_pose.pose.position.x = 1.0;
//导航的目标姿态是平台面朝X轴的正方向(正前方)
goal.target_pose.pose.orientation.w = 1.0;
ROS_INFO("Sending goal");
ac.sendGoal(goal);     //将导航目标信息传递给导航服务的客户端ac
ac.waitForResult();
if(ac.getState() actionlib::SimpleClientGoalState::SUCCEEDED)
//获取返回状态
    ROS_INFO("Hooray,the base moved 1 meter forward");
else
    ROS_INFO("The base failed to move forward 1 meter for some reason");
return 0;
}
```

代码解析:

(1) 代码的开始部分,先包含三个头文件,第一个是ros的系统头文件,第二个是导航目标结构体move_base_msgs::MoveBaseGoal的定义文件,第三个是actionlib::SimpleActionClient的定义文件。

(2) ROS节点的主体main函数里,首先调用ros::init(argc,argv,"simple_goal");进行该节点的初始化操作,函数的第三个参数是节点名称。

(3) 接下来声明一个MoveBaseClient对象ac,用来调用和主管监控导航功能的服务。

(4) 在请求导航服务前,需要确认导航服务已经开启,这里调用ac.waitForServer()函数来查询导航服务的状态。ros::Duration()是睡眠函数,参数的单位为秒(s),表示睡眠一段时间,则ac.waitForServer(ros::Duration(5.0))的意思就是:休眠5 s,若期间导航服务启动了,则中断睡眠,开始后面的操作。用while循环来嵌套,可以让程序在休眠5 s后,若导航服务未启动,则继续进入下一个5 s睡眠,直到导航服务启动才中断睡眠。

(5) 确认导航服务启动后,声明一个move_base_msgs::MoveBaseGoal类型结构体对象goal,用来传递要导航去的目标信息。

① goal.target_pose.header.frame_id表示这个目标位置的坐标是基于哪个坐标系,例程里赋值“base_footprint”表示这是一个基于平台载体坐标系的导航;

② goal.target_pose.header.stamp赋值当前时间戳;

③ goal.target_pose.pose.position.x赋值1.0,表示本次导航的目的地是以平台载

体坐标系为基础,向 x 轴(平台正前方)移动 1.0 m,goal. target_pose. pose. position 的 y 和 z 都未赋值,则默认是 0;

④ goal. target_pose. pose. orientation. w 赋值 1.0,则导航的目标姿态是机器人面朝 x 轴的正方向(正前方)。

(6) ac. sendGoal(goal)将导航目标信息传递给导航服务的客户端 ac,由 ac 来监控后面的导航过程。

(7) ac. waitForResult()等待 MoveBase 的导航结果,这个函数会保持阻塞,就是卡在这,直到整个导航过程结束,或者导航过程被其他原因中断。

(8) ac. waitForResult()阻塞结束后,调用 ac. getState()获取导航服务的结果,如果是“SUCCEEDED”说明导航顺利到达目的地,若不是这个结果,则说明导航服务由于某些原因被中断了。

Rviz 刚启动时,平台的默认位置是地图的起始点,是建图时平台出发位置。在导航开始时,现实世界中平台很有可能并不在之前建图出发的位置。是否在建图出发位置,可以通过观察 Rviz 中激光雷达数据点和静态障碍物轮廓是否贴合判断。如果现实世界中的机器人位置和 Rviz 中显示的有偏差,需要在导航前先纠正这个偏差,可以用 Rviz 自带绿色箭头拖拽方式实现。即点击 Rviz 界面上方工具栏条里的“2D Pos Estimate”按钮,再单击 Rviz 的地图,现实平台所处的位置,这时会出现一个绿色大箭头,代表平台在初始位置的朝向。此时按住鼠标不放,在屏幕上拖动画圈,可以控制绿色箭头的朝向。在 Rviz 中拖动绿色箭头,选择合适的朝向,松开鼠标再单击,平台模型的位置就会定位到要选择的位置。

rosrun 启动单个 ROS 节点 simple_goal. cpp,可以看到 simple_goal 节点发出导航服务请求的提示“Sending goal”,可以看到一条线条从平台伸向正前方 1 m 的位置(Rviz 上的地面基准栅格每一格表示 1 m 距离),如图 8.41 所示。

图 8.41　平台导航

查看 simple_goal 节点终端，可以看到显示顺利到达导航目的地的欢呼"Hooray，the base moved 1 meter forward"，如图 8.42 所示。

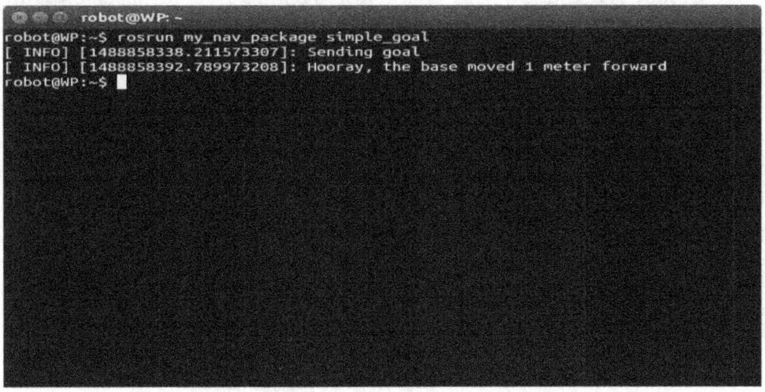

```
robot@WP: ~
robot@WP:~$ rosrun my_nav_package simple_goal
[ INFO] [1488858338.211573307]: Sending goal
[ INFO] [1488858392.789973208]: Hooray, the base moved 1 meter forward
robot@WP:~$
```

图 8.42　导航服务机器人到达目标点提示信息

尝试在代码里给 goal. target_pose. pose. position 的 x 和 y 赋不同的数值，观察平台的导航行为。尝试将 goal. target_pose. header. frame_id 改成其他坐标系（比如"map"），观察平台的导航目的地是否发生变化。

注意，不使用 ROS 的 Navigation 系统仅对平台进行运动控制同样可以实现平台向前移动 1 m 功能，但使用 ROS 的 Navigation 系统平台移动过程可以自主规划路线，运行过程中遇到障碍物就会进行自主避障。本节给出实例，是通过编程方式给出平台导航的目标点，然而基于 Rviz 三维可视化平台界面同样可以直接给出目标点，但平台后台实际计算也是基于给出的目标点，计算 x、y、z 以及 w 与导航目标点的位置关系，最终进行导航。

8.6　物体检测

RGB-D 相机是一种即能感知物体颜色，又能探测到物体距离的复合型传感器。将彩色图像和深度图相结合，将深度图里的障碍点还原到三维空间，再按照彩色图像里对应的像素对深度点进行着色，就能得到一个同时包含空间信息和颜色信息的彩色点云。RGB-D 相机获取的数据，形式上是一幅彩色图像和一个包含距离信息的点阵也就是三维点云。本节基于 RGB-D 相机进行彩色图像数据获取、三维点云数据获取，并基于三维点云数据进行物体检测。

8.6.1　RGB-D 相机彩色图像数据获取

下面通过 RGB-D 相机获取图像，转换成 OpenCV 常用 BGR8 格式，并写入到图片进行显示，其流程如图 8.43 所示。

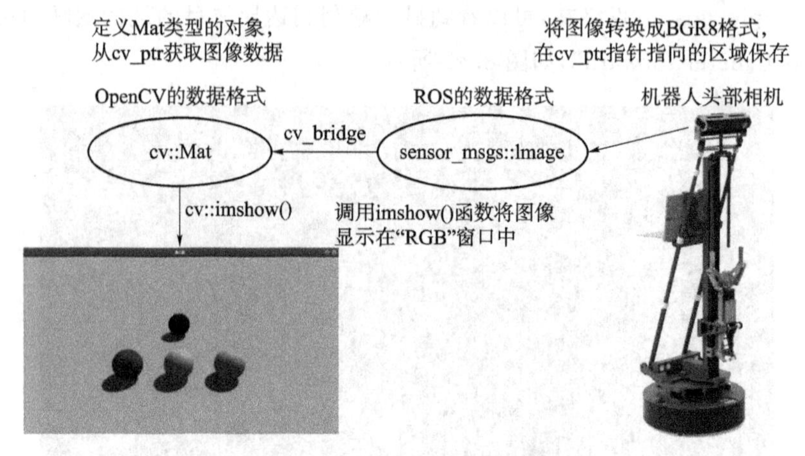

图 8.43　彩色图像获取流程图

OpenCV 中图像读入的数据格式通过 numpy 的 ndarray 数据转换，转为 BGR 格式，取值范围为[0,255]，分为三个维度：

① 第一维度，Height 高度，对应图片的 nRow 行数；

② 第二维度，Width 宽度，对应图片的 nCol 列数；

③ 第三维度，Value 代表 BGR 三通道的值，BGR 分别代表蓝色、绿色和红色像素值，大小[0,255]。

举例：[125,255,3]对应维度信息表示为[图片高度，图片宽度，像素 BGR 值]。

其中 Image 对象的属性为：

① image.shape 返回图像的宽度、长度和通道数，如果是灰度图，返回值仅有行数和列数。

② image.size 返回图像的像素。

③ image.dtype 返回图像的数据类型。

编写 image_node.cpp 的代码，内容如下：

```
#include<ros/ros.h>
#include<cv_bridge/cv_bridge.h>
#include<sensor_msgs/image_encodings.h>
#include<opencv2/imgproc/imgproc.hpp>
#include<opencv2/highgui/highgui.hpp>
bool bCaptrueOneFrame = true;
void callbackRGB(const sensor_msgs::ImageConstPtr& msg)
{   if(bCaptrueOneFrame = = true)
    {   cv_bridge::CvImagePtr cv_ptr;
        /* 将 msg 里的图像数据转换成 OpenCV 格式。此时转换后的 OpenCV 格式
图像数据就存储在 cv_ptr 指向的内存空间里 */
```

```
            cv_ptr = cv_bridge::toCvCopy(msg,sensor_msgs::image_encodings::
BGR8);
            imwrite("/home/robot/1.jpg",cv_ptr->image);
            ROS_WARN("captrue image");
            bCaptrueOneFrame = false;
        }
    }
    int main(int argc,char * * argv)
    {   ros::init(argc,argv,"image_node");
        ROS_WARN("image_node start");
        ros::NodeHandle nh;
        ros::Subscriber rgb_sub = nh.subscribe("/kinect2/hd/image_color",1,
callbackRGB);
        ros::spin();
        return 0;
    }
```

代码解析:

(1) 在主函数 main()中,定义一个 ros::NodeHandle 节点句柄 nh,并使用这个句柄向 ROS 核心节点订阅 Topic 话题"/kinect2/hd/image_color"的数据,回调函数设置为 callbackRGB()。"/kinect2/hd/image_color"是 Kinect2 的 ROS 节点发布彩色数据的话题名,Kinect2 采集到的彩色图像会以 ROS 图像数据包格式发送到这个话题里,节点 image_node 只需要订阅它就能收到 Kinect2 采集到的图像数据。

(2) 定义一个回调函数 voidcallbackRGB(),用来处理彩色图像数据。ROS 每接收到一帧彩色图像,就会自动调用一次回调函数。彩色图像数据会以参数的形式传递到这个回调函数里。

(3) 回调函数 voidcallbackRGB()参数 msg 是 sensor_msgs::Image 格式指针,指向的内存区域就是存放彩色图像的内存空间。在实际开发中,通常不会直接使用这个格式的图像,而是将其转换成 OpenCV 格式,这样可以使用丰富的 OpenCV 函数来处理彩色图像。

(4) 在回调函数 void callbackRGB()中,先判断一下 bCaptrueOneFrame 的值,如果是 true 就进行图像保存操作,同时将 bCaptrueOneFrame 赋值为 false,这样图像就只保存一次,下一次调用回调函数时,就会因为 bCaptrueOneFrame 的值为 false 而直接跳过保存图像的操作。

(5) 要保存图像数据,得先把它转换成 OpenCV 格式,定义一个 cv_bridge::CvImagePtr 的指针 cv_ptr,调用 cv_bridge::toCvCopy 将 msg 里的图像数据转换成 OpenCV 格式。此时转换后的 OpenCV 格式图像数据就存储在 cv_ptr 指向的内存空间里，名字为 cv_ptr—>image 格式为 cv::Mat。可以调用 imwrite()函数将这个图像保存成文件，放置在 Ubuntu 的主文件夹里，文件名为“1.jpg”。注意"/home/robot/1.jpg"里的 robot 为 Ubuntu 的当前用户名，如果用户名不是“Robot”，需要改成实际的用户名，注意字母全小写。完成图像操作后，调用函数 ROS_WARN()在终端程序里显示保存信息“captrue image”。

8.6.2 RGB－D 相机三维点云数据获取

输出的三维点云，可以用于对环境里的物体进行检测，通常使用 PCL 的平面检测算法，可以将桌面上的物体标注出来，并算出其三维坐标。

PCL(Point Cloud Library)是在吸收前人点云相关研究基础上建立起来的大型跨平台开源 C＋＋编程库，实现了大量点云相关的通用算法和高效数据结构，涉及点云获取、滤波、分割、配准、检索、特征提取、识别、追踪、曲面重建、可视化等。支持多种操作系统平台，可在 Windows、Linux、Android 等系统中运行。为了进一步简化和开发，PCL 被分成一系列较小的代码库，使其模块化，以便能够单独编译使用提高可配置性，特别适用于嵌入式处理中。

编写的点云数据获取代码，内容如下：

```
#include<ros/ros.h>
#include<sensor_msgs/PointCloud2.h>
#include<pcl_ros/point_cloud.h>
void callbackPC(const sensor_msgs::PointCloud2ConstPtr& msg)
{   pcl::PointCloud<pcl::PointXYZ>pointCloudIn;
    pcl::fromROSMsg( *msg,pointCloudIn);
    int cloudSize = pointCloudIn.points.size();
    for(int i = 0;i<cloudSize;i + +)
    {           ROS_INFO("[i = %d] ( %.2f, %.2f, %.2f)",i,
                pointCloudIn.points[i].x,
                pointCloudIn.points[i].y,
                pointCloudIn.points[i].z);
    }
}
int main(int argc,char * *argv)
{   ros::init(argc,argv,"pc_node");
    ROS_WARN("pc_node start");
    ros::NodeHandle nh;
    ros::Subscriber pc_sub = nh.subscribe("/kinect2/sd/points",1,callbackPC);
    ros::spin();
```

```
    return 0;
}
```

代码解析：

(1) 在主函数 main()中，调用 ros::init()，对这个节点进行初始化。定义一个 ros::NodeHandle 节点句柄 nh，并使用这个句柄向 ROS 核心节点订阅 Topic 话题"/kinect2/sd/points"的数据，回调函数为 callbackPC()。"/kinect2/sd/points"是 Kinect2 的 ROS 节点发布三维点云的话题名，Kinect2 采集到的三维点云会以 ROS 图像数据包格式发送到这个话题里，节点 pc_node 只需要订阅它就能收到 Kinect2 采集到的三维点云。

(2) 调用 ros::spin()对 main()函数进行阻塞，保持这个节点程序不会结束退出。

(3) 定义回调函数 voidcallbackPC()，用来处理三维点云数据。ROS 每接收到一帧深度图像，就会转换成三维点云，自动调用一次这个回调函数。三维点云数据会以参数的形式传递到这个回调函数里。

(4) voidcallbackPC()参数 msg 是 sensor_msgs::PointCloud2 格式指针，其指向的内存区域就是存放三维点云的内存空间。在实际开发中，通常不会直接使用这个格式的点云，而是将其转换成 PCL 的点云格式，这样就可以使用丰富的 PCL 函数来处理点云数据。

(5) 在回调函数 void callbackPC()中，定义一个 pcl::PointXYZ 格式的点云容器 pointCloudIn，调用 pcl::fromROSMsg()函数将参数里的 ROS 格式点云数据转换成 PCL 格式的点云数据，存放在容器 pointCloudIn 里。

(6) 获取转换后的点云数组 pointCloudIn. points 的三维点数量，存储在一个变量 cloudSize 里。使用一个 for 循环，把 pointCloudIn. points 里所有点的 x、y 和 z 三个值，通过 ROS_INFO()显示在终端程序里。通常来说，pointCloudIn. points 里的原始坐标值不会直接拿来使用，而是需要转换到平台载体坐标系后，再用 PCL 点云库的函数来进行处理。

按照程序逻辑，会从 Kinect2 的三维点云话题"/kinect2/sd/points"不断获取点云数据包，并把 ROS 格式的三维点云转换成 PCL 格式，然后把所有点的 x、y、z 坐标值显示在终端程序里，如图 8.44 所示。

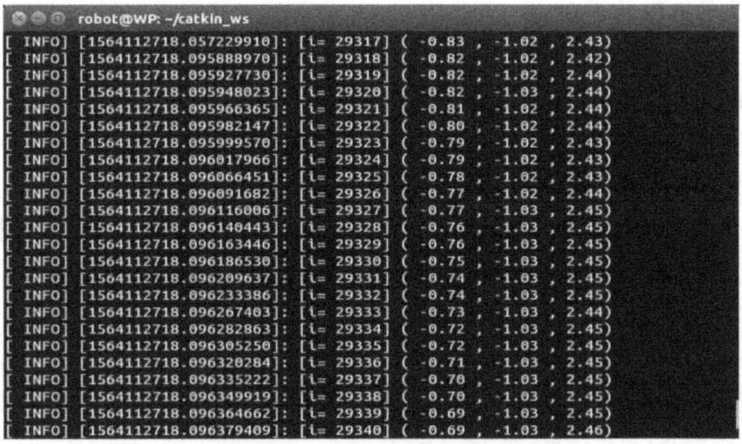

```
robot@WP: ~/catkin_ws
[ INFO] [1564112718.057229910]: [i= 29317] ( -0.83 , -1.02 , 2.43)
[ INFO] [1564112718.095888970]: [i= 29318] ( -0.82 , -1.02 , 2.42)
[ INFO] [1564112718.095927730]: [i= 29319] ( -0.82 , -1.02 , 2.44)
[ INFO] [1564112718.095948023]: [i= 29320] ( -0.82 , -1.03 , 2.44)
[ INFO] [1564112718.095966365]: [i= 29321] ( -0.81 , -1.02 , 2.44)
[ INFO] [1564112718.095982147]: [i= 29322] ( -0.80 , -1.02 , 2.44)
[ INFO] [1564112718.095999570]: [i= 29323] ( -0.79 , -1.02 , 2.43)
[ INFO] [1564112718.096017966]: [i= 29324] ( -0.79 , -1.02 , 2.43)
[ INFO] [1564112718.096066451]: [i= 29325] ( -0.78 , -1.02 , 2.43)
[ INFO] [1564112718.096091682]: [i= 29326] ( -0.77 , -1.02 , 2.44)
[ INFO] [1564112718.096116006]: [i= 29327] ( -0.77 , -1.03 , 2.45)
[ INFO] [1564112718.096140443]: [i= 29328] ( -0.76 , -1.03 , 2.45)
[ INFO] [1564112718.096163446]: [i= 29329] ( -0.76 , -1.03 , 2.45)
[ INFO] [1564112718.096186530]: [i= 29330] ( -0.75 , -1.03 , 2.45)
[ INFO] [1564112718.096209637]: [i= 29331] ( -0.74 , -1.03 , 2.45)
[ INFO] [1564112718.096233386]: [i= 29332] ( -0.74 , -1.03 , 2.45)
[ INFO] [1564112718.096267403]: [i= 29333] ( -0.73 , -1.03 , 2.44)
[ INFO] [1564112718.096282863]: [i= 29334] ( -0.72 , -1.03 , 2.45)
[ INFO] [1564112718.096305250]: [i= 29335] ( -0.72 , -1.03 , 2.45)
[ INFO] [1564112718.096320284]: [i= 29336] ( -0.71 , -1.03 , 2.45)
[ INFO] [1564112718.096335222]: [i= 29337] ( -0.70 , -1.03 , 2.45)
[ INFO] [1564112718.096349919]: [i= 29338] ( -0.70 , -1.03 , 2.45)
[ INFO] [1564112718.096364662]: [i= 29339] ( -0.69 , -1.03 , 2.45)
[ INFO] [1564112718.096379409]: [i= 29340] ( -0.69 , -1.03 , 2.46)
```

图 8.44 三维数据显示界面

以上实现现象为：终端里显示“pc_node start”提示 pc_node 启动成功，然后会不停地刷新显示点云所有点位的坐标值。

8.6.3 基于三维点云的物体识别

本节主要应用 PCL(Point Cloud Library)的 libpcl segmentation 部分，实现聚类提取，如通过采样一致性方法对一系列参数模型（如平面、柱面、球面、直线等）进行模型拟合点云分割提取，提取多边形棱镜内部点云等。

基于 Kinect2 的三维点云的程序编写方式方法为

(1) 程序 main 函数中，对 Kinect2 的三维点云主题“/kinect2/sd/points”进行了订阅，设计处理点云的回调函数，用于获取节点数据的输入。物品检测结果的输出，是通过发布对象发布到主题中，后续将会从这个主题中获取物品检测的结果。另外，还可以发布以下主题：

① 向外发布一个用于在 Rviz 中标注物品的空间位置的主题；

② 向外发布一个用于在 Rviz 中显示检测平面的点云集合的主题；

③ 向外发布一个用于在 Rviz 中显示检测物品的点云集合的主题。

(2) 设计 Kinect2 的三维点云数据流的回调函数，Kinect2 每生成一帧点云就会调用一次这个函数。

① 回调函数的参数获取刚生成的三维点云数组；

② 创建一个 tf 用来进行点云三维坐标转换；

③ 获取的点云坐标值是相对于 Kinect2 坐标系的，为了处理方便，程序里用 tf 转换器将全部点云坐标转换到“base_footprint”平台载体坐标系下，也就是以平台在地面投影中心为原点的坐标系；

④ 为了更好地操作点云，程序里将输入进来的 ROS 格式数据 input 转换到了 PCL 格式数据 cloud_src；

⑤ 使用 PCL 分割对象 segmentation 将原始点云中的水平平面检测出来，平面的标号存储在定义的数组里；

⑥ 通过 while 循环，只要未处理的点云多于 30％就继续检测平面，遍历这些平面，找出其高度(plane_height)符合要求的平面；

⑦ 将识别出来的高度平面从点云中剔除，并将平面上方的 0.05～0.3 m 的点云分离出来作为待处理的物品点云集合；

⑧ 在分离出来的物品点云集合中进行 Kd-Tree 近邻搜索查找，将互相分离的点云团簇分割出来，每个团簇认为是一个物品；

⑨ 对分割出来的每个物品进行体积统计，调用 DrawBox()绘制其外接矩形，如图 8.45 所示。

以上为本节程序涉及的逻辑流程，具体三维点云物体识别程序可参考本书所附电子参考资料的 wpb_home_objects_3d.cpp。

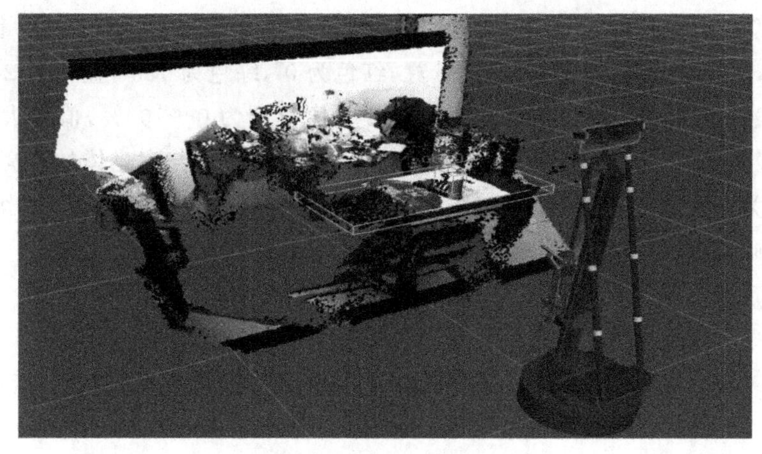

图8.45 物品标号显示图

8.7 目标识别与跟随

本节基于RGB-D相机获取图像，通过阈值二值化方式对目标进行分割、提取和定位，并假定平台跟上目标后目标位于视野中心，计算视野中心坐标和目标物当前坐标的差值，使平台根据差值大小对目标进行跟随。

8.7.1 目标分割提取和目标定位

对相机获取的视觉图像进行颜色空间转换，从RGB空间转换到HSV空间，排除光照影响；对转换后的图像进行二值化处理，将目标物体分割提取出来；对提取到的目标像素进行计算统计，得出目标物的质心坐标。HSV颜色模型如图8.46所示。

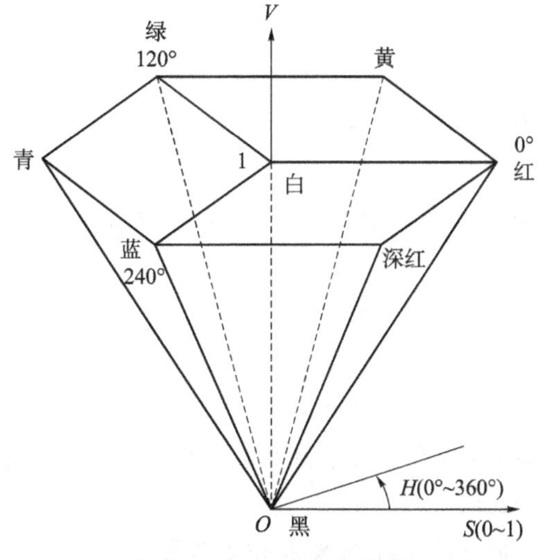

图8.46 HSV颜色模型

HSV 模型是按色调、饱和度、明暗来描述的。H 值代表色调，用角度度量，取值范围为 0°～360°，从红色开始按逆时针方向计算，红色为 0°，绿色为 120°，蓝色为 240°；S 值代表饱和度，表示颜色接近光谱色的程度。通常取值范围为 0～100%，值越大，颜色越饱和；V 值代表亮度，表示颜色明亮的程度，对于光源色，明度值与发光体的光亮度有关，通常取值范围为 0(黑)～100%(白)。HSV 空间中三个指标相互独立，能够非常直观的表达色彩的明暗、色调以及鲜艳程度，方便进行颜色之间的对比和分割识别。

具体实现方法为

(1) 将图像转换成 BGR8 格式，在指针指向的区域保存；

(2) 定义 Mat 类型的对象，即图像的高度、宽度和通道数等信息，通过指针获取图像数据；

(3) 将 RGB 图片转换成 HSV 图像，即色度、饱和度和亮度信息；

(4) 在 HSV 空间做直方图均衡化，即图像增强，提高对比度；

(5) 基于阈值范围设定，对图像进行二值化，阈值内像素值设为白色(255)，不在阈值内，设为黑色(0)，通过 imgThresholded 保存二值化图像；

(6) 遍历二值化后的图像数据，即所有像素值为 255 的点(白色点)坐标值累加，再除以白色点的个数，即为白色区域坐标值；

(7) 白色区域坐标用十字线画出。

编写代码，其内容如下：

```
static int iLowH = 10;     //定义色度范围最低值(这个范围为橙色)
static int iHighH = 40;    //定义色度范围最高值
static int iLowS = 90;     //定义饱和度范围最低值
static int iHighS = 255;   //定义饱和度范围最高值
static int iLowV = 1;      //定义亮度范围最低值
static int iHighV = 255;   //定义亮度范围最高值

void Cam_RGB_Callback(const sensor_msgs::ImageConstPtr& msg)
{cv_bridge::CvImagePtr cv_ptr;
try
{cv_ptr = cv_bridge::toCvCopy(msg,sensor_msgs::image_encodings::BGR8);
}
Mat imgOriginal = cv_ptr->image;
//将 RGB 图片转换成 HSV
Mat imgHSV;        //声明一个 Mat 对象,用来装载转换成 HSV 后的图像数据
//构建一个 Mat 类型数组,后面用于做 HSV 三个颜色通道的分离
vector<Mat>hsvSplit;
//将 RGB 彩色图像 imgOriginal 转换成 HSV 图像 imgHSV
```

```
cvtColor(imgOriginal,imgHSV,COLOR_BGR2HSV);
//在 HSV 空间做直方图均衡化
split(imgHSV,hsvSplit); /* 对 imgHSV 进行 HSV 三个通道的颜色分离。分离后,
hsvSplit[0]仅包含 H 分量;hsvSplit[1]仅包含 S 分量;hsvSplit[2]仅包含 V 分量 */
//对 hsvSplit 的 V 分量进行直方图均衡化,避免相机过曝或者过暗的影响
equalizeHist(hsvSplit[2],hsvSplit[2]);
merge(hsvSplit,imgHSV);        //将分离的 HSV 三个通道再合并回图像 imgHSV
Mat imgThresholded;        //声明一个 Mat 对象,用来装二值化处理后的图像数据
//使用上面的 Hue、Saturation 和 Value 的阈值范围对图像进行二值化
/* imgHSV 为需要打开的 HSV 图片,Scalar 为确定二值化取值范围,imgThresholded
为二值化后图片。二值化处理完成后,图像 imgThresholded 里所有像素点只有两个值:
0,表示该像素点不符合阈值,显示为黑色;255,表示该像素符合阈值,显示为白色 */
inRange(imgHSV, Scalar(iLowH, iLowS, iLowV), Scalar(iHighH, iHighS, iHighV),
imgThresholded);
//开操作 (去除一些噪点)
Mat element = getStructuringElement(MORPH_RECT,Size(5,5));
morphologyEx(imgThresholded,imgThresholded,MORPH_OPEN,element);
//闭操作 (连接一些连通域)
morphologyEx(imgThresholded,imgThresholded,MORPH_CLOSE,element);
/* 遍历二值化后的图像数据 imgThresholded,对其中符合阈值条件的 255 白色像素
点坐标进行统计,计算 255 白色区域的中心坐标(255 白色像素的意义见上面的二值化函
数注释)。 */
int nTargetX = 0;
int nTargetY = 0;
int nPixCount = 0;
//图像的长宽和通道数
int nImgWidth = imgThresholded.cols;
int nImgHeight = imgThresholded.rows;
int nImgChannels = imgThresholded.channels();
/* 所有像素值为 255 的点(白色点)坐标值累加,再除以白色点的个数,即为白色区
域坐标值 */
for (int y = 0; y<nImgHeight; y++)
{  for(int x = 0; x<nImgWidth; x++)
/* 当遍历到 255 白色像素点时,将它的 x,y 坐标累加到临时变量里,后面会进行统
一计算。 */
    {  if(imgThresholded.data[y * nImgWidth + x] == 255)
```

```
            {  nTargetX + = x; //白色像素点的横坐标累加
               nTargetY + = y; //白色像素点的纵坐标累加
               nPixCount + + ;}//白色像素点的个数累加
        }
    }
    /* 如果白色像素点的个数大于 0,说明画面里有目标物出现,才进行中心坐标计算。否则没有目标物,跳过中心坐标计算 */
    if(nPixCount>0)
    {   /* 前面累加的所有白色像素横竖坐标值除以白色像素的个数,就是白色区域的中心坐标值(也称为质心坐标) */
        nTargetX / = nPixCount;
        nTargetY / = nPixCount;
        printf("颜色质心坐标( %d, %d = %d\n",nTargetX,nTargetY,nPixCount);
        /* 下面的操作是在最初的彩色图像 imgOriginal 上画出目标物中心坐标,画的是一个蓝色十字标记 */
        Point line_begin = Point(nTargetX - 10,nTargetY);
        Point line_end = Point(nTargetX + 10,nTargetY);
        line(imgOriginal,line_begin,line_end,Scalar(255,0,0),2);
        line_begin. x = nTargetX; line_begin. y = nTargetY - 10;
        line_end. x = nTargetX; line_end. y = nTargetY + 10;
        line(imgOriginal,line_begin,line_end,Scalar(255,0,0),2);
        }else
        {printf("目标颜色消失...\n");  }
        //分三个图像显示每一步的处理结果
        imshow("RGB",imgOriginal); //显示处理结果
        imshow("Result",imgThresholded);
        cv::waitKey(5);//延时 5 毫秒
    }
```

以上程序进行了具体注释,下面对关键环节再次进行解释:

(1) 定义一个回调函数 Cam_RGB_Callback,用来处理视频流的单帧图像。其参数 msg 为 ROS 里携带图像数据的结构体,平台每采集到一帧新的图像就会自动调用这个函数。

(2) 在 Cam_RGB_Callback 回调函数内部,使用 cv_bridge 的 toCvCopy 函数将 msg 里的图像转换编码成 BGR8 格式,并保存在 cv_ptr 指针指向的内存区域。

(3) 将 cv_ptr 指针指向的图像数据复制到 imgOriginal,使用 cvtColor 将其色彩空间转换成 HSV,然后进行直方图均衡化,再用设定的阈值进行像素二值化,设定二值化函

数为 inRange()。二值化的目的是将图像中目标物(比如橘色的球)的像素标记出来以便计算位置坐标,二值化结果就是后面会看到的黑白图像,黑的为 0,白色为 1,其中白色区域就是目标物占据的像素空间。

(4) 二值化后使用开操作(腐蚀)去除离散噪点,再闭操作(膨胀)将前一步操作破坏的大连通域再次连接起来。

(5) 最后遍历二值化图像的所有像素,计算出橘色像素的坐标平均值,即为该颜色物体的质心。对于圆形这样中心对称的形状物体,可以认为质心坐标就是目标物的中心坐标。这里调用了 OpenCV 的 line()函数,在 RGB 彩色图像目标物的质心坐标处,绘制一个十字标记。

(6) 在 Cam_RGB_Callback 回调函数的末尾,使用 imshow 将原始的彩色图像和最后二值化处理过的图像显示出来。绘制的物体质心坐标彩色图像显示在一个标题为"RGB"的窗口中,二值化后的黑白图像显示在一个标题为"Result"的窗口中。最后调用一个 cv::waitKey(5)延时 5 ms,让上面的两个图像能够刷新显示。

本节应用的是仿真程序,RGB-D 相机可以看到四个颜色球的图像。运行相应节点,可以看到"RGB"窗体程序,显示 RGB-D 相机所看到的四个颜色球的图像(十字标识为橙色球,十字标识左边为红色球,十字标识右边为绿色球,十字标识上面为蓝色球),如图 8.47所示。

图 8.47 RGB-D 相机所看到的四个颜色球的图像

"Result"窗体程序,里面显示的是转换颜色空间并二值化后的结果。白色的部分是检测到目标物的像素区域,黑色的部分是被剔除掉的非目标物的像素区域,如图 8.48 所示。

切换到运行 cv_hsv_node 节点的终端窗口,可以看到检测到的目标物的中心坐标值,如图 8.49 所示。

这里平台头部使用的相机是 Kinect2,它的 QHD 图像分辨率是 960×540。颜色质心的坐标原点在图像的左上角,对照前面"RGB"彩色中绘出的目标位置(十字标记),可以看到最后计算的目标物质心坐标和图像显示结果大致相同。

图 8.48 RGB-D 二值化后的结果

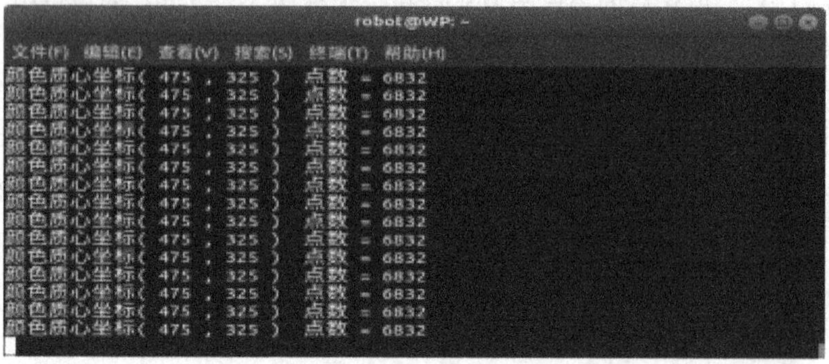

```
robot@WP: ~
文件(F) 编辑(E) 查看(V) 搜索(S) 终端(T) 帮助(H)
颜色质心坐标( 475 , 325 ) 点数 = 6832
颜色质心坐标( 475 , 325 ) 点数 = 6832
颜色质心坐标( 475 , 325 ) 点数 = 6832
颜色质心坐标( 475 , 325 ) 点数 = 6832
颜色质心坐标( 475 , 325 ) 点数 = 6832
颜色质心坐标( 475 , 325 ) 点数 = 6832
颜色质心坐标( 475 , 325 ) 点数 = 6832
颜色质心坐标( 475 , 325 ) 点数 = 6832
颜色质心坐标( 475 , 325 ) 点数 = 6832
颜色质心坐标( 475 , 325 ) 点数 = 6832
颜色质心坐标( 475 , 325 ) 点数 = 6832
颜色质心坐标( 475 , 325 ) 点数 = 6832
颜色质心坐标( 475 , 325 ) 点数 = 6832
颜色质心坐标( 475 , 325 ) 点数 = 6832
颜色质心坐标( 475 , 325 ) 点数 = 6832
```

图 8.49 检测到的目标物的中心坐标值

8.7.2 目标跟随

在上一节中已经阐述了目标分割提取和目标定位的方法，本节在目标已有定位基础上，实现平台跟随运动。方式为假定平台跟上目标时，目标位于视野中心，计算视野中心坐标和目标物当前坐标的误差值，让平台根据误差值大小进行跟随运动。

具体为在上述程序基础上，增加平台运动程序：

```
//计算机器人运动速度
  float fVelFoward = (nImgHeight/2 - nTargetY) * 0.002;   //差值×比例
  float fVelTurn = (nImgWidth/2 - nTargetX) * 0.003;      //差值×比例
  vel_cmd.linear.x = fVelFoward;
  vel_cmd.linear.y = 0;
  vel_cmd.linear.z = 0;
  vel_cmd.angular.x = 0;
  vel_cmd.angular.y = 0;
  vel_cmd.angular.z = fVelTurn;
```

程序解析：得到目标物中心坐标后，计算平台跟随运动的速度值。这里假定平台跟上目标时，目标物位于平台视野图像的正中心，也就是横坐标为 nImgWidth/2，纵坐标为 nImgHeight/2。用目标物当前坐标值去减视野中心的坐标值，得到一组误差值，将这组误差值乘上比例系数，作为速度值输出给平台，就可以控制平台运动，让目标物逐步趋近平台视野中心坐标，以此达到跟随目标的效果。在本例程序中，把纵坐标差值乘以一个系数 0.002 作为平台前后移动的速度值，把横坐标差值乘以一个系数 0.003 作为平台的旋转速度值。最终依托前期 main 函数的主题"/cmd_vel"发布，将平台速度值发送到主题"/cmd_vel"中，平台的核心节点会从这个主题获取速度值，驱动平台进行运动。

8.8　多无人平台协同编队

在前面节次中已经探讨了基于激光雷达的测距避障、SLAM 建图和自主导航方法，本节在前面已有知识基础上，探讨多无人平台协同编队方法，首先对多无人平台进行建模，应用 ROS 自带的消息传递机制，获取其余平台的位置信息，编队环节采用领航跟随和虚拟结构法，避障环节采用 ROS 插件所包含的人工势场法，建图环节直接调用 ROS 自带的 Hector SLAM 算法，导航环节采用 ROS 的 navigation 系统，由于部分算法程序较长，本节仅对实现流程进行介绍，给出实现效果。

8.8.1　无人平台协同编队控制方案

无人平台编队由后台计算机确定编队队形，常见队形有三角形、线性、柱形编队等。在编队过程中，每个无人平台初始化后均需按照分配的编队队形位置移动，各自独立地到达编队对应位置，运行时相互通信不断调整保持编队队形，并且每个无人平台对自己行为进行规划，以防止发生冲突与碰撞。在队形形成和保持的过程中，需要对全局信息进行掌握，需要形成信息共享全局坐标系，多个无人平台共享全局信息。多地面无人平台常用的编队方法，主要包括：基于行为法、领航－跟随法、虚拟结构法等。本节基于主流领航－跟随法和虚拟结构法实现基本编队控制。

（1）领航－跟随法编队控制思想：在多地面无人平台中选出领航者处于领导地位，而其他地面无人平台作为跟随者，与领航者保持固定的距离和角度，基于领航跟随运动，来实现多地面无人平台的编队效果。领航－跟随法一般用于多地面无人平台编队的反馈控制中，将队形控制问题变化为跟随者追踪领导者位置和方向的问题，可运用控制理论来分析跟踪误差的收敛性。领航－跟随法的优势在于控制方式简单，只需通过设定领航地面无人平台的行驶目标位置，就能够保证整个多地面无人平台的编队路径，而跟随地面无人平台仅通过获取领航地面无人平台的位置信息并进行跟随逼近即可。

（2）虚拟结构法编队控制思想：无人平台之间保持一种刚性结构。设定虚拟无人平台，以虚拟无人平台的位置坐标作为跟随无人平台的期望跟随目标，虽然在编队运动中，所有无人平台在全局坐标上的参数不断变化，但在局域坐标上，刚性结构的编队队形坐标保持不变，以达到相对跟随目标位置不变的目的，从而形成编队。该方法的优点是控制简单，可轻易地控制多个无人平台的编队，结合误差反馈机制，能够实现编队误差较小的轨迹跟踪控制。

所以，由领航者决定编队的整体前进轨迹，而编队的队形采用虚拟结构法，使无人平台的编队控制问题转换为跟随者对其虚拟无人平台的轨迹跟踪问题。只需设计合适的控制律，实现系统全局调节跟踪，使误差逐步收敛，在编队稳定时，将编队距离误差控制在一定范围内，实现对多个无人平台的精准编队控制。无人平台编队控制方案如图 8.50 所示。

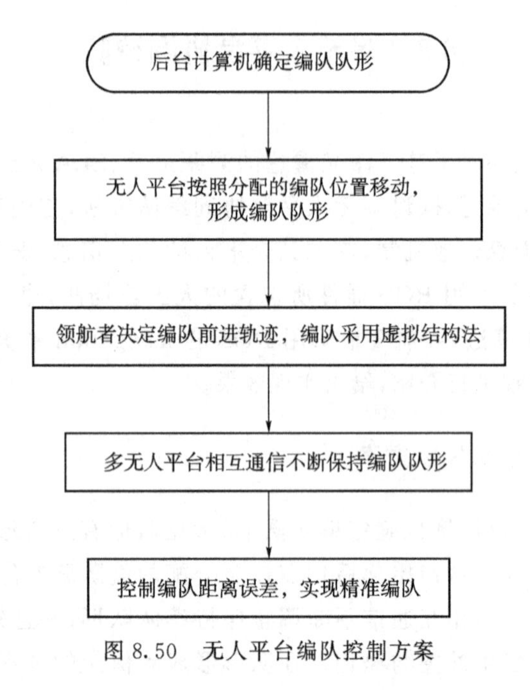

图 8.50　无人平台编队控制方案

8.8.2　障碍物环境多无人平台避障技术

要真正实现多地面无人平台的编队控制，必须保证编队过程中各地面无人平台能躲避障碍物并且不能发生相互碰撞，需要采用防避碰机制。防避碰机制可以通过在多个无人平台中设定吸引力和排斥力的规则，有效地保证多个无人平台在遇见障碍物之前与通过障碍物之后保持设定的编队结构形式向目标前进。当无人平台间的距离未达到设定的最小距离时，无人平台间表现为排斥力的作用；当无人平台间的距离超过设定的最大距离时，无人平台间表现为引力的作用。在实现过程中，需要结合避障物和目标位置确定无人平台速度和方向。

本节优选人工势场法，结合上述遇障碍物时无人平台防避碰、避障方法，定义无人平台间以及无人平台和障碍物间的安全距离，根据安全距离确定来自障碍物产生的斥力，计算无人平台与行驶目标产生的引力,得到无人平台所受合力的方向与大小,根据合力大小和方向控制无人平台下一时刻的行驶速度大小和方向,实现无人平台的避障行为。

具体为:假设两个地面无人平台之间的距离为 d,基于势场,它们之间的斥力为 $\boldsymbol{F}_{ij}$,两个地面无人平台不发生碰撞的安全距离为 d_{safe},$\boldsymbol{F}_{ij}$ 只在地面无人平台之间距离小于 d_{safe}时才起作用,表示为

$$|\boldsymbol{F}_{ij}|=\begin{cases}0 & d\geqslant d_{\text{safe}}\\ \dfrac{k}{d+c} & d<d_{\text{safe}}\end{cases}\quad k,c\in R,i\neq j \tag{8.9}$$

式中,k 是作用的强度,c 是常数,为了防止产生的作用力过大,避免无人平台在势场作用范围 d_{safe}外,执行一步后相碰,d_{safe}的大小规定为两倍最大步长。定义 $\boldsymbol{F}_i$ 为地面无人平台 i 受到的合力,表示为

$$\boldsymbol{F}_i=\sum_{j=1}^{n}\boldsymbol{F}_{ij} \tag{8.10}$$

式中,n 为地面无人平台的数量,取 $\boldsymbol{F}_i$ 的方向作为地面无人平台 i 的运动方向,合力向量仅改变了运动方向,记为 θ_t,基于势场的避碰行为实现步骤如下:

① 利用共享的位置信息计算与其他无人平台之间的距离是否小于 d_{safe};

② 依次计算出距离小于 d_{safe}的向量 $\boldsymbol{F}_{ij}$ 大小和方向;

③ 依次将 $\boldsymbol{F}_{ij}$ 向量与自身 $\boldsymbol{F}_{ii}$(目标对其引力)相加求和 $\boldsymbol{F}_i$;

④ 将 $\boldsymbol{F}_i$ 的方向作为多地面无人平台的 θ_t;

⑤ 修正原行为输出。

对于多地面无人平台而言,在真实环境中,地面无人平台的速度大小都是有限的,在仿真环境下,无人平台的速度大小通常不受限制,这就与实际研究产生矛盾。所以,在多地面无人平台的编队与避障控制研究中,速度调节是必不可少的。以下对速度调节进行分析与设计,实现编队模式与避障避碰模式下速度的切换控制。

当多地面无人平台在行驶的过程中,若领航无人平台没有进入到障碍物影响范围,则领航无人平台保持最快速度 $v_{\max}$向目标位置行驶,若进入到障碍物影响范围,需通过下面方式进行调节。

在多地面无人平台运行中,领航平台的速度 v_i 可以按照式(8.11)进行调节:

$$v_i=\delta_0 g_0(v_i)+\delta_i g_1(v_{\max})=-a_0 v_i\delta_0+\delta_i g_1(v_{\max}) \tag{8.11}$$

式中,a_0 表示总势场参数,与无人平台的总势场大小成正比,$g_1(v_{\max})$为领航者设定的最大速度状态,δ_0 和 δ_i 表示两个相加为1的变参数,当领航者进入障碍物的影响范围时,$\delta_0=1$ 和 $\delta_i=0$,即领航者进入避障模式,反之领航者为编队模式。

在多无人平台运行中,跟随平台的速度 v_j 可以按照式(8.12)表达式进行调节:

$$v_j=\delta_0 g_0(v_j)+\delta_j g_f(v_j)=-a_0 v_j\delta_0+\delta_j g_f(v_j) \tag{8.12}$$

式中,a_0 表示总势场参数,$g_f(v_j)$为跟随平台速度控制,δ_0 和 δ_i 表示两个相加为1的变参数,当跟随平台进入障碍物的影响范围时,$\delta_0=1$ 和 $\delta_j=0$,即跟随平台进入避障模式,反之跟随平台为编队协同模式。

在上述过程中，当领航平台或跟随平台处于避障模式时，设置速度限制，若它们速度大于 $v_{\max}$，则保持 $v_i=v_{\max}$ 或 $v_j=v_{\max}$。

8.8.3 仿真试验验证

基于 ROS 系统，对 ROS 平台仿真建模，基于 Gazebo 仿真环境对上述方法进行编队验证，编队效果如图 8.51 所示。

图 8.51　无人平台编队

遇到障碍物时候，能够避障，仿真效果如图 8.52 所示。

图 8.52　跟随者遇到障碍物避障

避障后重新回到编队模式，如图 8.53 所示。

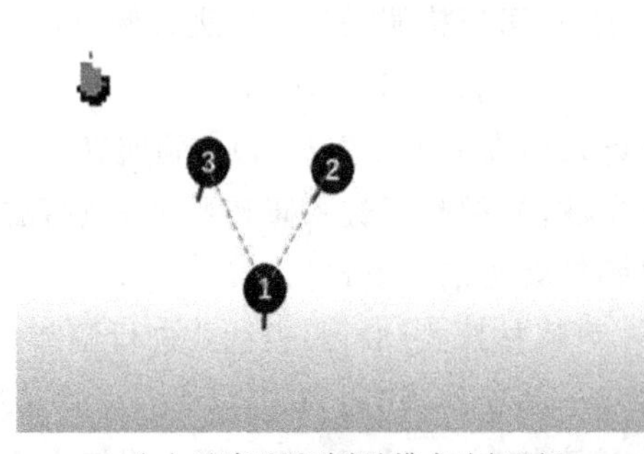

(a) 避障后回到编队模式对应坐标

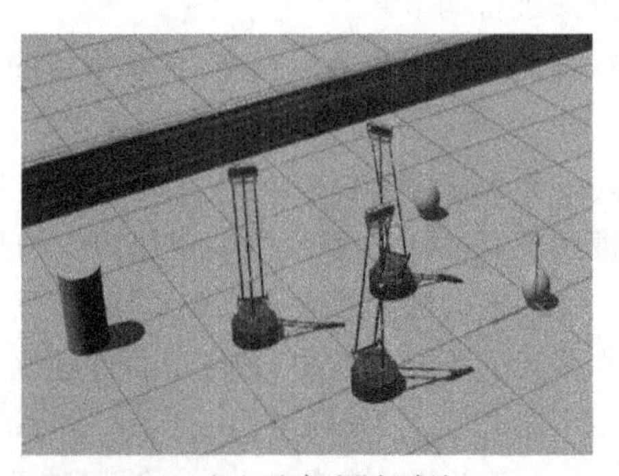

(b) 避障后重新编队

图 8.53　避障后回到编队模式仿真效果

思考题

1. 阐述基于激光雷达的基本测距避障方法。
2. 阐述基于ROS的navigation系统的使用方法。
3. 怎样基于RGB-D相机获取三维点云,并进行物体检测?
4. 阐述基于阈值的目标识别方法。
5. 阐述多无人平台的基本编队方法。

第4篇
地面无人平台应用

第9章 足球机器人

RoboCup原意为Robot World Cup(机器人世界杯),1997年正式成立,总部设在日本东京,是一个国际性的研究和教育组织。RoboCup的初衷是通过机器人足球比赛,为人工智能和智能机器人的研究成果交流提供一个具有标志性和挑战性的公共测试平台,促进相关领域研究的发展。RoboCup远景目标是到2050年,能够建立一支全自主的类人型机器人足球队,战胜那时的人类足球世界杯冠军队。

RoboCup足球赛分为5个组,分别是仿真组(Simulation League)、小型组(Small Size League)、中型组(Middle Size League)、人型组(Humanoid League)、标准平台组(Standard Platform League)、家庭服务组(Home League)。目前RoboCup各项赛事中,RoboCup中型组比赛环境、规则以及比赛对抗的激烈程度都是最接近人类比赛的,例如使用5号足球,球门使用与人类比赛类似的球网,比赛规则直接修改为FIFA足球比赛规则等。每年的RoboCup世界杯比赛结束后,RoboCup会组织人类足球队与中型组足球机器人世界冠军开展一场人和机器人之间的对抗赛,以验证目前机器人技术发展水平与RoboCup最终目标的接近程度。

9.1 RoboCup中型组机器人概述

RoboCup中型组足球场地尺寸为18 m×12 m,场地由绿色地毯和白色边界线等组成,机器人直径小于50 cm,机器人可以使用无线网络来交流,比赛旨在提高机器人的自主、合作和认知水平。1997年,中型组机器人比赛第一届RoboCup比赛正式开始,场上每支参赛队的机器人数量不超过5台,单个机器人体积不超过52 cm×52 cm×80 cm,重量不超过40 kg,使用标准5号足球进行比赛,如图9.1所示,比赛现场如图9.2所示。比赛要求机器人完全自主,赛场环境感知、决策、运动控制、通信等都必须由机器人自身完成,不允许任何形式的场外干预。中型组比赛具有如下特点:

(1) 球员尺寸较大,80 cm高度限制。

(2) 每队球员数量:最多5名。

(3) 比赛用球:标准五号足球。

(4) 比赛环境:绿色地毯,白色场线。

(5) 比赛分上下半场,各 15 分钟,中场休息 5 分钟。

(6) 比赛过程:裁判宣布开球后,由开球方先触球。开球后,在不犯规的情况下将球打入对方球门一方得分,进球后由被进球方重新开球。

(7) 胜负:按终场的进球数(包括点球)判断胜负。

(8) 人机大战:每届 RoboCup 闭幕式都会进行人机大战,由中型组冠军代表机器人与人类对战。

图 9.1　中型组机器人

图 9.2　中型组比赛现场图

RoboCup 中型组吸引了来自世界各地的众多研究机构积极参与,国外有意大利米兰理工大学、荷兰爱因霍温科技大学、德国斯图加特大学、日本大阪大学等。从 2002 年开始,中国机器人大赛设置了 RoboCup 中型组机器人比赛项目,同济大学、华南理工大学、中国科学院自动化研究所、东北大学、国防科技大学等高校先后开展该项目的研究工作。2008 年以来,共有 47 所学校参加过中国机器人大赛暨 RoboCup 中国公开赛中型组比赛,有11所学校参加过RoboCup世界杯中型组比赛。中国中型组参赛队已经在国际比赛中取得了非常优异的成绩,北京信息科技大学取得了5次RoboCup中型组比赛的冠军,国防科技大学获得过RoboCup中型组技术两项挑战赛的季军和亚军。

9.2 足球机器人硬件结构

完整的中型组机器人系统包含运动、视觉、传感器和决策等系统,并且机器人团队的合作还需要通信支持,系统结构如图9.3所示。在机器人足球比赛中,机器人需要和人类一样能够完成跑位、带球、传球、射门等动作,因此机器人本身还包括控球、踢球等功能的机械结构。

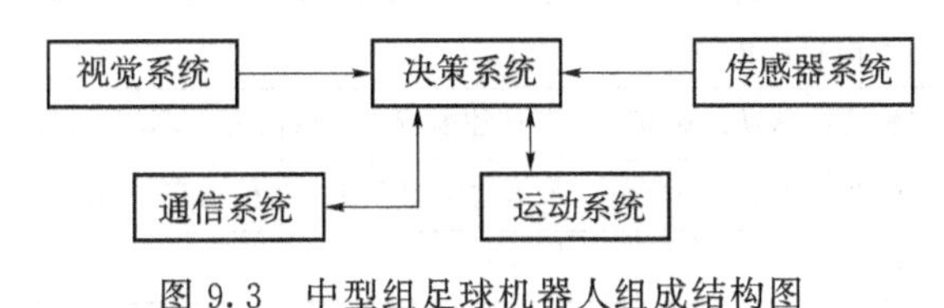

图9.3 中型组足球机器人组成结构图

9.2.1 运动系统

机器人的运动系统主要有轮式、履带式、轮履复合式、足式等行走机构,其中轮式行走机构又可细分为双轮差动、后轮驱动、前轮转向、全景运动等。不同的行走机构具有不同的运动特性,为足球机器人选择合适的行走机构是比赛能否获胜的重要因素。在足球比赛中,双方机器人的对抗非常激烈,两者在运动能力上的差异会很大程度地影响比赛结果,不管是在进攻还是防守,机器人的速度越快、动作越灵活,就越能领先于对方的行动。

RoboCup中型组机器人采用最广泛的行走机构是轮式全向运动底盘,它灵活性好,运动控制符法简单,能在平面内实现无约束自由运动。机器人三轮全向底盘结构如图9.4所示。

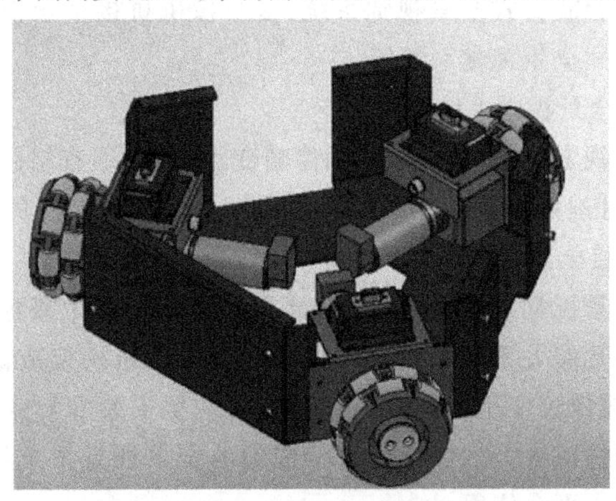

图9.4 三轮全向底盘

三轮全向底盘机器人运动时所对应的轮子转速为

$$\begin{cases}\omega_1=-\dfrac{\sqrt{3}}{2}\cdot\dfrac{V_x}{R_\omega}+\dfrac{1}{2}\dfrac{V_y}{R_\omega}+\dfrac{W_z\cdot R_{\text{omni}}}{R_\omega}\\ \omega_2=\dfrac{\sqrt{3}}{2}\cdot\dfrac{V_x}{R_\omega}+\dfrac{1}{2}\dfrac{V_y}{R_\omega}+\dfrac{W_z\cdot R_{\text{omni}}}{R_\omega}\\ \omega_3=0-\dfrac{V_y}{R_\omega}+\dfrac{W_z\cdot R_{\text{omni}}}{R_\omega}\end{cases} \tag{9.1}$$

式中各变量定义如表 9.1 所示。

表 9.1　全向底盘机器人运动变量定义表

变量	描述
ω_n	从轮子旋转轴向的外侧面向轮子所看到的轮子转速，下标数字表示轮子的编号。正值时轮子逆时针旋转，负值时轮子顺时针旋转
V_x	车体沿前后 X 轴方向移动的速度值。车体往前行进时该值为正，车体向后行进时该值为负
V_y	车体沿左右 Y 轴方向移动的速度值。车体往左侧平移时该值为正，车体向右侧平移时该值为负
R_ω	全景轮的外圆半径
W_z	机器人自身旋转的角速度
R_{omni}	机器人旋转的车身半径

9.2.2　全景视觉系统

视觉系统是足球运动的“眼睛”，感知赛场环境信息、识别追踪球的位置、判断球员位置等均离不开视觉系统。传统视觉系统只能捕捉所在环境有限区域内的信息，应用受到限制，利用光学镜面系统可以扩大传统视觉系统的视场角，构成全景视觉系统。全景视觉系统能够获得 360°视场情况，是足球机器人大视场环境感知的重要手段，机器人自定位、足球识别、球速估计、障碍物检测等都依赖于全景视觉系统获取的全景图像信息。全景视觉系统主要有云台旋转式全景视觉系统、多摄像机拼接全景视觉系统、鱼眼式全景视觉系统以及折反射式全景视觉系统等。

(1) 云台旋转式全景视觉系统

云台旋转式全景视觉系统结构简单，图像畸变小，但必须有精确的转动机构，且图像拼接算法复杂，同一时刻只能获取某一方向的图像，无法获取真正的全景图像。

(2) 多摄像机拼接全景视觉系统

多摄像机拼接全景视觉系统利用安装在不同位置上的多个摄像机同时采集图像，然后根据摄像机的空间几何关系对图像进行拼接。多摄像机拼接成像全景视觉系统所采集的图像分辨率高，成像畸变小，但其结构复杂，摄像机安装和标定难度较大，一次采集得到的全景图像数据量巨大。多摄像机拼接成像的全景视觉系统不适合在实时性要求很高的自主移动机器人平台使用。

(3) 鱼眼式全景视觉系统

鱼眼式全景视觉系统是指使用短焦距、超广角镜头实现全视角图像采集的视觉系统,可以观察到以镜头为球心的超过半球面范围内的场景。鱼眼摄像头存在较大的图像畸变,且成像模型复杂,将畸变图像恢复为无畸变的透视投影图像的难度较大。当前,鱼眼摄像头结构复杂,价格昂贵,大多用于数码摄像机。

(4) 折反射式全景视觉系统

折反射式全景视觉系统主要组成部分有:光敏元件如CMOS/CCD感光器、普通摄像机的常规镜头、凸面反射镜和固定装置组成,结构如图9.5所示。折反射式全景视觉系统的核心元件是凸面反射镜,设计不同技术要求的反射镜,可以满足不同的视觉要求。常见的常规反射镜有锥形镜面、球形镜面、抛物反射镜面和双曲面反射镜面等。

图9.5 折反射式全景视觉系统

折反射式全景视觉传感器反射镜的中轴和摄像机的光轴要求在同一条直线上。其成像过程如图9.6所示,可以看成两个投影过程:(1)传感器周围的光线到反射镜面的投射,这是从三维场景到反射面的投影,此过程物体的像一般存在失真;(2)反射面到图像平面的投影,等同于普通摄像机的投射投影成像,经过这两个投影在图像平面上生成的图像是扭曲的畸变图像,如图9.7所示,需要进行图像矫正。本节足球机器人全景视觉系统成像,应用折反射式的全景视觉系统。

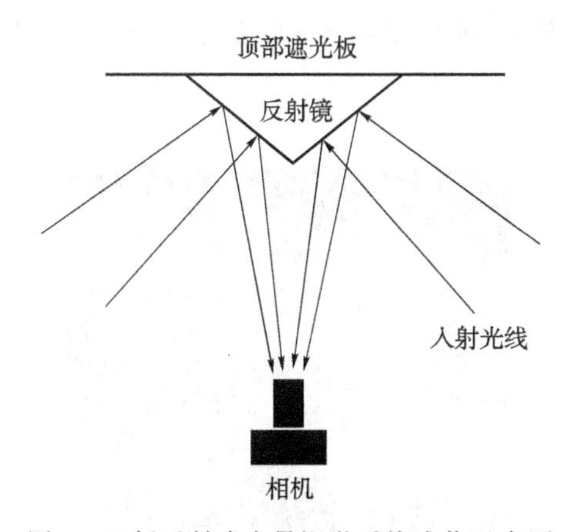

图9.6 折反射式全景视觉系统成像示意图

图9.7 折反射式的全景视觉系统成像效果图

9.2.3 控球装置

控球装置是足球机器人实现截球、抢球、接球、带球功能的关键部件,根据RoboCup中型组比赛规则,足球机器人在带球过程中需让足球保持自然方向的滚动,如机器人向前运动时，足球也必须向前滚动，否则即为“持球”。若机器人“持球”运动时间超过 1 s，或者运动距离超过 30 cm，则判罚该机器人犯规。因此有效的控球机构是中型组足球机器人少“持球”犯规的关键。

根据控球机构是否有驱动力，将控制机构分为被动控球结构和主动控球结构。被动控球结构机械结构简单，无须控制，但调节麻烦，控球效率低，为维持控球状态只允许机器人加速前进，不允许减速或后退。主动控球机构控制效率高，带球过程中允许机器人减速或后退，但机械结构较为复杂。

主动控球机构目前主要采用伺服电动机带动摩擦轮，通过摩擦轮和球接触挤压产生的摩擦力来控球，车体、摩擦轮、足球以及地面之间相互作用力。如图 9.8 所示，N_1为摩擦轮给足球施加的压力，f_1为摩擦轮、足球间的摩擦力，N_2为地面支撑力，G 为足球所受重力，f_2为足球与地面间的摩擦力，R 为足球半径，θ 为摩擦轮与足球中心连线与水平面的夹角，足球在这些力的作用下保持相对平衡。

在实际使用过程，如摩擦轮不施加任何控制，足球会被摩擦轮的下压力推离机器人，导致机器人不能稳定控球。为确保机器人稳定控球，通常引入反馈控制系统来控制机器人和足球之间的相对距离，从而实现动态平衡。机器人和足球之间相对距离的变化可以通过摩擦轮摆杆的倾角体现出来。在控球机构两个摩擦轮上分别连接直线位移传感器，如图 9.9 所示控球装置，当球距发生变化时，安装在摆杆上的摩擦轮会上下摆动到不同的位置，从而引起直线位移传感器的读数发生变化。控制计算机可以读取直线位移传感器的值，利用控制算法及时调整摩擦轮的转速和方向，确保机器人和足球之间始终保持合适的距离，实现稳定控球。

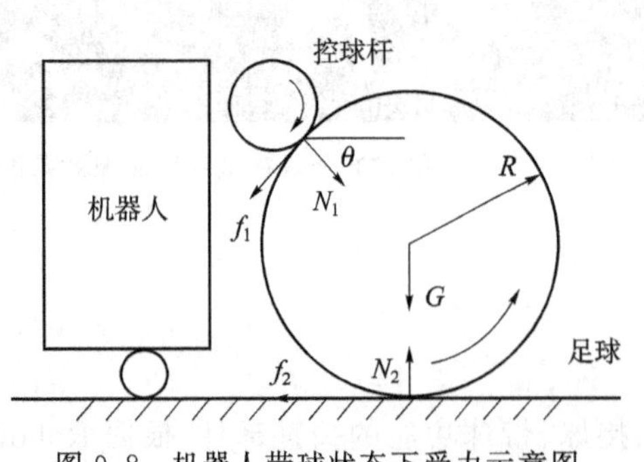

图 9.8　机器人带球状态下受力示意图

图 9.9　中型组机器人控球装置

9.2.4 击球装置

传球、射门等踢球动作是足球比赛不可或缺的动作，足球机器人也需要配备能够实现传球、射门等踢球动作的击球装置。击球装备不需要连续工作，只需要间歇地进行射门、传球等涉及较大能量的动作。由于击球机构具有作用时间短，出速大等要求，需机器人事先将能量以特定的方式储存起来，如压缩弹簧、压缩空气、电磁铁等，然后在合适的时机通过击球机构将储存的能量传递到足球上，使其以较快的速度传向目标。目前中型组足球机器人的击球机构普遍采用电磁击球机构，如图 9.10 所示，该机构比以压缩弹簧或压缩空气作为储能媒介的机构更加稳定、可控、体积更小。

图 9.10　足球机器人电磁击球装置

电磁击球装置组成框图如图 9.11 所示，主要由电池、升压模块、储能电容阵列、驱动电路、控制电路和电磁铁等组成。击球机构的核心是作用行程长、时间短、瞬间力量大的

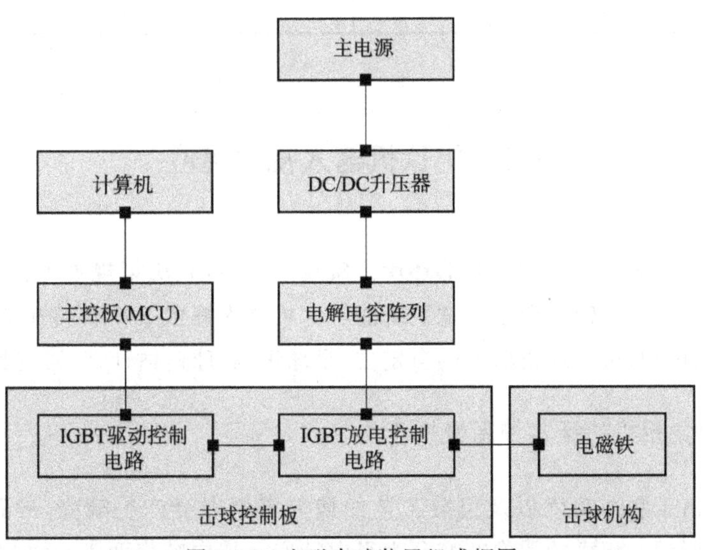

图 9.11　电磁击球装置组成框图

定制电磁铁，由螺线管和活动的衔铁组成。电磁击球机构原理是通过高压电容给电磁铁放电，使其在瞬间产生强大的电磁力并作用到足球上，可以通过开关电路改变电容的放电时间来控制作用力的大小，从而实现不同的击球速度和落点距离。如图 9.12 和图 9.13 所示，某款足球机器人的击球机构放电时长与落点距离如表 9.2 所示。

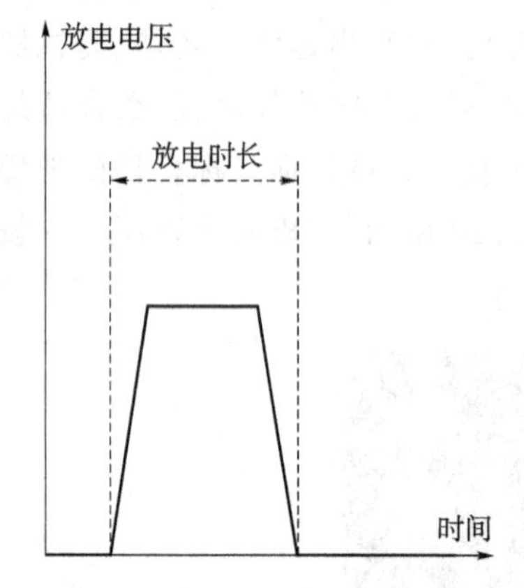

图 9.12　击球机构放电时长示意图

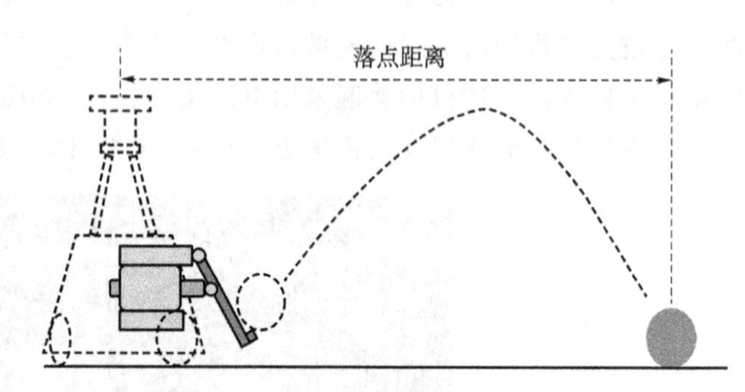

图 9.13　击球机构落点距离示意图

表 9.2　击球机构放电时长与落点距离表

放电时长/ms	落点距离/cm
100	155
150	233
200	366
250	502
300	627

9.3　足球机器人视觉定位

足球机器人实时准确地感知外部环境是实现运动控制、决策规划等自主能力的前提和基础。足球机器人自带的全景视觉系统能够为机器人提供 360°环境感知信息，经过图像处理、分析和识别，可实现机器人的自定位、足球识别、球速估计、障碍物检测等。

9.3.1　全景视觉相机的标定和图像矫正

视觉相机由于制造精度以及组装工艺的偏差等原因会产生畸变，导致原始图像失真，如图 9.14 所示。相机的图像畸变分为径向畸变和切向畸变两类：径向畸变就是沿着透镜半径方向分布的畸变，产生原因是光线在远离透镜中心的地方比靠近中心的地方更加弯曲，径向畸变主要包括枕形畸变和桶形畸变两种，分别如图 9.15 和图 9.16 所示。切向畸变是由于透镜本身与相机传感器平面或图像平面不平行而产生的。

图 9.14 视觉相机畸变图像

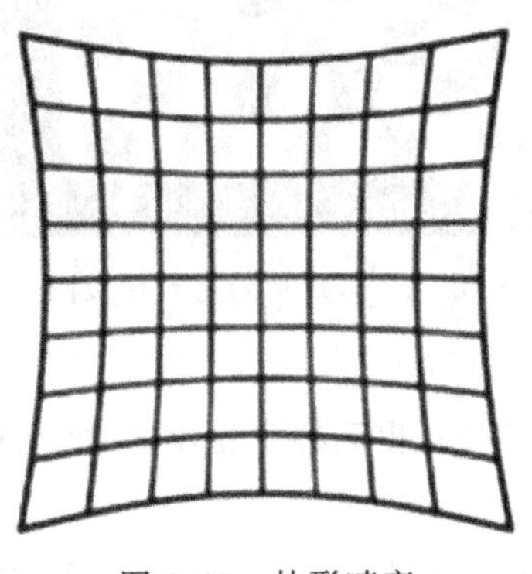

图 9.15 枕形畸变

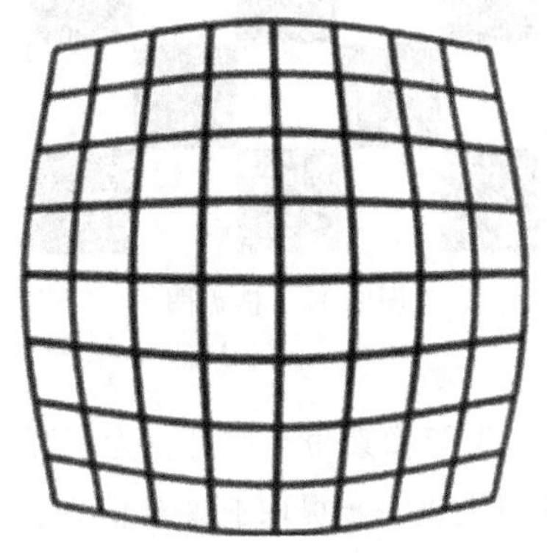

图 9.16 桶形畸变

机器人视觉系统中相机原始图像的畸变会影响机器人的视觉定位精度，虽然相机获取的原始图像的畸变误差不能通过硬件的优化消除，但可以利用软件标定算法来减弱图像畸变误差对视觉系统感知定位功能的影响，通常相机标定在有精度要求的测量和定位中必须使用。

相机标定的基本原理是通过相机对视场内不同角度标准图像的拍摄来求出相机的内参、外参和畸变参数，建立三维坐标与图像坐标的映射关系，进而对得到的原始畸变图像进行矫正。传统的相机标定的方法有：线性标定法、非线性优化标定法、两步标定法。

线性标定法通过解线性方程获得相机标定参数，运算速度快，但相机畸变大都是非线性的，因而标定精度不高，适用于长焦距小畸变的镜头标定。非线性标定法采用非线性模型,更贴近相机实际,标定精度高,但模型复杂。两步标定法是目前常用的相机标定算法,该算法不仅考虑了相机畸变,同时也能达到较高的精度,两步标定法具有代表性算法有 Tsai 两步法和张正友标定方法。

两步标定法采用二维平面标靶,通过在不同的多个视点采集图像,实现相机的标定,以张正友标定为例,过程如下:

(1) 准备标定图片。标定图片需要使用标定板,并且需要在不同位置、不同角度、不同姿态下拍摄,最少需要 3 张(至少三个不同平面),标定板采用黑白相间的矩形棋盘图,如图 9.17 所示。

(2) 提取棋盘格角点信息。对每一张标定图片,提取棋盘格的内角点信息,这些内角点与标定板的边缘不接触,如图 9.18 所示。

图 9.17 棋盘图

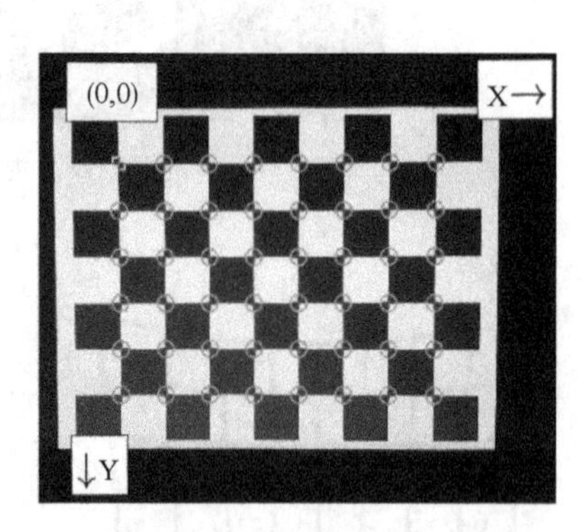

图 9.18 棋盘格内角点提取图

(3) 提取亚像素角点信息。为了降低相机标定偏差,提高标定精度,需要在初步提取的角点信息上进一步提取亚像素信息。

(4) 相机标定。首先在不考虑相机畸变的情况下,对相机内、外参进行标定,获得线性参数的初步值。然后利用线性参数,求取非线性参数(畸变系数)。为提高标定精度,需要再利用标定出的非线性参数重新计算线性参数,然后再利用新的线性参数计算非线性参数。经过反复计算,直到参数收敛。

(5) 标定结果评价。对标定结果进行评价的方法是通过得到的摄像机内外参数,对空间的三维点进行重新投影计算,得到空间三维点在图像上新的投影点的坐标,计算投影坐标和亚像素角点坐标之间的偏差,偏差越小,标定结果越好。

利用标定求出的相机内参、外参和畸变系数,可以对相机获取的原始图像进行矫正。矫正过程为:将原始图像像素坐标系(三维坐标)通过内参矩阵转化成相机坐标系,通过畸变系数校正图像的相机坐标,校正后通过内参矩阵将相机坐标系转换成图像像素坐标系,并根据原始图像坐标的像素值赋值给新的图像坐标。图 9.14 经过矫正后的图像如图 9.19 所示。

图 9.19 图像畸变矫正图

9.3.2 足球机器人环境感知算法

中型组机器人比赛中，球门、足球、标志线、障碍物等赛场特征信息的感知识别至关重要，赛场环境特征信息识别提取的准确性将直接影响到足球机器人的决策和比赛成绩。足球机器人通过全景视觉系统获取赛场图像信息，图像经过矫正等预处理后，采用图像分割和目标识别等技术，机器人可以获得足球场地的特征信息。

(1) 图像分割

图像分割是指将一幅图像分成若干互不重叠的子区域，使得每个子区域具有一定的相似性，而不同子区域有较为明显的差异。中型组机器人比赛场不同标识标线的颜色不同，可以采用 HSV 颜色模型进行图像分割，HSV 颜色模型如图 8.43 所示。HSV 空间中三个指标相互独立，能够非常直观地表达色彩的明暗、色调以及鲜艳程度，方便进行颜色之间的对比和分割识别。

足球机器人通过视觉相机采集的图像信息通常为基于 RGB 模型的图像信息，在进行图像分割前，需将图像由 RGB 模型转换为 HSV 模型，转换实现方式如下：

```
V = max = max(R,G,B);
min = min(R,G,B);
if V = 0
   S = 0;
else
   S = (max - min)/max;
if max = R
   H = 60 * (G - B)/(max - min);
else if max = G
```

```
    H = 60 * (2 + (B - R)/(max - min));
else if max = B
    H = 60 * (4 + (R - G)/(max - min));
if H<0
    H = H + 360;
```

(2) 目标识别技术

机器人全景视觉系统采集的图像像素较大,如果对全部像素都进行处理需要消耗较多的时间,实时性较差。中型组机器人比赛现场的绿色场地、黑色障碍物以及白色标志线之间存在较为明显的颜色过渡,可以采用扫描线的方法来提取扫描线上的颜色信息,用来识别白色标志线、黑色障碍物等标志。扫描线方法以图像中心(即机器人中心)为原点,每隔1°构造一条放射状扫描线。如图9.20所示,全景范围内共360条扫描线,覆盖了机器人周围360°的空间。机器人全景视觉图像中存在多种颜色信息,区分以下三种情况提取颜色信息。

(1) 如果扫描线扫描到像素为黄色,则提取它们在图像坐标中的位置,并保存到黄色像素队列中。

(2) 如果扫描线扫描到像素是白色或者黑色,则提取关于它们的颜色过渡,并保存到相应颜色过渡类型队列中。

(3) 如果是上面颜色之外的颜色,则不保存它们的信息。

图9.20 扫描线特征点提取示意图

1) 白色标志线的识别

中型组机器人比赛场地上的白色标志线是赛场的主要场地信息,具有如下特点:

白色标志线随处可见,是最易于观察的场地特征。足球机器人全景视觉覆盖360°范围,无论机器人位于场地上的任何位置,机器人全景视觉都能观察到球场上的白色标志线,基本不会出现完全被遮挡的情况。

白色标志线与绿色场地线对比明显,便于检测。白色标志线具有一定的宽度,通过检测是否存在绿色—白色—绿色的颜色过渡,可以对白色标志线进行检测。

比赛场地上白色标志线具有明显的几何特征,可以通过检测拐角、圆弧、圆等几何信息对观测到的白色标志线属性进行判断，从而根据这些特征在场地上的分布规律确定机器人自身的姿态。

根据白色标志线在颜色和宽度上的特点，可以给出判断白色标志线的判别准则：颜色要求，白色线两侧为绿色，避免由于其他物体上面的白色被错误判定；宽度要求，白色宽度要达到一定的阈值，避免由于强光照射到场地上引起的过宽的白色或图像噪声引起的过窄的噪声被错误判别。

2）障碍物识别

中型组足球机器人比赛中的对方和本方队友机器人都可定义为障碍物，障碍物在机器人全景视觉图像中是一个面积很大的黑色色块，根据扫描线获取的黑色类型的颜色过渡可以识别障碍物，识别方法与白色标志线识别方法类似。此外，根据中型组比赛规则，对参赛机器人宽度做出的限制(最小 30 cm，最大 52 cm)，如果检测得到的黑色障碍物区域较宽，可以认为是多个障碍物在视觉上发生了重叠，此时可根据其远近分割成若干障碍物。如果检测得到的黑色障碍物区域较窄，可以认为是误检测。

9.3.3　足球机器人自定位算法

RoboCup 中型组比赛中，足球机器人为了完成射门以及机器人之间协作等比赛动作，必须计算出自己在场地上的绝对位置和朝向，即完成自定位。利用机器人全景视觉采集的环境标志物，采用基于迭代最近点算法(ICP)匹配定位的方法可以实现足球机器人的视觉自定位。

在中型组机器人比赛规则下，赛场上的白色标志线是最丰富的可用信息，ICP 点云匹配定位方法的基本思想是机器人将通过扫描线方法扫描得到的白色特征点抽离出来，得到独立点阵，如图 9.21 白色点阵所示，然后通过旋转、平移，使用 ICP 匹配算法，将其匹配到标定好的场线模板上，如图 9.22 所示，然后根据 ICP 过程中产生的位移距离和旋转角度，反推出机器人相对于场线模板的位置，以此实现机器人的自身定位功能。

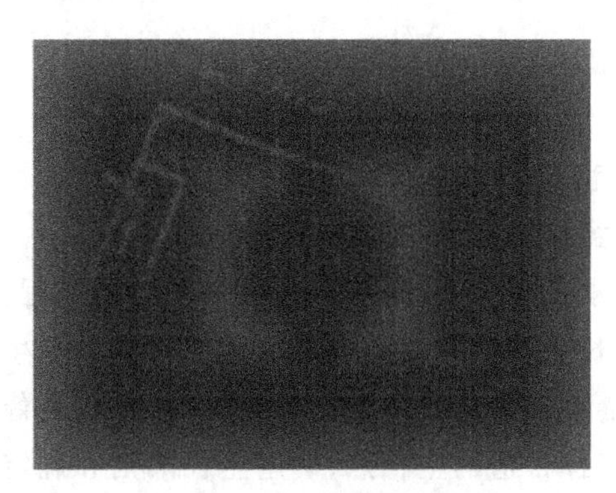

图 9.21　场线特征点云图

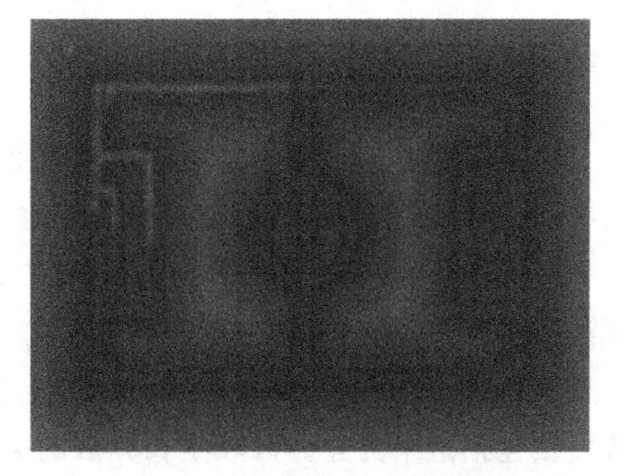

图 9.22　场线特征点云匹配图

ICP 算法就是通过迭代计算，采用旋转、平移的方式使源点云 U(白色场线点)和目标

点云 P（黑色场线模板）两个点集匹配。ICP 算法是先计算出从源点云 U 上的每个点到目标点云 P 的每个点的距离，使每个点和目标云的最近点匹配，然后进行旋转、平移迭代计算，使得源点云和目标点云同源点间距离最小，形成图 9.22 的匹配图，算法实现过程如下：

（1）计算最近点，即对于 U 中的每一个点，在 P 中都找出距该点最近的对应点，并由这些对应点组成的新点集 Q。

（2）计算 Q 和 U 的重心位置坐标，并进行点集中心化生成新的点集，由新的点集计算正定矩阵，并计算正定矩阵的最大特征值及其最大特征向量。

（3）由于最大特征向量等价于残差平方和最小时的旋转四元数，将四元数转换为旋转矩阵；在旋转矩阵被确定后，平移向量是两个点集的重心差异，可以通过两个坐标系中的重心点和旋转矩阵确定。

（4）计算坐标变换，即对于 U，用旋转矩阵 $\boldsymbol{R}$ 和平移矩阵 $\boldsymbol{T}$ 进行坐标变换，得到新的点集 $U1$，即 $U1=\boldsymbol{R}U+\boldsymbol{T}$。

（5）计算 $U1$ 与 Q 之间的均方根误差，如小于预设的阈值，则算法结束。否则，以点集 $U1$ 替换 U，重复上述步骤。

通过以上方式最终反推机器人相对于场线模板的位置，实现机器人的自定位，即机器人在场线中的位置。

9.4 足球机器人目标追踪

对于中型组足球机器人而言，对足球等感兴趣目标的运动位置进行实时跟踪不仅可以对目标进行准确定位。而且可以得出目标的运动轨迹，为机器人行为控制提供决策。利用足球机器人全景视觉系统，采用视觉目标检测跟踪算法，可以实现运动目标的实时检测跟踪。

9.4.1 足球识别

中型组机器人比赛中规定的足球颜色为黄色，大小为 5 号比赛用球，在分割后的图像中，采用区域生长算法可搜索出所有比赛场地黄色的目标，完成足球识别。

区域生长算法是根据事先定义的准则将像素或者子区域聚合成更大区域的过程。算法的基本思想是从一组生长点开始，将与该生长点性质相似的相邻像素或者区域与生长点合并，然后将这些新像素当作新的生长点，继续上面的操作，直到再没满足条件的像素可被包括进来为止。区域生长算法的关键是选择合适的生长点、确定生长准则和确定生长停止条件。中型组机器人比赛用区域生长算法确定黄色足球的种子选取步骤为：

（1）选取扫描线得到的黄色像素，并将这些像素压入堆栈 A 中。

（2）随机选取堆栈 A 中的一定数量的像素，并且以这些像素作为中心，在它们的周围采样一个像素点，如果这个像素点是黄色的，则将这个像素点压入堆栈B中。通过这样的采样要求黄色像素是成块地出现，用来去除因图像噪声引起的孤立的黄色像素干扰。

(3) 累加堆栈B中的像素，求平均得到所有像素累加的中心坐标。

(4) 在这个中心坐标附近寻找黄色的像素作为检测球区域生长算法的种子点。

选取完种子后，即可进入黄色足球识别的区域生长过程，实现步骤如下：

(1) 初始化种子队列为空，将按照上述方法选取的种子放入种子队列。

(2) 依次将种子周期领域像素内为黄色的像素作为新的种子放入到种子队列中，并且置位区域标签中的对应位为1。

(3) 检查种子队列是否为空，如果不为空，则新种子出栈，返回到步骤(2)；如果种子队列为空，则停止循环，算法结束。

正常情况下，赛场上只有一个黄色足球，机器人全景图像中应只有一个黄色色块，但是实际比赛环境复杂，可能会有穿黄色衣服的观众等，因此需对扫描线得到的黄色扫描点做特殊处理，可以结合机器人的自定位结果，将位于场外的黄色目标排除。

9.4.2 目标跟踪算法

在足球比赛过程中，目标足球不是静止不动的，而是经常处于快速运动状态，为了快速从采集的图像中发现目标，需要对运动目标进行跟踪。常用的目标跟踪算法有基于预测的目标跟踪算法和基于优化搜索方向的目标跟踪算法。基于优化搜索方向的目标跟踪算法是无参估计算法，对先验知识要求最少，完全依靠训练数据进行估计，可以用于任意形状概率密度估计的方法。均值漂移(MeanShift)算法是一种常用的基于优化搜索方向的目标跟踪算法，它基于概率密度分布的自动迭代使目标的搜索一直沿着概率梯度上升的方向，迭代收敛到概率密度分布的局部峰值上，从而实现对运动体准确地定位。

基于Mean shift的目标跟踪算法通过分别计算目标区域和候选区域内像素的特征值概率得到关于目标模型和候选模型的描述，然后利用相似函数度量初始帧目标模型和当前帧的候选模版的相似性，选择使相似函数最大的候选模型并得到关于目标模型的Meanshift向量，这个向量正是目标由初始位置向正确位置移动的向量。由于均值漂移算法的快速收敛性，通过不断迭代计算Meanshift向量，算法最终将收敛到目标的真实位置，达到跟踪的目的。Meanshift算法在跟踪之前需先确定起始图像中的目标位置，该位置通过上节的足球识别算法来确定，Meanshift目标跟踪算法实现步骤如下：

(1) 建立目标区域模型，利用上节识别出的足球，确定目标区域的中心位置以及核函数的带宽。

(2) 求出目标模型的颜色特征直方图，并利用核函数进行加权归一化处理。

(3) 建立候选区域模型，以上一帧目标区域中心位置y_0为候选区域的中心位置。

(4) 求出候选区域模型的颜色特征直方图，并利用核函数进行加权归一化处理。

(5) 计算候选区域模型和目标模型的相似性度量系数 p_0。

(6) 计算当前中心位置核函数带宽范围内各像素点的权重系数。

(7) 利用相似性度量系数和各像素点的权重系数计算出当前目标的下一个候选位置 y_1 以及该位置的相似性度量系数 p_1。

(8) 若 $p_1 < p_0$，则 $y_1 = (y_0 + y_1)/2$。

(9) 若 y_1 和 y_0 之间均值漂移向量距离大于设定阈值，则结束本帧图像跟踪，转至步骤(3)进行下一帧图像处理；否则，令 $y_0 = y_1$，即更新当前候选区域中心点位置，转至步骤(4)进行迭代处理。

9.5 足球机器人群体策略

RoboCup 中型组机器人足球比赛是一个由多机器人组成的控制系统。由于比赛的对抗性和环境的时变性，以及机器人智能水平的不断提高，规划各个机器人的运动、发挥球队的整体功能是机器人足球系统研究的关键问题，这实际上就是智能机器人之间的群体协作策略问题。

9.5.1 足球机器人通信

根据比赛规则，RoboCup 中型组机器人足球比赛系统采用无线通信。由于每个机器人都具备独立的视觉、决策、通信和运动控制子系统，这使得机器人的数据运算量很大。为了保证机器人在比赛过程中数据处理的实时性，每个机器人搭载了一台笔记本电脑，机器人的通信子系统是由计算机、路由器和内置无线网卡等构成的无线局域网。

RoboCup 中型组足球机器人多机通信架构如图 9.23 所示，机器人之间、教练机和机器人之间相互交换的信息可以是比赛的目标和任务、命令和状态、环境数据和运动数据等；裁判盒和教练机之间通信的内容是比赛的命令和状态等信息。为使足球比赛实时、可靠地进行，必须确保裁判盒与教练机之间、教练机和机器人之间都要能够相互畅通地通信。

(1) 通信模型

计算机网络中，常用的通信模型有“客户/服务器”(C/S 模型)模型和“点对点”模型(P2P 模型)。

基于 C/S 模型的计算机网络通信系统模型如图 9.24 所示，系统设一个服务端，各计算机客户端之间的通信必须通过服务端“中转”，客户端间无直接通路，源客户端首先将信息发送到服务端，然后由服务端转发至目的客户端。C/S 模式下，服务端的错误会导致整个系统的崩溃，可靠性较差，但 C/S 模型式下集中的服务端可以根据客户端的需求来执行相应操作，甚至管理客户端的进程，同时客户端可以根据服务端的响应，动态调整客户端的任务规划策略等。

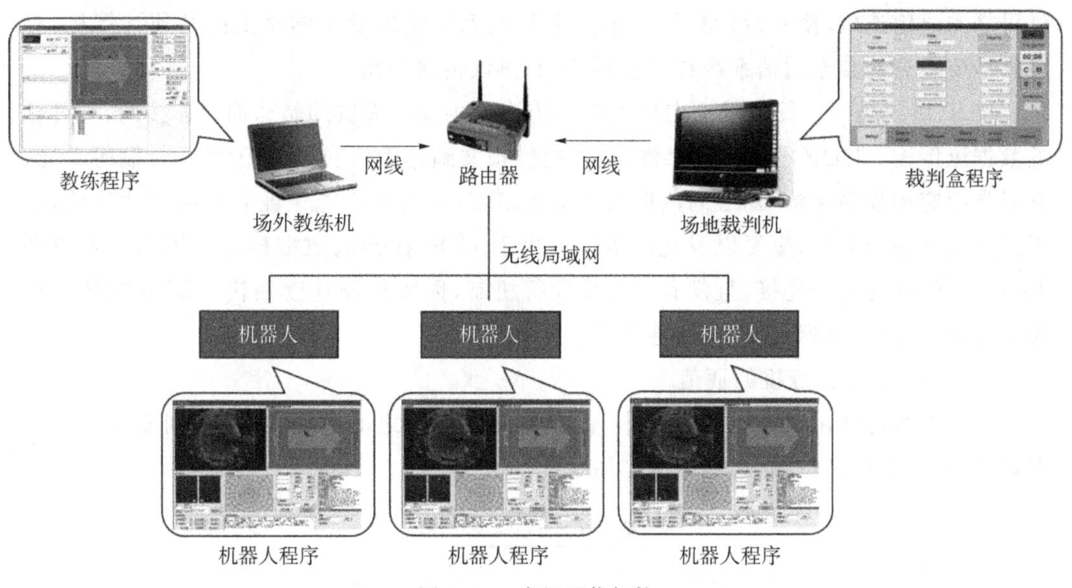

图 9.23 多机通信架构

P2P 模型采用的是分布式结构，如图 9.25 所示，系统中各节点之间是平等主体，每个节点既是服务端又是客户端，系统的网络资源不再集中于某一固定服务端，而是分散到每个独立节点。P2P 结构交互性和实时性好，端到端的通信模型将中心结构改变为分布式结构，单个通信节点的故障不会影响其他节点的通信，系统的可靠性较高，但是 P2P 模型不适用于包含控制、调度、管理等任务的应用。

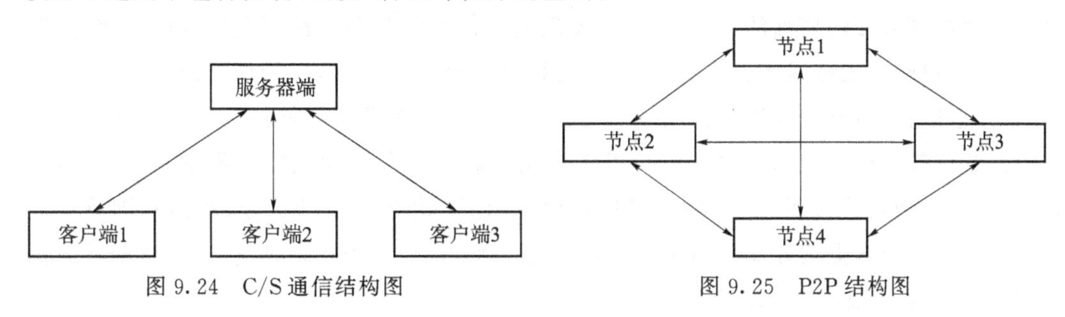

图 9.24 C/S 通信结构图

图 9.25 P2P 结构图

RoboCup 中型组机器人足球系统是由多机器人组成的分布式控制系统，每个机器人只能掌握局部信息，需要集中的服务端即教练机对系统资源进行全局、动态分配，要实现这一需求，需要收集、汇总、分析各个机器人的局部信息，可以采用具有动态调整客户端的任务规划策略能力的 C/S 通信模式。

(2) 通信协议

TCP 协议(传输控制协议)和 UDP(用户数据报协议)是传输层最重要的两种协议。

TCP 协议定义了两台计算机之间进行可靠的传输而交换的数据和确认信息的格式，以及计算机为了确保数据的正确到达而采取的措施。TCP 最大的特点是提供面向连接、可靠的字节流服务，TCP 传输协议通过三次握手建立通道。TCP 协议能为应用程序提供可靠的通信连接,使一台计算机发出的字节流无差错地发往网络上的其他计算机,对可靠性要求高的数据通信系统往往使用TCP协议传输数据。

UDP协议是一个简单的面向数据报的传输层协议。提供的是非面向连接的、不可靠的数据流传输。UDP不提供可靠性,也不提供报文到达确认、排序以及流量控制等功能。它只是把应用程序传给IP层的数据报文发送出去,但是并不能保证它们能到达目的地。因此报文可能会丢失、重复以及乱序等。但由于UDP在传输数据报文前不用在客户和服务器之间建立一个连接,且没有超时重发等机制,因而传输速度很快。UDP在数据传输方面速度更快,延迟更低,实时性更好。

(3) 裁判盒与教练机的通信

在中型组足球机器人比赛系统中,裁判盒和教练机之间的通信,把裁判盒看作服务器端,教练机看作客户端,通信结构如图9.26所示。

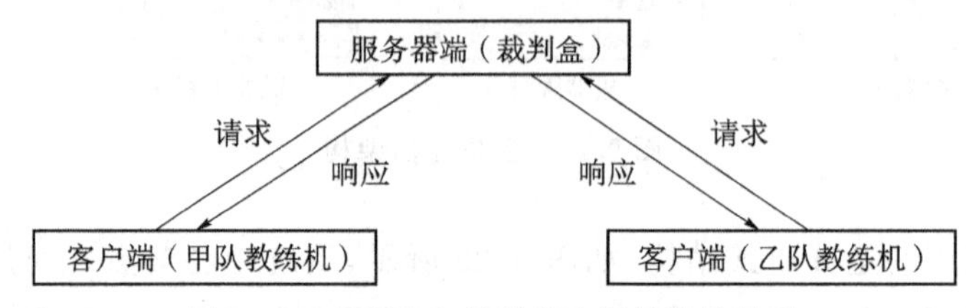

图9.26 裁判盒与教练机之间的通信模型

裁判盒与教练机之间的通信在硬件层面通过路由器实现,软件层面使用TCP/IP协议。裁判盒要把控制指令准确无误的发送到教练机,教练机和裁判盒间采用面相连接的、端对端的可靠性较高的TCP协议来实现的。作为服务端的裁判盒进入监听状态,等待来自客户端－教练机的连接请求,当有连接请求事件到来时,接受请求;教练机在需要与裁判盒进行通信时,发送连接请求,经过一系列握手流程后就与裁判盒建立起了通信连接,此时教练机和裁判盒之间就可以实现相互通信。在实际比赛过程中,当教练机与裁判盒建立通信连接后,教练机请求比赛命令、比赛状态等信息服务,裁判盒则响应服务,在适当时候根据实际比赛情况发送相应的比赛命令、比赛状态等信息,为比赛双方的教练机提供比赛命令等信息服务。

在实现层面是通过软件调用系统的通信接口函数,实现TCP/IP通信。

(4) 教练机与机器人之间的通信

教练机和场上各机器人之间的通信,教练机看作服务器端,场上各机器人看作客户端,通信结构如图9.27所示。

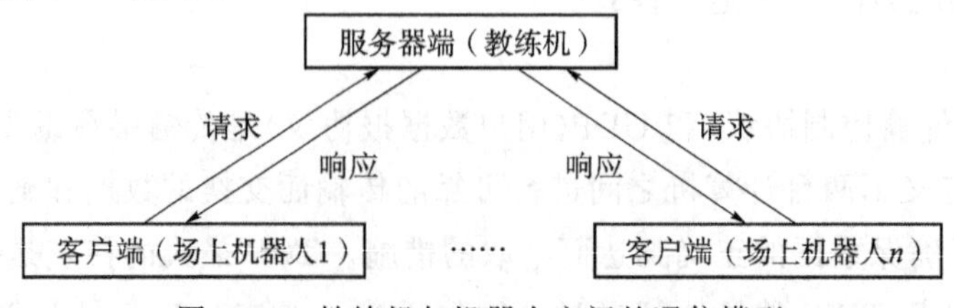

图9.27 教练机与机器人之间的通信模型

机器人和场外教练机的通信在硬件层面通过路由器实现，软件层面使用UDP通信协议，以提高实时性。实际比赛过程中，教练机要将比赛信息、角色分配信息、各机器人状态等数据信息实时发给场上的机器人，教练机和场上各机器人之间采用时延性短的UDP协议，用广播式的通信方式，教练机和场上机器人进行通信之前，无须事先建立通信连接。作为服务器端的教练机首先启动并等待服务请求，当有服务请求事件到来时，保存好客户端-场上各机器人的IP地址和端口号，然后在处理完相应的服务请求后，再把信息发送到之前保存的场上各机器人的IP地址和端口号。在实际的比赛系统中，场上各机器人请求获取比赛命令、比赛状态、全局环境信息、机器人软硬件故障或异常修复处理等服务，而教练机则负责实时响应服务，把处理好的信息广播式地发送给场上的各个机器人。所有机器人通过UDP数据包将自身信息上传到教练机，由教练机统一决策，并将决策结果分发给所有机器人执行。

在实现层面，是通过软件调用系统的通信接口函数，实现UDP通信。

9.5.2 多机器人任务分配

足球机器人任务分配是能够充分体现系统决策层组织形式与运行机制，任务分配的好坏直接影足球机器人目标的实现。

足球机器人在教练机的指挥下开展比赛，采用集中式任务分配方式，集中式多机器人结构示意如图9.28所示。集中式控制系统中有一个集中控制机器人节点，主要负责对其他机器人的任务分配。对于已知且确定任务的分配模式，集中控制机器人可以事先离线确定优化分配方案；而对于事先未知或者动态变化任务的分配，集中控制机器人则需要通过与其他机器人的交互通信，获取当前所有任务机器人的信息，并根据这些信息进行任务分配，当任务未知或者动态变化的，控制机器人需要不断重复任务分配过程。

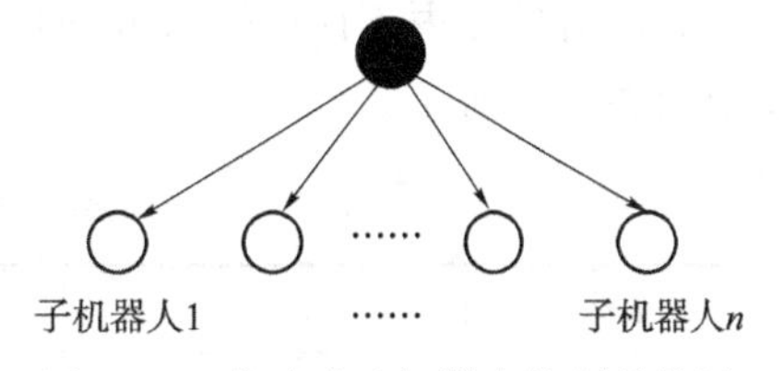

图9.28 集中式多机器人控制结构图

集中式任务分配算法是将所有机器人的信息汇总到集中规划单元上，由该单元统筹任务与资源的分配。最典型的算法是匈牙利法，该算法是“0－1”型整数线性规划方法，通过结合任务需求信息与机器人能力信息从而建立适应度矩阵，最后根据矩阵元素值进行机器人的任务分配，算法实现步骤如下：

(1) 对分配问题的系数矩阵进行变换，让系数矩阵的每行元素去减去该行的最小元素，再让系数矩阵的每列元素减去该列的最小元素，得到变换后的新系数矩阵的每行每列至少有一个元素为“0”。

(2) 从新系数矩阵第一行开始，若该行只有一个“0”元素，就对该“0”进行标记，并对该“0”所在的列画线覆盖该列，若该行没有“0”元素或者有两个以上“0”(已标记不算)，则转下一行，依次进行到最后一行。

(3) 从新系数矩阵第一列开始,若该列只有一个“0”(已标记过的不算),就标记该“0”,再对标记“0”所在行画线覆盖该行。若该列没有“0”或有两个以上“0”,则转下一列,依次进行到最后一列为止。

(4) 重复上述步骤(1)和(2)可能出现3种情况:

① 新系数矩阵每行都有标记的“0”,令标记的“0”为“1”得到最优解矩阵。

② 标记“0”个数少于矩阵行数,但未被划去的“0”之间存在闭回路(全以“0”为拐点),顺着闭回路的走向,对每个间隔的“0”进行标记,然后对所有标记的“0”所在行(或列)画线覆盖,令标记的“0”为“1”得到最优解矩阵。

③ 矩阵中已没有未被标记的“0”,但标记“0”个数少于矩阵行数,转入步骤(5)。

(5) 继续创造“0”:从矩阵未被划线覆盖的数字中找出最小值 k;若矩阵中的第 i 行被划线覆盖,则 $u_i=0$,否则 $u_i=k$;若矩阵中的第 j 列被划线覆盖,则 $v_j=-k$,否则 $v_j=0$;用原矩阵的每个元素分别减去 u_i 和 v_j 得到新的系数矩阵。

(6) 回到步骤(2),反复迭代,直到矩阵的每一行都有唯一标记的“0”为止,令标记的“0”为“1”得到最优解矩阵。

匈牙利算法是一种集中式任务分配算法,它在理论上可以近似获得任务分配问题的最优解,基于匈牙利算法的任务分配举例如下:

假设有甲乙丙丁四机器人分别执行ABCD四项任务,每个机器人执行相应任务的适应度如表9.3所示。

表9.3 不同任务适应度值

机器人	A	B	C	D
甲	14	9	4	5
乙	11	7	9	10
丙	13	6	10	5
丁	17	9	15	13

根据表9.3建立如下矩阵:

$$\begin{pmatrix} 14 & 9 & 4 & 5 \\ 11 & 7 & 9 & 10 \\ 13 & 6 & 10 & 5 \\ 17 & 9 & 15 & 13 \end{pmatrix}$$

通过变换后的含“0”元素矩阵为

$$\begin{pmatrix} 6 & 5 & 0 & 1 \\ 0 & 0 & 2 & 3 \\ 4 & 1 & 5 & 0 \\ 4 & 0 & 6 & 4 \end{pmatrix}$$

标记后的矩阵为

$$\begin{pmatrix} 6 & 5 & (0) & 1 \\ (0) & 0 & 2 & 3 \\ 4 & 1 & 5 & (0) \\ 4 & (0) & 6 & 4 \end{pmatrix}$$

将标记的“0”元素替换成“1”，得到最优矩阵为

$$\begin{pmatrix} 0 & 0 & 1 & 0 \\ 1 & 0 & 0 & 0 \\ 0 & 0 & 0 & 1 \\ 0 & 1 & 0 & 0 \end{pmatrix}$$

通过最优矩阵可以得到甲执行C任务，乙执行A任务，丙执行D任务，丁执行B任务。

9.5.3 足球机器人角色分配

在机器人足球中，任务分配问题实际上就是角色分配问题。为了组成机器人足球队，不同的设计者可能采用不同的角色分配方法：在比赛的过程中根据各个机器人的状态动态分配角色，或者赛前为每个机器人指定角色，并且一直保持不变。不管使用哪种角色分配方法，每个球队都需要设计角色分配策略，并且在比赛中合理地为每个机器人分配角色。

在正常情况下中型组足球机器人比赛场上有5个机器人球员，按照角色的优先级顺序分别是守门员、主攻、防守、左路助攻和右路助攻。主攻球员在规则允许的前提下，与对方机器人争夺控球权，在获得控球权时，通过运球或传球拉扯对方防线，寻找机会，通过运球或传球突破对方防守，当时机成熟时，完成射门；左、右路助攻负责配合主攻球员的动作，并等待机会；防守球员在规则允许的前提下，干扰对方射门，对没有球权，但对己方有威胁的对方机器人进行盯人防守，与其他后防队员进行协同防守。根据比赛规则，比赛过程中，在以球为中心的1 m半径圆内，只能有一名己方球员，如图9.29所示。

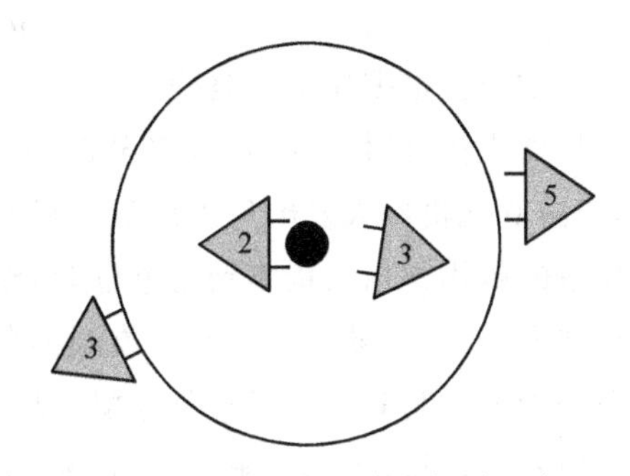

图9.29 足球机器人防守规则示意图

当球场上某个球员出现故障需要临时离场维修时，场上机器人能够根据场上实际有效机器人的数目，按照各个角色优先级的不同，变换其角色定义。如：除守门员外，当场上球员数目为4时，分别为主攻、防守、左路助攻和右路助攻；而如果只有3个，则变为主攻、防守和助攻；如果只有2个机器人，则为主攻和防守；只有1个时则为主攻。而当机器人数目恢复时，角色分配也按照优先级顺序逐渐恢复。

中型组机器人足球比赛对每个机器人分配角色任务，通常采用显示通信的方式，通过计算机器人不同角色的效用评估值，进行动态分布式分配。效用评估值由机器人与目标之间的距离，机器人朝向与目标之间的角度值的加权产生，为了保证角色分配的稳定性和决策控制的连续性，可以额外增加效用值进行控制。

(1) 主攻效用值

主攻角色的效用值由机器人到球之间的距离效用值，机器人、球和对方球门连线之间夹角的角度效用值确定，表示为如下形式：

$$u_{\mathrm{k}}=\lambda_{\mathrm{k}} d_{\mathrm{ball}}+\lambda_{\mathrm{rk}} \theta_{\mathrm{b2g}} \tag{9.2}$$

式中，$\lambda_{\mathrm{k}}>0$ 和 $\lambda_{\mathrm{rk}}<0$ 为加权系数，d_{ball} 为机器人到球之间的距离，θ_{b2g} 为机器人、球和对方球门连线之间的夹角，取值范围为$[0,\pi]$。

(2) 防守角色的效用值

防守角色的效用值由机器人到防守位置的距离效用值，机器人、球和己方球门连线之间夹角的角度效用值确定，表示为如下形式：

$$u_{\mathrm{f}}=\lambda_{\mathrm{f}} d_{\mathrm{ball}}+\lambda_{\mathrm{rf}} \theta_{\mathrm{b2j}} \tag{9.3}$$

式中，$\lambda_{\mathrm{f}}>0$ 和 $\lambda_{\mathrm{rf}}<0$ 为加权系数，d_{ball} 为机器人到球之间的距离，θ_{b2j} 为机器人、球和己方球门连线之间的夹角，取值范围为$[0,\pi]$，防守位置根据比赛策略确定。

(3) 助攻角色效用值

助攻角色效用值由机器人到助攻位置的距离效用值，比赛时机器人与球角度对助攻影响不大，助攻角色的效用值可以不考虑机器人、球之间的角度，表示为如下形式：

$$u_{\mathrm{a}}=\lambda_{\mathrm{a}} d_{\mathrm{ball}} \tag{9.4}$$

助攻位置根据比赛策略确定。

机器人比赛时，如机器人未分配角色，对自己分配的角色不满意，或者角色有冲突时，会向其他机器人发出角色重新分配申请。角色重新分配申请信息包括该机器人对各个角色的效用评估。接收到角色重新分配申请后，其他机器人也会将其对各个角色的效用评估发布出去，教练机根据接收到的各机器人的角色效用评估值，利用上节的集中式任务分配匈牙利算法进行角色分配。足球机器人角色分配过程如下：

(1) 机器人对各角色进行效用评估，判断是否需要进行角色重新分配。

(2) 如有机器人未分配角色或其他机器人提出了角色重新分配申请，教练机则向其他机器人广播角色效用评估值。

(3) 教练机根据一定时间内各个机器人提交的角色效用评估值，结合不同阵型下角色的优先级，采用集中式任务分配算法进行角色分配。

在比赛场某一时刻，每个机器人最多担任一个角色，同时每个角色只需一个机器人担任。在有 4 个机器人，4 个角色(主攻、守门员、助攻、防守)的情况下，在某时刻，通过计算得到的主攻、助攻、防守队员效用值(1 号机器人为守门员，采用固定角色分配，不用计算效用值)如表 9.4 所示。

表 9.4 足球机器人角色效用值

机器人	主攻	助攻	防守
2 号机器人	1.3	0.9	0.7
3 号机器人	0.8	1.2	1.4
4 号机器人	1.5	0.9	0.6

依据表 9.4 的角色效用值，调用集中式任务分配算法，可以得到各机器人的任务分配矩阵如表 9.5 所示。

表 9.5 足球机器人角色效用值

机器人	主攻	助攻	防守
2 号机器人		1	
3 号机器人	1		
4 号机器人			1

可以得到 3 号机器人担任主攻角色，2 号机器人担任助攻角色，4 号机器人担任防守角色，根据分配结果，每个机器人得到最合适的角色，能发挥最大的优势，确保比赛获得好成绩。

足球机器人 3×3 对抗如图 9.30 所示。

图 9.30 足球机器人 3×3 对抗

思考题

1. 阐述足球机器人的硬件结构。

2. 阐述足球机器人全景视觉相机的标定和图像矫正方法，思考阈值调节方法。

3. 思考基于目标颜色进行跟踪的算法。

4. 阐述足球机器人群体通信策略，分析裁判盒与教练机，教练机与场上机器人之间的通信方法。

5. 分析足球机器人 3×3 对抗的任务分配方法。

第10章 地面无人平台

地面无人平台是指无人驾驶的,完全遥控操作或按预编程序自主运行的地面机动车辆,可以搭载相应武器、侦察设备或其他任务载荷,独立遂行战场侦察监视、危险环境人员搜救、物资器材运输等任务。作为无人作战武器平台的重要载体,本章面向地面无人平台的自主化、智能化发展,探讨其组成结构、环境感知、导航定位、路径规划和运动控制方法。

10.1 地面无人平台组成结构

一个合理的平台组成结构,能高效、协调整合系统各部分功能,实现对于无人平台的有效控制,提高系统中人机智能的融合能力。

本节分析地面无人平台结构的不同类型及各自的优缺点,然后针对一种典型的平台组成结构进行详细分析和探讨。

10.1.1 结构类型

当前,无人平台的结构主要分为三种类型:分层递阶式(慎思式)、反应式和混合式(慎思/反应),三种类型的基本结构如图 10.1 所示。

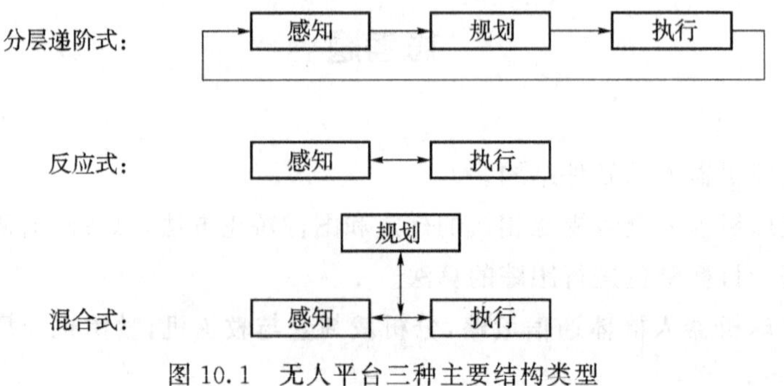

图 10.1 无人平台三种主要结构类型

(1) 分层递阶式组成结构,也就是慎思式组成结构,主要模仿人类智能的实现过程,结构中感知、规划和执行三个阶段不断循环进行,是目前大多数无人平台采用的控制结构。

它的主要优点在于:

① 拥有规划器和世界模型,系统具备(潜在的)效仿人类智能的能力;

② 具有制定战略和战术规划的能力;

③ 具有学习的能力;

④ 可以进行任务分解。

它的主要缺点是:

① 规划器和世界模型降低了系统的反应速度;

② 需要预先设计世界模型,这项工作十分繁重(学习能力有可能减轻);

③ 到目前为止还没有完全实现的先例(在很多无人平台中已部分实现)。

(2) 反应式组成结构

反应式组成结构只有感知和执行两个阶段,只是简单地根据感知结果执行相应动作。目前已经在小型机器人上成功实现,例如美国麻省理工学院所研发的包容式组成结构。

它的主要优点有:

① 结构简单,在设计上具有一定的优势;

② 可以利用简单的程序设计实现复杂的行为;

③ 具备快速响应能力;

④ 程序量较少;

⑤ 制造成本低。

它的主要缺点有:

① 不具备学习、世界建模和规划的能力;

② 即使在特定的领域内也无法模仿人类的智能;

③ 不同的并发执行行为之间可能产生冲突。

(3) 混合式组成结构

混合式组成结构结合了分层递阶式组成结构和反应式组成结构的优点,是目前平台组成结构研究的一个主要方向。混合式组成结构与分层递阶式组成结构一样具有规划器和世界模型,能模仿人类智能,具有制定战略和战术规划的能力,同时在任何合适时候也能具备反应式组成结构的快速响应能力,例如地面无人平台全速行驶时为了躲避突然出现的行人,可令反应式结构发挥作用。目前已经设计出了多种混合式结构,例如美国国家标准与技术研究院(National Institute of Standards and Technology,NIST)的4D/RCS结构、美国国家航空航天局(National Aeronautics and Space Administration,NASA)的3T结构、很多机器人使用的Saphira体系结构、NASA在移动机器人上使用的任务控制体系结构(Task Control Architecture,TCA)等。

除了分层递阶式(慎思式)、反应式和混合式组成结构外,沉思式(reflective)组成结构具有学习能力。沉思式的组成结构能够监控和改变自己的行为以便更好地适应环境(例如通过自我评价),相当于在无人平台的自主控制结构中嵌入了一个内部控制系统。

10.1.2 典型的平台组成结构——四层递阶式

四层递阶式地面无人平台(如自主车辆)组成结构是一个典型的混合式自主控制结构。自主控制系统要代替驾驶员完成从“接受目的地指令”到控制车辆“运行到目的地”这一驾驶任务,首先需对任务进行合理分解。根据任务环境、时间跨度和空间范围等特点,整个驾驶任务可以分为四个层次,具体为:

(1) 任务与子任务

任务是驾驶控制系统所接收的来自操作员的宏观命令,其内容为:从现实世界的某一点 A 到达另一点 B。任务通常需要几十分钟甚至几天才能完成,其在空间上的跨度也往往很大。子任务是对任务的分解,通常子任务的起点和终点,对自主车辆来说需具有相同道路结构特点,且为同一条道路的两点,也就是说自主车辆执行的子任务时均能采用同一控制策略。通常子任务为:沿具有两车道的公路从 A1 到 A2,沿乡间公路从 A2 到 A3 等。每个子任务的持续时间一般从几分钟到几小时不等。

(2) 行为

行为是自主车辆为了应付不断变化的交通状况而采取的一种动作序列。每种行为都应能满足自主车辆在安全性、行车效率或对交通规则遵守上的一些要求。一个行为的执行期通常为几秒到几分钟。常见的行为如:换入左车道并超越前方车辆,跟踪前方车辆,在交叉路口停车等待等。

(3) 轨迹(规划轨迹)

轨迹是自主车辆所经过的路径及经过时的速度序列。规划轨迹则是自主车辆在未来一段时间内期望经过的路径及期望经过速度的序列。规划轨迹的时间长度一般为几百毫秒到几秒。

(4) 动作

动作是驾驶控制系统所产生的,由各执行机构执行的最底层指令。如油门开度为 α,前轮偏角为 δ 等。每个动作的执行时间通常为几毫秒到几十毫秒。

基于上述任务层次分解,结合有关研究,国防科技大学地面无人平台研究团队设计了四层递阶式地面无人平台组成结构,如图 10.2 所示。其四个层次依次是:任务规划、行为决策、行为规划和操作控制,另外还包括系统监控和车辆状态与定位信息两个独立功能模块。

控制系统四个层次分别负责完成不同规模的任务,从上到下任务规模依次递减。其中:任务规划层进行从任务到子任务的映射;行为决策层进行从子任务到行为的映射;行为规划层进行从行为到规划轨迹的映射;操作控制层进行从规划轨迹到车辆动作的映射。

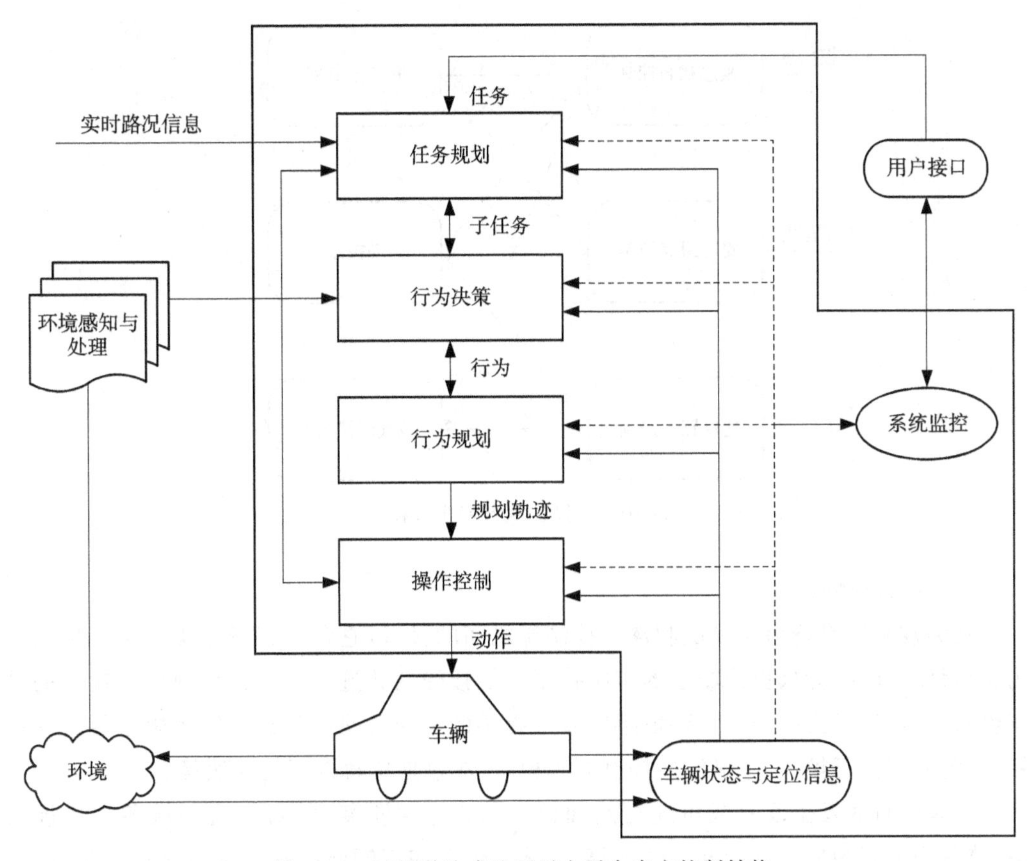

图 10.2 四层递阶式地面无人平台自主控制结构

由于驾驶控制系统各层所要处理的任务层次不同,造成其从时间、空间跨度、所关注的环境信息、逻辑推理方式以及对完成控制目标所负有的责任等多方面均有所不同。系统监控模块作为一个独立模块,负责收集系统运行信息,监督系统的运行情况,必要时调节系统运行参数等。车辆状态与定位信息模块则负责车辆状态与定位数据的产生,并提供给系统各层次,用于决策控制。

(1) 操作控制层

操作控制层将来自行为规划层的规划轨迹转化为各执行机构动作,并控制各执行机构完成相应动作,是整个自主驾驶系统的最底层。它由一系列传统控制器和逻辑推理算法组成,包括车速控制器、方向控制器、制动控制器、节气门控制器、转向控制器及信号灯/喇叭控制逻辑等。

操作控制层的输入是由行为规划层产生的路径点序列、车辆纵向速度序列、车辆行为转换信息、车辆状态和相对位置信息组成。这些信息通过操作控制层加工,最终变为车辆执行机构动作。操作控制层主要模块如图 10.3 所示,操作执行层各模块以毫秒级时间间隔周期性地执行动作,控制车辆沿着上一个规划周期内的规划结果运动。跟踪控制精度是衡量操作控制层性能的重要指标。

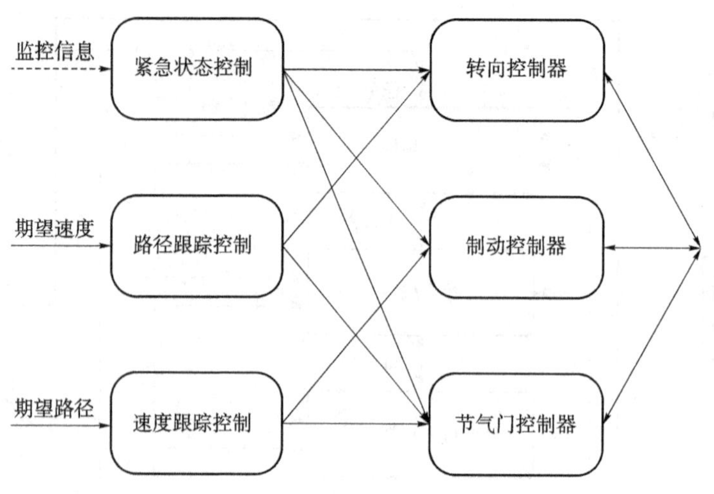

图 10.3　操作执行层主要模块

(2) 行为规划层

行为规划层是行为决策层和操作控制层之间的接口，它负责将行为决策层产生的行为符号结果，转换为操作控制层的传统控制器能接受的轨迹指令。行为规划层输入的是车辆状态信息、行为指令以及环境感知系统提供的可通行路面信息。行为规划层内部包括：行为监督执行模块、车辆纵向控制规划模块、车辆期望轨迹规划模块等。

当车辆行为发生改变或可通行路面信息处理结果更新时，行为规划层各模块被激活，监督当前行为的执行情况，并根据环境感知信息和车辆当前状态重新进行行为规划，为操作控制层提供车辆期望速度和期望运动轨迹等指令，另外行为规划层还向行为决策层反馈行为的执行情况。图 10.4 是一个行为规划层的示意图。

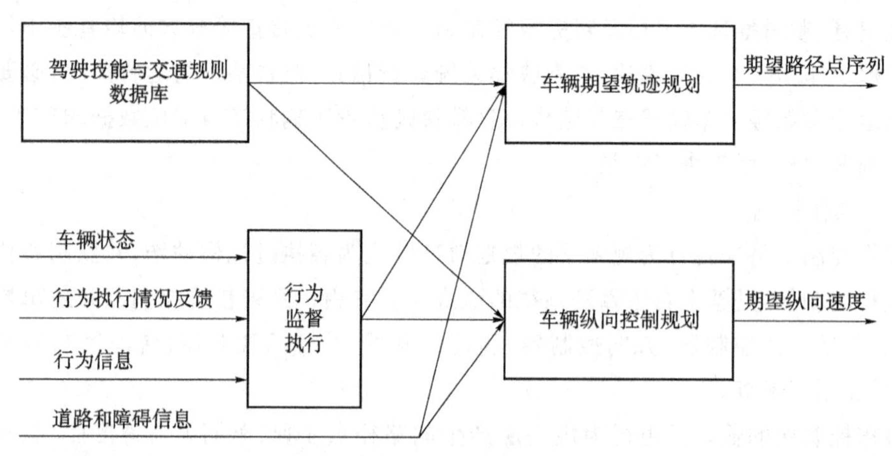

图 10.4　行为规划层的示意图

行为监督执行模块综合环境感知信息、车辆状态信息和行为决策层决策结果，确定行为转换时机，并形成行为执行情况反馈，如行为完成比例、当前执行行为等。

车辆纵向控制规划模块根据当前执行的行为、车辆当前状态、预期行车速度，利用驾驶技能和有关交通规则知识，规划车辆在下一次规划周期前的纵向控制目标，包括规避障碍的预期位置、预期速度及预期加速度等，以供操作控制层在一个规划周期中执行。

车辆期望轨迹规划模块根据当前执行行为、车辆当前状态以及环境图 10.4 行为规划层主要模块示意图，感知所获得的道路和故障信息，结合车辆动力学特性和驾驶知识及交通规则，规划车辆在下一个时间段内所应经过的路径点序列，作为操作控制层路径跟踪模块的输入。行为规划层应能对行为决策层产生的各种行为做出合理规划。

车辆行为规划层的各个模块都是由环境感知信息来激活的，其执行与环境感知模块同步。每次规划结果可以供操作执行层在几个甚至几十个周期内执行。每次规划距离则由环境感知系统的感知距离来决定。规划结果的安全性、舒适性是衡量行为规划层性能的重要指标。

(3) 行为决策层

常见的车辆行为包括：起步、停车、加速沿道路前进、恒速沿道路前进、躲避障碍、左转、右转、倒车等。自主车辆要根据环境感知系统获得的环境信息、车辆当前状态以及任务规划层规划的任务目标，采取恰当行为，保证顺利地完成任务，这一工作由行为决策层来完成。

影响自主车辆行为决策的因素有道路情况、交通情况、交通信号、任务对安全性和效率的要求、任务目的等。如何综合上述各种因素，高效地进行行为决策是行为决策层研究的重点。

人工智能中有关推理决策的理论和方法是目前实现行为决策的常用方法。一个好的行为决策系统应能对车辆行驶环境变化实时地做出反应，并能根据用户对安全性和效率的关注程度，产生合理的行为，完成任务。很多学者研究认为，基于车辆－环境状态行为抽象的行为效用决策策略，是比较好的行为决策层实现方法。

图 10.5 是自主车辆行为决策层的主要模块示意图。其中：行为模式按车辆当前运行环境的结构特征、交通密度等，产生当前条件下的可用行为集及转换关系，是行为决策的重要依据。如城市公路上应注意的交通信号、行人等，而高速公路上没交通信号，因此两种情况下行为集是不同的。预期状态是根据当前执行的子任务决定的，如对车速的预期、对车辆安全性的预期等。环境建模及预测是根据环境感知系统的感知信息，对影响行为决策的一些关键环境特征进行建模，并对其发展趋势进行预测。

行为决策逻辑是行为决策层的核心，其综合各类信息、逻辑处理后向行为规划层发出行为指令。一个好的行为决策逻辑是提高系统自主性的必然要求。行为决策的每个行为执行时间通常为数秒。决策结果的安全性和对任务快捷性要求满足程度是衡量行为决策层的重要指标。

(4) 任务规划层

任务规划层是地面无人平台自主驾驶智能控制系统的最高层，因而也具有最高智

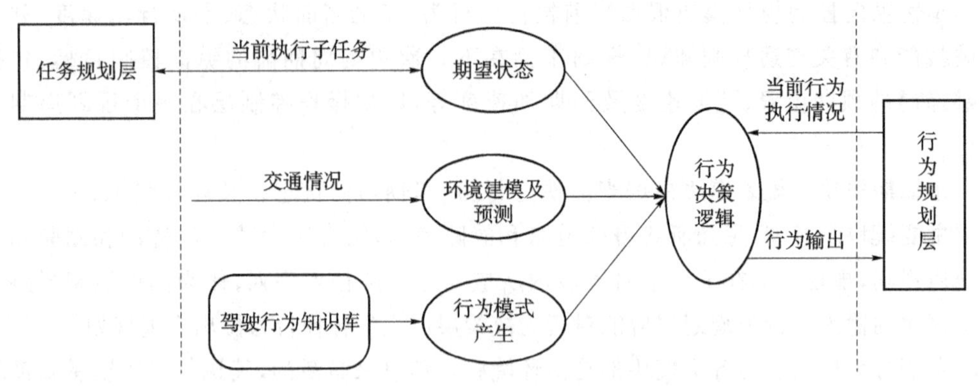

图 10.5　行为决策层主要模块示意图

能。任务规划层内部包括任务规划模块和任务监控模块。任务规划模块接收来自用户的任务请求，利用地图数据库，综合分析交通流量、路面情况等影响行车的有关因素，在已知路网中搜索满足任务要求的从当前点到目标点最优的或次优的通路。通路通常由一系列子任务组成，如：沿 A 公路行至 X 点，转入 B 公路，行至 Y 点，……，到达目的地。同时，任务规划模块还规划通路上各子任务完成时间以及子任务对效率和安全性的要求等。规划结果交由任务监控模块监督执行，如图 10.6 所示。

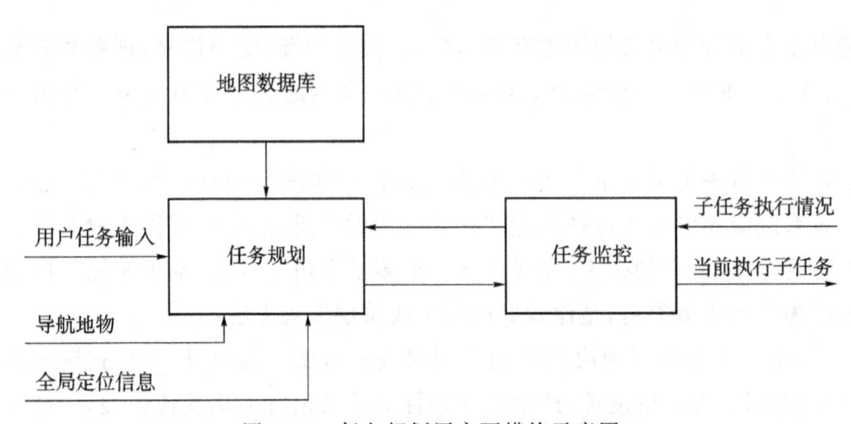

图 10.6　任务规划层主要模块示意图

任务监控模块根据环境感知和车辆定位系统的反馈信息确定当前要执行的子任务，监督控制下一层级对任务的执行情况，当前子任务执行受阻时要求任务规划模块重新规划。

任务规划问题一般离线进行，是一个固定环境下的静态搜索问题，在人工智能研究中已经得到了较好解决，启发式搜索算法可用来实现任务规划层，如 A* 算法等。

(5) 系统监控模块

系统监控模块是本控制结构的一大特色，在整个驾驶控制系统中扮演着重要角色。其担负的任务包括与操纵员的交互、车辆错误检测、系统运行状况监测等，并将操纵员的操纵指令、系统当前健康状况提交至自主驾驶控制系统的各层，由各层做出相应反应，必要时可直接启动操作控制层的紧急状况处理模块，采取紧急停车等紧急处理预案，确保车辆安全。

系统硬件诊断错误包括各传感器、各执行机构以及轮胎、发动机等各种硬件故障。软件故障监控则监控各模块的运行结果，以判断在计算中是否出现故障。系统故障状况信息将影响到控制器各模块的运行情况。

(6) 车辆状态感知模块

车辆状态感知模块对来自车辆各状态传感器的信号进行必要的滤波、融合、处理，计算车辆当前状态，包括车辆速度、加速度、转向轮转角、位置、姿态及其他有关状态，并将这些状态记录在一个短时记忆装置中，以备控制系统有关模块的查询，另外车辆状态感知模块还应能对车辆未来状态进行预测。

10.2 地面无人平台环境感知

环境感知系统是地面无人平台的“眼睛”和“耳朵”。想象一下，如果一个人看不见、听不见，那么他在环境中生存下去该是多么的困难！同人类一样，地面无人平台想要完成人类赋予它的任务，前提条件是，它必须有能力感知周边环境，这就是环境感知与理解技术要解决的问题。

一个环境感知系统由硬件和软件两部分构成，与之相对应的环境感知技术也是由两部分构成，其中与硬件系统相对应的是环境感知传感器技术，与软件相对应的是环境信息处理技术。

(1) 常用环境感知传感器

人类感知周边环境主要是靠五官，具体包括视觉、听觉、触觉，嗅觉及味觉，除此之外还有本体感受器，主要感受人体自身的行为姿态。无人作战平台同样具有类似这样的“器官”。

图 10.7 中是某型无人车传感器配置，在这台无人车上配备的传感器包括立体视觉系统、三维激光雷达和惯性导航仪。其中立体视觉系统类似人类的双眼，用来获取环境图像纹理和深度信息；三维激光雷达可进行 360°全向测距，主要用于构建平台周围环境的三维模型；惯性导航器件类似人类的本体感受器，主要用于测量无人车自身的位置、姿态、速度、加速度。

地面无人平台上常用的环境传感器以声波或电磁波作为工作介质，其中图像传感器、毫米波雷达、激光雷达、微波雷达以不同波长的电磁波为工作介质，声呐以声波为工作介质。

根据是否主动向外界发射能量，环境传感器可分为主动传感器和被动传感器两大

图 10.7 某型无人车传感器配置

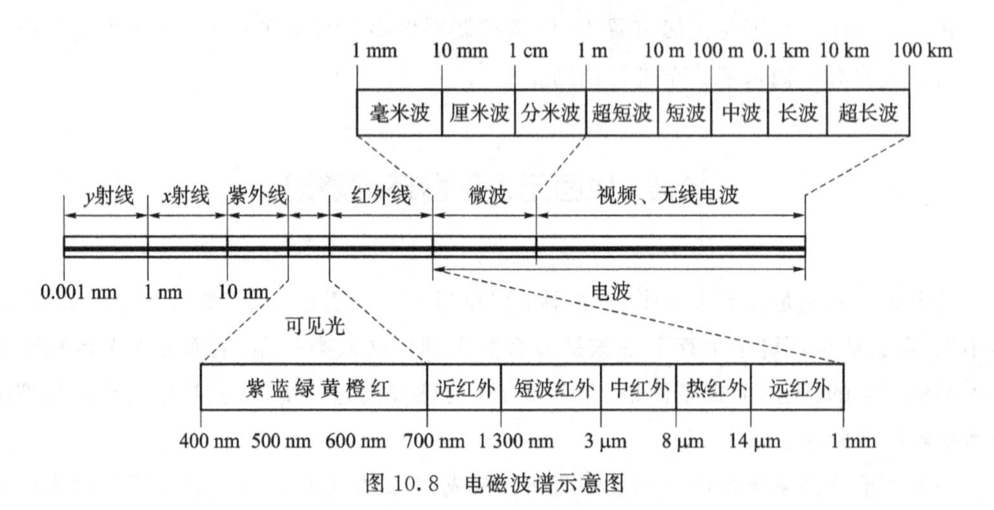

图 10.8 电磁波谱示意图

类。主动传感器以电磁波、激光等形式向外发射能量，根据返回的能量信号特征感知环境，优点是感知范围广，且不容易受到光照等外界因素的干扰，但易被发现；被动传感器不向外主动发射能量，根据接收到的环境信号特征感知环境，具有很好的隐蔽性。图像传感器是典型的被动传感器，其他属于主动传感器。

1）图像传感器

目前无人作战平台上常用的图像传感器主要有三种类型：可见光相机、长波红外相机以及短波红外相机。其中可见光相机主要感受 0.4～0.7 μm 的光谱范围，如图 10.9 左侧图所示。它的特点是颜色丰富，容易提取特征，使用广泛且价格相对便宜。缺点是容易受到光照、烟雾等因素的影响，成像质量不够稳定。

长波红外相机主要感受 8～14 μm 远红外波段的信号。它的主要特点是能够感受物体温度的差异。因此即便在完全没有光照的夜晚，利用目标和背景之间存在的温度差也可以对目标进行识别，如图 10.9 中间图片所示。

短波红外相机则是兼具可见光相机和长波红外的特点，既能感受到一定的可见光光谱范围内的亮度差异，也能感受到物体间的温度差异，如图 10.9 右侧图所示。它在去除烟雾干扰方面有一定的优势，缺点是价格相对比较昂贵。

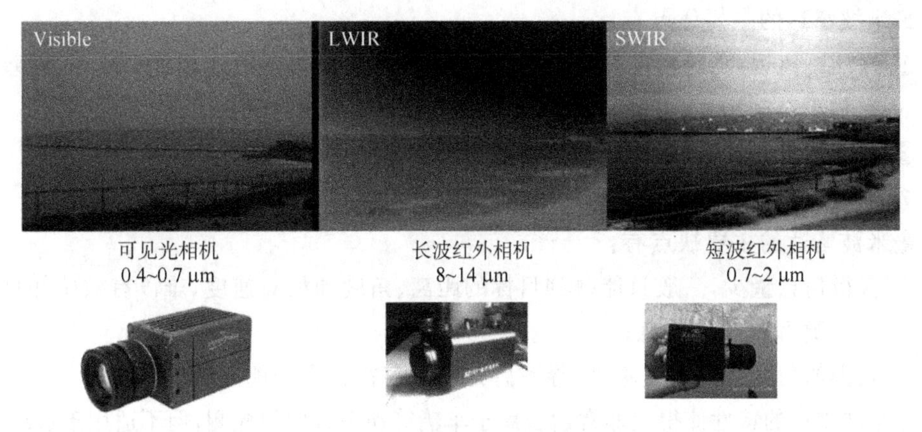

图 10.9 不同类型的图像传感器

图像传感器的主要优点有：

① 信息量丰富，可获得亮度、色彩、形状、纹理等多种环境感知信息；

② 属于被动感知，不改变环境状况，多个传感器同时使用不会互相干扰；

③ 价格便宜，无活动部件，工作可靠。

它的主要缺点有：

① 所获信息噪声严重，处理困难，感知结果可靠性不高；

② 不能直接测量得到目标距离和速度信息，通过间接估计可以得到距离和速度信息，但通常精度不高；

③ 易受天气和光照影响，环境适应性相对较差。

图像传感器的感知距离和视野由镜头焦距决定。选择长焦镜头，可感知数千米外的环境信息；换上短焦广角镜头，水平视角可达 120°以上，但是同一相机两者不可兼顾。目前图像传感器大多使用定焦镜头，焦距可随时改变的主动变焦图像传感器还未被广泛使用，因此使用时需要根据感知任务特点选择恰当的镜头焦距。

2）微波雷达

微波雷达的研究起源于 20 世纪早期的微波雷达技术，微波雷达是用于目标探测的一类重要传感器。相比图像传感器只是被动接受来自环境中的信息，微波雷达是一种通过主动发射电磁波脉冲，并对环境返回的电磁波信号进行处理以获取目标位置、速度信息的传感器。受到无人作战平台自身携带载荷能力的影响，在无人机、无人船上使用的微波雷达一般体积较小，用于探测周围的各类障碍和目标。根据微波雷达发出的电磁波频率的不同，其探测能力会有所变化。一般来说，电磁波波长越短，探测精度越高，探测距离越远。

3）毫米波雷达

顾名思义，毫米波雷达发出的电磁波频率工作在毫米波频段，由于波长较小，相应的体积、功耗都较小，而探测精度较高。它的工作原理是利用多普勒效应对目标进行测距测速，目前被广泛应用于地面无人平台的环境感知系统中。

毫米波雷达的主要优点有：

① 探测距离远，测距精度高，对于普通车辆的探测距离一般能超过 150 m，误差不超过 0.5 m，视野范围广，水平视角可达 90°，但两者不可同时达到；

② 它利用多普勒原理，能够直接测量得到目标的相对速度；

③ 环境适应性很强，不受雨雾烟尘等影响。

毫米波雷达的主要缺点有：

① 获得信息量少，一般只能得到目标的距离、角度和相对速度，难以有效感知目标的尺寸、三维轮廓和材质等信息；

② 获得的角度信息精度不高，导致感知结果存在较大的侧向误差。

毫米波雷达的特性使得它非常适合用于车辆等动态目标的检测，但不适用于远距离。

4）激光雷达

目前地面无人平台常用主流的激光雷达为机械旋转式三维激光雷达，利用它可以获取平台周围环境的三维信息，被广泛应用于地面无人车辆、地面移动机器人和旋翼无人机中。

图 10.10　激光雷达及其获取的环境数据

激光雷达的主要优点有：

① 探测距离较远，目前，在地面无人平台上应用的很多激光雷达最远探测距离超过 150 m；

② 水平和垂直分辨率高，对于目标距离和角度的探测精度都很高，感知可靠性高；

③ 受光照影响小，在白天晚上都可以使用。

激光雷达的主要缺点有：

① 无法直接测量得到目标的运动速度；

② 环境适应性差，由于激光的波长较短，因此，容易受雨、雾、烟、尘等恶劣天气的影响，容易产生噪声。

5）声呐

声纳传感器被广泛应用于无人潜航器，声纳通过主动发射声波，对水下环境进行成像,或通过被动接收目标发送的声波,对目标进行探测。声波的特性使其特别适用于水面和水下环境。

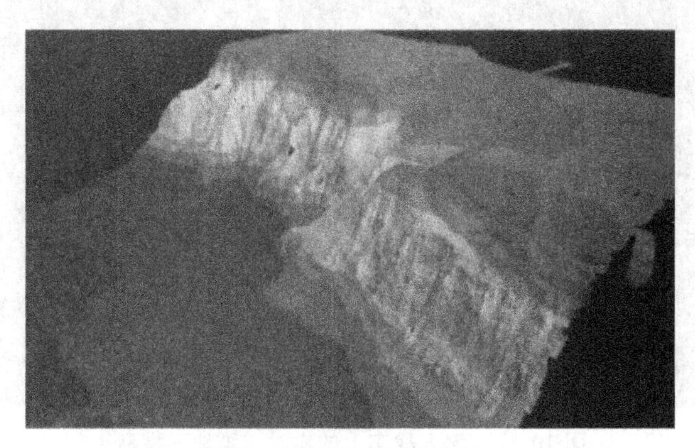

图 10.11 利用声纳扫描获取的三维海底图像

(2) 环境信息处理技术

环境感知传感器为探测周围环境提供了丰富的原始信息。为了使无人作战平台能"认识"并"理解"环境,还需要对传感器采集的各种环境信息进行分析处理,这就是环境感知信息处理技术。

环境感知信息处理技术包括模式识别、机器视觉、机器学习等。环境信息处理技术的核心工作是融合多种传感器信息,对环境进行建模和理解,具体包括目标检测与跟踪、语义理解、三维环境建模等。

环境感知技术与地面无人平台的任务和所处的环境有很大的关系,不同的环境下需要完成的环境识别任务不尽相同。例如在城市环境中执行任务的地面无人平台需要识别交通标志、车道线等交通语义信息;在越野环境下,无人平台需要对环境的三维地形可通行性和地表材质特性进行建模。例如,对土堆、灌木丛等凸起障碍的建模,以及对壕沟、弹坑等凹障碍物的检测;在水面环境中,则需要识别包括舰船、灯塔等各种水面目标。下面结合地面无人作战平台介绍环境感知的两类主要任务。

第一类是影响平台机动的自然环境建模。主要任务是利用战场基础数据、多种传感器实时获取的深度、红外、可见光信息、惯性传感器及平台运动状态数据,对战场三维地形进行多分辨率建模,对地表属性、天气状况与大气能见度进行分析,综合实时运动状态和轮地作用状态,对地形可通行性、地面附着特性、环境信息置信度等影响平台机动的环境要素进行实时建模,研究三维地形信息、地表力学特性信息和传感器能力信息在平台运动规划和路径跟踪控制中的应用,提升地面无人作战平台在崎岖地形、多变天气和复杂地貌中的自主运动规划与控制能力。无人战车上的实时三维地形模型如图 10.12 所示。

第二类是各类目标信息的获取。地面无人平台的运动,还需要获取周围环境中行人、车辆、工事等各类目标信息的位置、速度、轨迹等。地面环境的复杂性,目标识别面临

图 10.12　无人战车上的实时三维地形模型

环境变化剧烈，小样本甚至无样本的困难，地形地表数据引导、周边环境/任务约束和扰动/退化机理模型的训练数据生成等技术可用于解决小样本和环境变化问题，长期自学习目标识别框架可解决无样本目标识别问题，多模态特征和时间序列神经网络预测方法可识别目标行为，定性/定量推理可预测目标意图，目标识别与行为分析算法可提升自然环境、任务场景、周边扰动的适应能力，这些均是环境感知需要重点解决的主要问题。无人战车的目标信息获取如图 10.13 所示。

图 10.13　无人战车的目标信息获取

10.3　地面无人平台导航定位

无人作战平台自身状态包括位置、姿态、速度、加速度、角速度、油量、电量等状态，其中与平台运动控制直接相关的状态包括位置、姿态、速度、加速度、角速度等。这些状态通常是由导航定位子系统获取，常用的地面无人平台导航定位方法包括惯性导航、卫星导航、地形匹配导航等。

(1) 惯性导航

惯性导航系统(Inertial Navigation System，INS)是一种不依赖于外部信息、也不向外部辐射能量的自主式导航系统。其工作环境包括地面、空中、水面以及水下。

惯性导航系统有如下主要优点：(1)不依赖于任何外部信息，也不向外部辐射能量，故隐蔽性好，也不受外界电磁干扰影响；(2)可全天候、全球、全时间地工作于空中、地面、水面甚至水下；(3) 能提供位置、速度、航向和姿态角数据，所产生的导航信息连续性好而且噪声低；(4)数据更新率高、短期精度和稳定性好。其缺点是：(1)由于导航信息位置解算包含了积分过程，定位误差会随时间累积而增大，长期运行时精度差；(2)每次使用之前需要较长的初始对准时间；(3)设备的成本相对高；(4)不能给出授时信息。特别是惯导有固定的漂移率，会造成物体运动测量误差，因此射程远的武器通常会采用指令、全球卫星导航系统等对惯导进行定期修正，以获取持续准确的位置参数。比如中距空空导弹中段采用捷联式惯导+指令修正方式，以获取持续准确的位置参数。

目前，惯性导航设备分为两大类：平台式惯导和捷联式惯导。它们的主要区别在于，前者有实体的物理平台，陀螺和加速度计位于固定的平台上，该平台跟踪导航坐标系，以实现速度和位置解算，姿态数据直接取自于平台的环架；在捷联式惯导中，陀螺和加速度计直接固连在载体上，惯性平台的功能由计算机完成，故有时也称作“数学平台”，它的姿态数据是通过计算得到的，如图10.14所示。

惯性导航系统的基本工作原理是以牛顿力学定律为基础，通过测量载体在惯性参考系的加速度和角速度，将其对时间进行积分，并把它变换到导航坐标系中，就能够得到其在导航坐标系中的速度、偏航角和位置等信息。因此，惯性导航系统采用的是推算导航方式，即从某个已知点的位置开始，利用连续测得的载体三轴角速度和加速度推算出其下一时刻位姿，并且可连续测出运动体的位置和姿态。惯性导航系统中的陀螺仪用于提供一个参考导航坐标系，使加速度计的测量轴稳定在该坐标系中并给出航向和姿态角；加速度计用于测量运动体的加速度，经过对时间的一次积分得到速度，速度再经过对时间的一次积分即可得到位置。

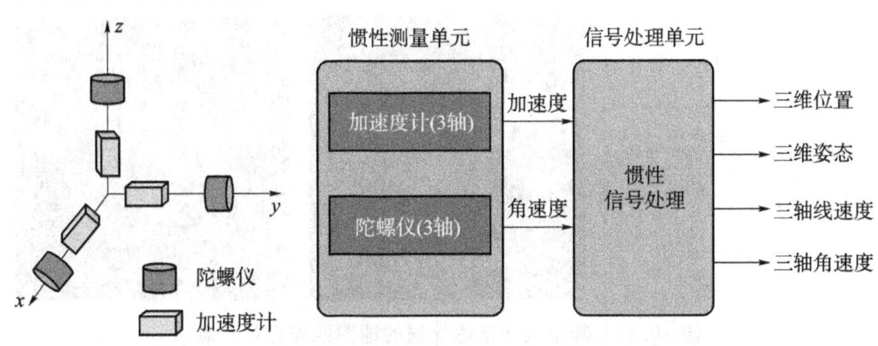

图10.14 捷联惯性导航系统传感器配置及其解算过程示意

惯导平台是惯性导航系统的核心部件,它的作用是为整个惯性系统提供载体比力的大小和方向,或者说,把载体的比力按期望的坐标系分解为相应的比力分量。地面无人平台常采用捷联方式,加速度计直接安装在载体上,测量沿着与载体固连的坐标系轴方向的比力。为了测量每一瞬间轴坐标系相对计算坐标系的方向,必须在载体上安装陀螺仪。这种陀螺仪应当能够以很高的精度在很大的测量范围内测量载体的旋转角速度。

目前,应用于无人作战平台领域的惯性导航系统发展迅速,价格低廉的一体化、小型化、多模式惯性导航设备正成为该领域发展的重要方向。

(2) 卫星导航

卫星环绕地球运行,不管是椭圆形轨道、圆形轨道还是同步轨道,它始终以一定周期,周而复始地飞驰。若没有其他干扰因素(例如:月亮与太阳引力、地球重力不均匀、空气分子阻力等),那么卫星的轨道固定不变,也就是它与地球维持一定的关系,因此,可以很准确地计算出它在任意时刻的位置,以及它将在什么时段通过哪些区域。既然它的运行很精确,人们就可以利用它进行导航。通过无线电,它将自身相对于地球坐标的位置信息发送出来,这些信息可以被卫星信号接收机接收到。卫星信号接收机可以同时接收到多颗导航卫星的信号。利用发射信号与接收信号之间的时间差,再乘以光速,就可以计算出接收机与卫星的直线距离,综合利用卫星信号接收机与多颗导航卫星间的距离,就可以反算出卫星接收机的位置。

(3) 基于环境地图特征匹配的导航定位

基于环境地图特征匹配的导航定位是近年来发展起来的一种新型导航方式。其利用载体环境传感器实时测量获取的环境高程、静态障碍、颜色纹理等信息提取环境特征,与离线构建的地图数据库中的环境特征进行匹配,得到载体的当前位置姿态。事实上,利用环境传感器前后帧的数据,将它们进行匹配,也可以作为一种方式实现对载体运动速度和姿态的测量。

以地面无人平台导航为例,利用激光雷达数据可以构建二值障碍图、二维高程图、三维点云图等不同形式的地图。针对不同形式的地图可以设计不同的地图匹配定位方法,这些方法通过将传感器实时观测到的环境数据与地图中存储的数据进行匹配,从而实现无人车在地图上的高精度定位,如图 10.15 所示。

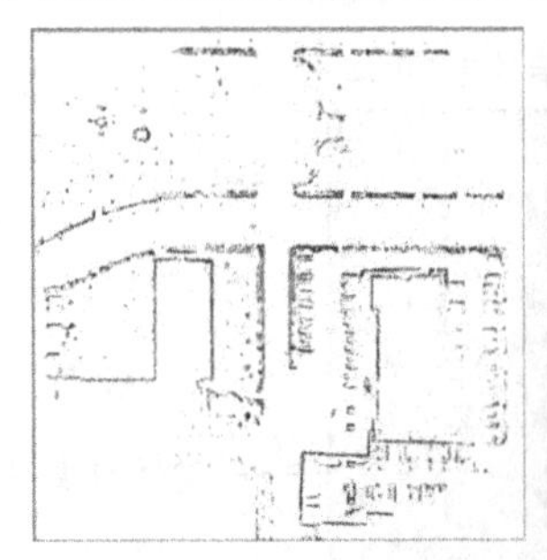
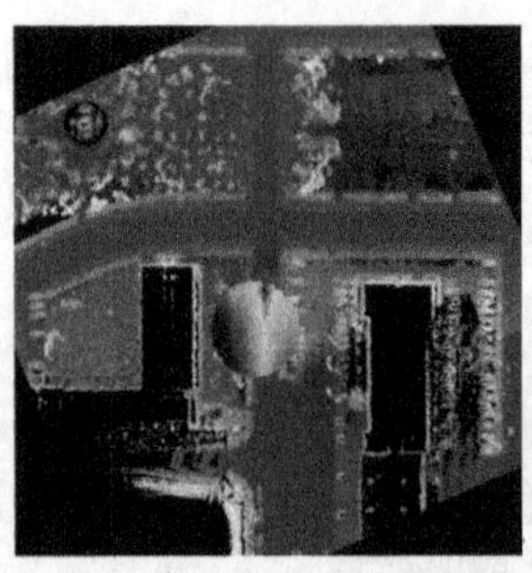
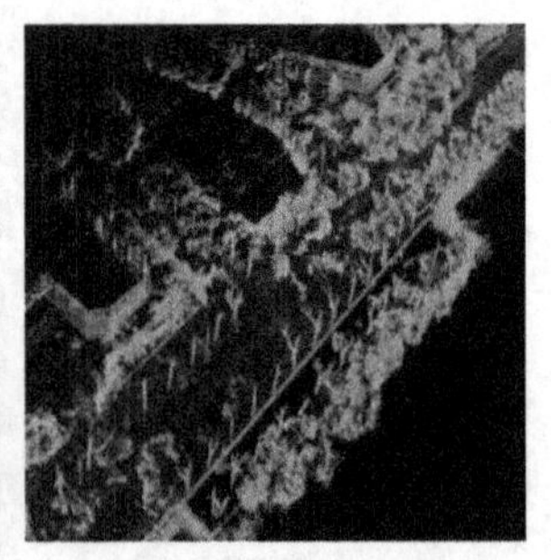

图 10.15 基于激光雷达数据的地图匹配定位示意

(由左至右依次为二值障碍地图、二维高程地图以及三维点云地图)

与惯性导航相比，环境地图特征匹配导航没有误差积累；与卫星定位相比，其定位性能不会受到地形遮挡、无线电干扰等影响。近年来，环境地图特征匹配在无人机、无人车和无人潜航器的导航定位中被越来越多的使用，已经成为严重遮挡和通信拒止条件下的一种非常重要的导航定位手段。

(4) 组合导航

将两种或两种以上导航系统以适当方式组合，以达到提高系统精度和改善系统可靠性的目的，这种系统被称为组合(或综合)导航系统。组合导航技术是当前各种地面无人平台广泛采用的定位定向手段。至于哪些导航系统可相互结合成为组合导航系统，一般是没有限制。通常惯性导航系统由于其工作的完全自主性，以及所提供信息的多样性(位置、速度及姿态)，已成为当前各种运动平台上应用的一种主要导航系统。目前已得到广泛应用的车载和机载组合导航系统，绝大部分都是以惯性为基础的组合系统。

例如，INS/GNSS组合导航系统就是将惯性导航与卫星导航系统相组合。虽然卫星导航系统具有全球、全天候、高精度、实时定位等优点，但是其动态性能和抗干扰能力较差。INS具有自主导航能力，不需要任何外界电磁信号就可以独立给出载体的姿态、速度和位置信息，抗外界干扰能力强。但是惯性导航定位误差随时间的延续不断增大，即误差积累、漂移大。通过将两者组合能够充分发挥各自的优点，同时克服各自缺点，实现在高动态和强电子干扰的环境下实时、高精度的导航定位。

10.4 地面无人平台路径规划

运动规划与行为决策是提高地面无人平台在复杂越野环境下自主机动和决策规划能力的关键。

地面无人平台所面临的最大挑战来自地面环境的多样性和复杂性。特别是面向军事设施侦察、长途越野运输、高危环境作业甚至是战后和灾后搜救等任务，都要求无人平台在不同地表覆盖和起伏越野环境下能够正确地做出决策规划，从而实现快速的自主机动。然而越野环境复杂多样，缺乏人工规则，感知结果存在很大的不确定性。另外，可通过性判别准则模糊，传统的基于简单模型、人工定义代价函数和手工调参的决策规划方法存在很大局限。特别是仅考虑二维环境约束的方法使得规划结果与实际情况不符，极大地制约了地面无人平台在起伏越野环境中的自主机动能力。通常在获知车辆周围的环境信息和先验地图信息后，无人系统需要对当前的任务、行为等进行规划。例如，军用地面无人平台在“一键启动－自主跟随－前突侦察－一键返航－自主停车”任务中，确定当前是处于“前突侦察”或是“一键返航”任务模式，并在当前任务模式下规划决定采用直行、停等、靠边隐蔽等行为模式。同时，还需要根据当前任务，规划到达目的地所需设置的全局路径。全局路径规划采用A*算法等优化方法，在已知路网和地图的情况下，以时间最短或某种任务为目标，以车辆性能等为约束条件，得到全局的优化路径。在全局路径存在障碍物的情形下，进行局部轨迹规划，实时规划出当前可连续行驶的安全路径，避障行驶，如图 10.16 所示。

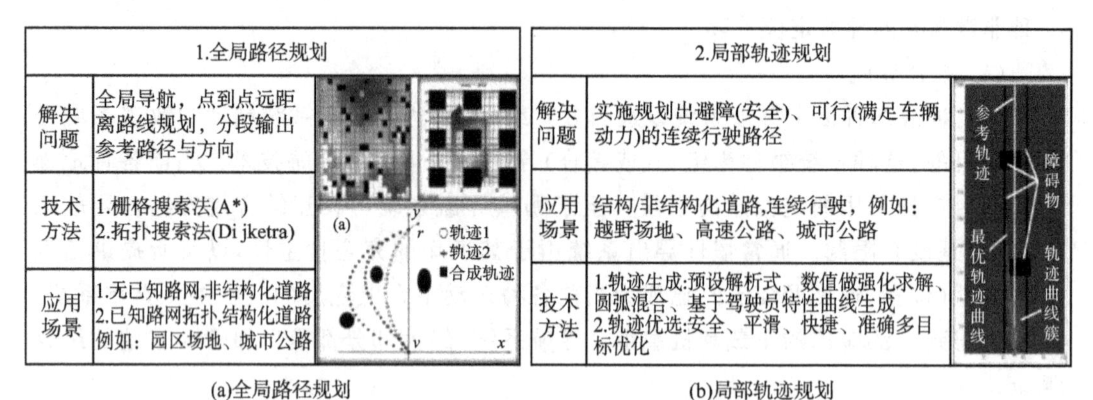

(a)全局路径规划　　(b)局部轨迹规划

图 10.16　全局路径规划和局部轨迹规划

从规划层次来看，应用于地面无人平台的运动规划方法主要有：全局路径规划和局部轨迹规划两大类。

10.4.1　全局路径规划

地面无人平台在完成任务过程中，需要预先根据离线地图信息，对如何有效、安全地完成自己的任务进行任务路径的规划，这就是全局路径规划。

地面无人平台接受任务后，由全局路径规划系统对整个过程进行运动规划。一个合理的运动规划结果必须满足来自任务使命、平台自身、运行环境和通信网络等方面的一系列约束条件，才能最大化无人平台完成相应任务的概率。因此全局路径规划是一个多约束、多目标综合决策问题，需要综合利用运筹学、控制理论、人工智能等相关理论和方法进行求解。

(1) 全局路径规划过程的约束条件

全局路径规划过程中需要满足的约束条件主要来自任务、平台自身、运行环境和通信网络四个方面。

1) 任务的约束

无人平台的每一次使用都是为了完成特定的任务，平台任务规划系统必须满足以下任务要求：

① 时效性约束，很多任务对时效性要求很高，如军用地面无人平台，要求无人作战系统必须在规定的时间段内到达特定的目的地，并执行特定的作战任务，因此，全局任务规划需要从路径和速度选择上考虑满足上述硬性约束。

② 安全性约束，无人平台在执行危险任务时应当避开威胁区域，保证自身安全，以提高无人平台的生存能力，提升任务完成的概率。因此在全局任务规划过程有必要考虑实

时动态变化的威胁因素。

2）无人平台本身物理特性限制

通常，无人平台本身机动能力是有限的，主要表现如下：

① 最小转弯半径约束。它限制了跟踪路径的曲率。例如，对于阿克曼转向的无人车而言，它的最小转弯半径需要小于特定路径的转弯半径，意味着转弯半径过小的路径，无人平台将无法直接跟踪执行。

② 最大爬升/俯冲角约束。它限制了无人平台在垂直平面内上升和下降的最大角度。

③ 最大加速/减速能力约束。它限制了无人平台的速度变化。

④ 最大过载能力约束。过载是无人平台运动过程中产生的离心力，太大的过载对系统的安全有害。例如，过大的负载有可能使飞机失控，甚至解体，使地面无人车失控甚至侧翻。因此在全局路径规划时必须考虑转向和速度的协同问题，以将过载控制在合理的范围内。

⑤ 最大续航能力限制等。

3）来自通信系统的约束

由于必须在指挥控制站和无人平台间保持畅通的通信，因此来自通信的约束也是任务规划时必须考虑的主要因素之一，如：

① 通信距离；

② 地形对通信的影响；

③ 通信干扰。

(2) 全局路径规划模块结构

图 10.17 所示为一个完整的军用无人平台全局路径规划模块结构。其包括了世界建模、态势评估和路径规划三个阶段。

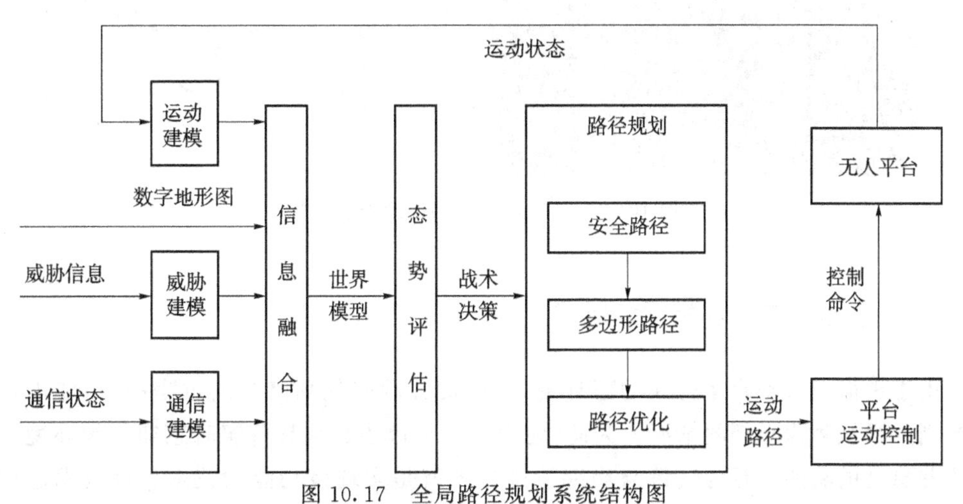

图 10.17 全局路径规划系统结构图

第一阶段：世界建模。通过对收集的威胁信息、通信状态和平台状态进行建模，分别产生通信模型、威胁模型和平台运动模型，再与数字地形图进行信息融合产生无人平台的世界模型。

第二阶段:态势评估。以军事知识和军事经验为基础,自适应地对急剧动态变化的战场场景进行监控,按照军事专家的思维方式和经验,自动对多源数据进行分析、判断和推理,做出对当前战场情景合理的解释,为军事指挥员提供较为完整准确的态势分析报告。战术决策的做出通常是由计算机和指挥员协同交互完成的。

第三阶段:路径规划。根据战术决策和世界模型的约束,寻找无人平台从初始点到目标点,并且满足某种性能指标最优的可行运动路径。一条可行的运动路径必须满足前述各类约束条件。由于约束条件较多,在路径规划时通常采用分层规划的策略。第一步,重点考虑系统的安全性,计算出一条能躲避各种威胁的安全路径,该路径生成过程中暂不考虑路径的可执行性。第二步,对路径长度、转弯角度等进一步优化,产生多边形路径。第三步,根据平台的运动特性模型,对多边形路径进一步优化,生成满足无人平台转弯半径、加减速特性、爬坡能力等约束条件的光滑曲线运动路径,交由平台运动控制系统执行。对于多平台的路径规划,还需考虑多平台之间的协作问题。

以无人车为例,在执行作战任务时首先由全局路径规划系统对路径进行规划。如图 10.18 所示,在确定了任务目标后,首先对敌方威胁信息、通信状态、无人平台运动状态进行建模,进一步通过与数字地形图的融合形成供路径规划模块使用的世界模型。全局路径规划软件再根据任务目标对路径进行规划,经过多次优化得到无人车可以执行的全局路径。

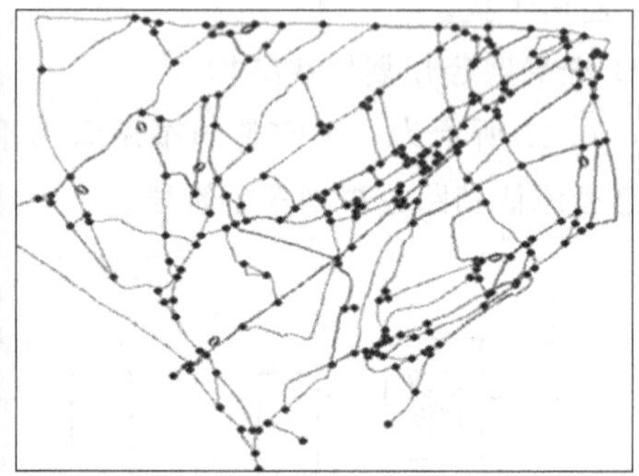

图 10.18　无人车全局路径规划示意图

10.4.2　行为决策及局部轨迹规划

由于地面无人平台运行在动态环境中,因此在跟踪规划路径的过程中,可能出现全局规划路径被障碍阻挡的情况。为此,地面无人平台还必须具备实时感知周围环境中的障碍并躲避的功能。行为决策与局部轨迹规划就是实现该功能的技术。该技术通过对全局规划路径进行局部修正以保证车辆运动的安全。

行为决策与局部轨迹规划通常是一个连续的过程。行为决策主要处理平台与环境的各类目标之间的博弈关系并生成相应的对策。局部轨迹规划模块则致力于根据行为对策和环境信息，生成安全的运动轨迹。

以地面无人平台为例介绍局部轨迹规划的基本原理。当平台在沿着全局规划路径行驶的过程中，在遇到障碍或者威胁时，局部轨迹规划需要考虑平台本身机动能力、运动模型约束等，对期望路径进行轨迹调整，避开沿途障碍，以保证车辆的安全行驶。

局部轨迹规划可行解通常不唯一，即同时存在很多可行解。因此，局部轨迹规划系统需要利用目标函数（代价函数）对可行解的代价进行评判，从中选择代价最小的解执行。局部轨迹规划过程中考虑的代价函数包括：运动轨迹的安全性、快速性、平滑性、前后一致性等。典型的局部轨迹规划方法包括：基于规则的行为决策、基于图搜索的算法和人工势场法等。无人车局部路径规划过程示意如图 10.19 所示。

图 10.19 无人车局部轨迹规划过程示意

(1) 基于规则的行为决策

基于规则的行为决策方法将平台周围的环境和状态进行分类，针对不同的环境类别采取不同的对策。这种方法适用于环境比较简单的情况，例如在一个双车道的高速公路上驾驶车辆时，可以将车辆在道路上的行为划分为：跟踪行车道、跟踪超车道、向超车道换道和向行车道换道四个行为，然后对环境状态进行分类，构造行为转换规则，控制车辆在上述四个行为之间切换，就能够实现车辆与道路上其他车辆的动态交互。

(2) 基于图搜索的局部轨迹规划

基于图搜索的局部轨迹规划方法首先通过一定的技术方法将无人平台周围的环境抽象为一个道路网络，然后利用各种图搜索算法来进行轨迹规划。常用的道路网络抽象算法有：可视图法、沃罗诺伊图法、单元路径分解法、栅格法等；用来进行路径搜索的基本算法则有：Dijkstra 最短路径法、动态规划法、D* 算法等。

(3) 人工势场法局部轨迹规划

人工势场法将车辆周围的环境模拟为一个人工力场，环境中的障碍对车辆具有排斥作用，终点对车辆具有吸引作用，车辆的运动就可以理解为在各种吸引力和排斥力的作用下的运动，最终这种人工力场将导引车辆到达目标点。

10.5 地面无人平台运动控制

机动平台运动控制中的主要关键技术包路径跟踪控制技术、动作控制技术和人机智能融合控制技术。

10.5.1 路径跟踪控制

地面无人平台在完成路径规划后，须由自身的路径跟踪控制子系统持续不断地产生操作指令，控制无人平台沿期望规划的路径运动。如图 10.20 所示，一个典型的无人车路径跟踪控制系统。

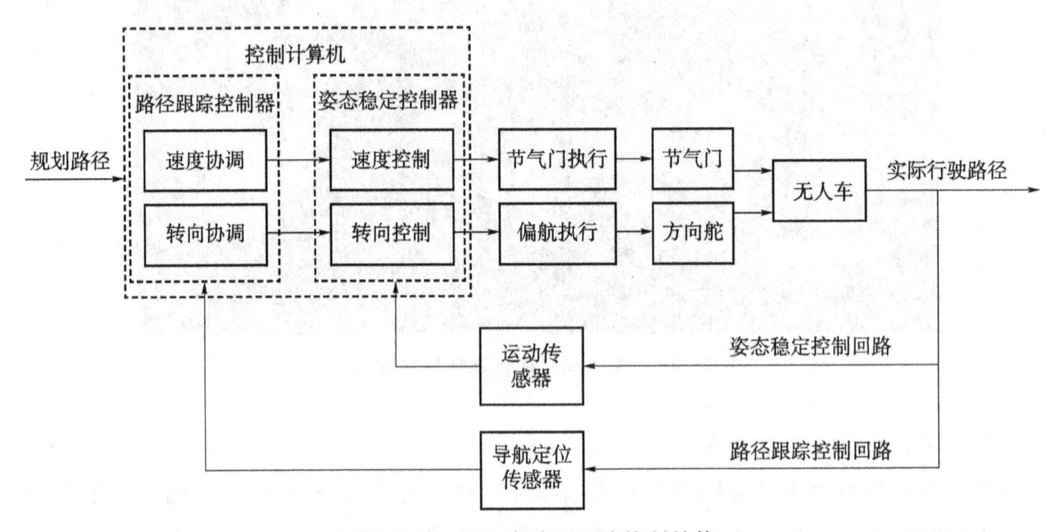

图 10.20 无人车路径跟踪控制结构

(1) 姿态稳定控制回路。姿态稳定控制回路的主要作用是控制和调整无人车的车体姿态，使其向期望路径行驶。姿态稳定控制器为内环，它利用外环路径跟踪控制的期望，计算无人车的预期姿态，将期望无人车姿态与姿态传感器测量得到的无人车实际姿态进行对比，根据闭环控制律计算出无人车方向舵机的动作指令，最后由执行机构执行。

(2) 路径跟踪控制回路。路径跟踪控制回路是无人车运动控制系统的重要组成部分，其主要目标是控制无人车沿规划路径运动。与姿态稳定控制器的两个通道对应，路径跟踪控制器也包括三个通道，分别是：速度协调和转向控制。

在姿态稳定控制回路和路径跟踪控制回路基础上，通过伺服控制电路和电动机驱动电路集成的驱动器，将期望的位置信号转化为电动机的运动，获取位置的测量传感器，如：电位计和编码器，以及作为执行器件的电动机：带动方向盘运动，控制节气门和制动等，控制无人车运动，具体如图 10.21 所示。

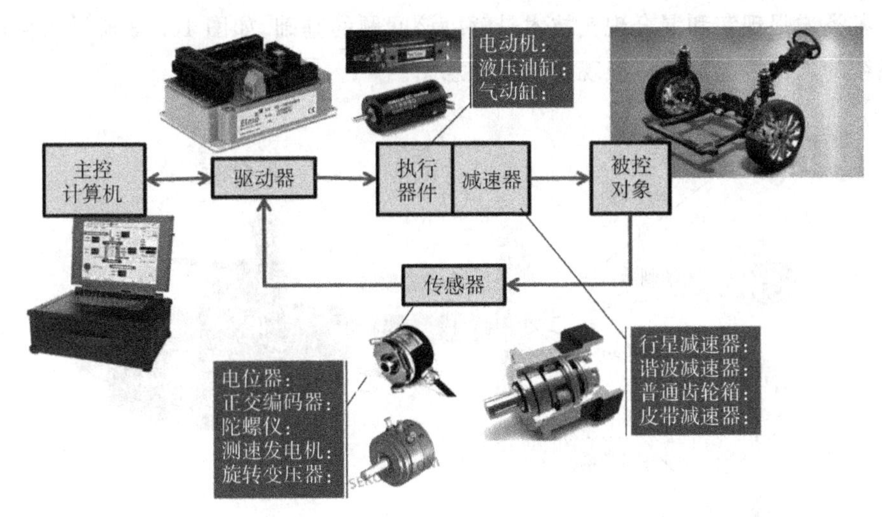

图 10.21 某无人车的方向伺服控制系统原理示意图

10.5.2 人机智能融合运动控制

人机智能融合技术(图 10.22)的基本思想是综合利用人和机器的智能,充分发挥人和机器各自的优势。其核心是利用计算机不知疲劳、计算精度高、存储能力强、环境检测精确等方面的特点,同时结合人类的综合决策能力强、环境感知鲁棒性好等优势,通过人机智能的“无缝”集成,使得整个系统具有“1+1>2”的效果。将人机智能融合技术应用到无人平台运动控制中,把发展人机智能融合的平台运动控制技术作为研究的重点。为此,需重点研究以下三个方面的问题。

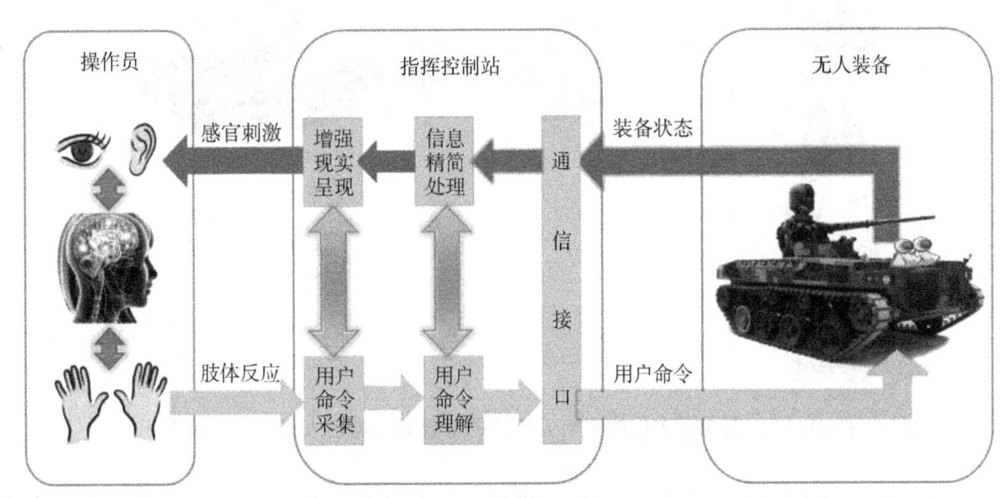

图 10.22 地面无人平台的人机智能融合控制示意图

(1) 无人平台状态的增强现实呈现。即将各种传感器获取的地面无人平台状态信息,以操作员最容易理解的方式呈现给操作员,为操作员提供更加高效、更加直接的感官刺激。各类增强现实和混合现实技术是解决该问题的基础，如图 10.23 所示为面向无人作战系统的人机智能融合增强现实呈现示意图。

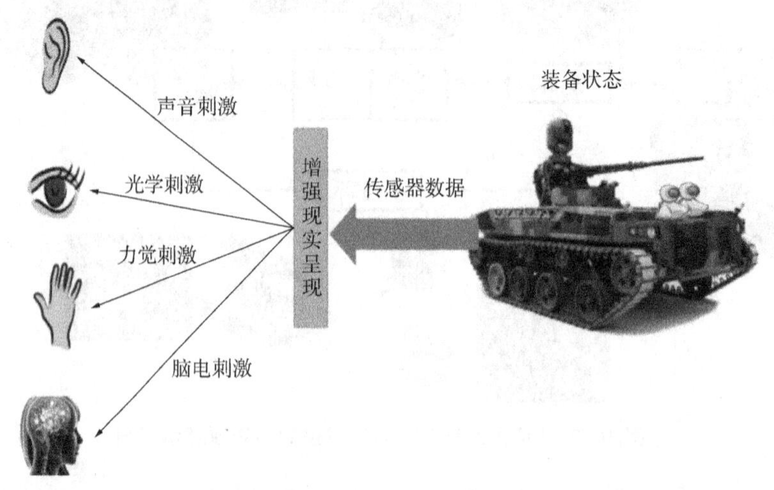

图 10.23　面向无人作战系统人机智能融合的增强现实呈现示意图

(2) 操作员命令多通道获取。重点解决以更加高效、更加自然的方式获取操作员命令的问题，键盘、摇杆、按钮等传统实体按键效率不高问题。增加语言、文本、肢体动作、脑电波等新型交互手段的综合运用是解决这一问题的基本途径，如图 10.24 所示为面向无人作战系统人机智能融合的多通道人机交互示意图。

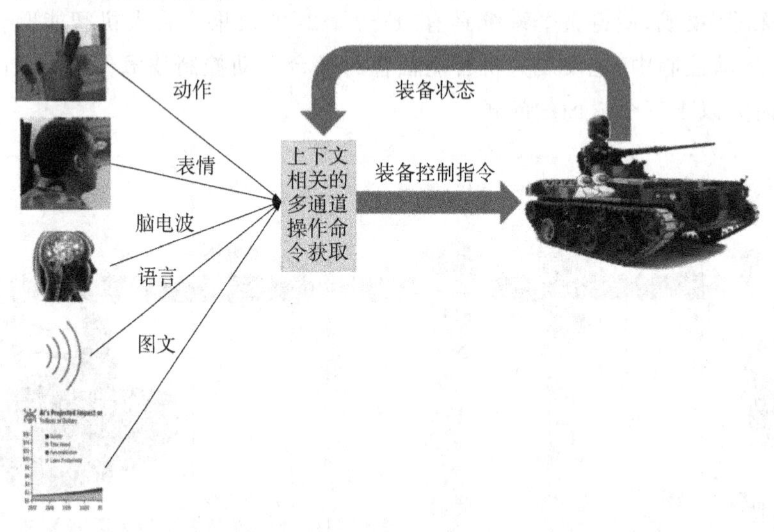

图 10.24　面向无人作战系统人机智能融合的多通道人机交互示意图

(3) 多层次人机融合框架及自适应人机任务分配技术。操作人员与地面无人平台自主控制系统的融合可能发生在分层递阶式控制系统(慎思式)的任何层级，研究融合控制框架，并实现在不同融合模式之间的自适应切换是人机融合控制需要解决的第三个重要问题。

如图 10.25 所示,以无人战车的人机融合运动控制为例,设计一个四层递阶式融合运动控制框架,实现操作人员智能与自主运动控制系统在四个层次的融合。

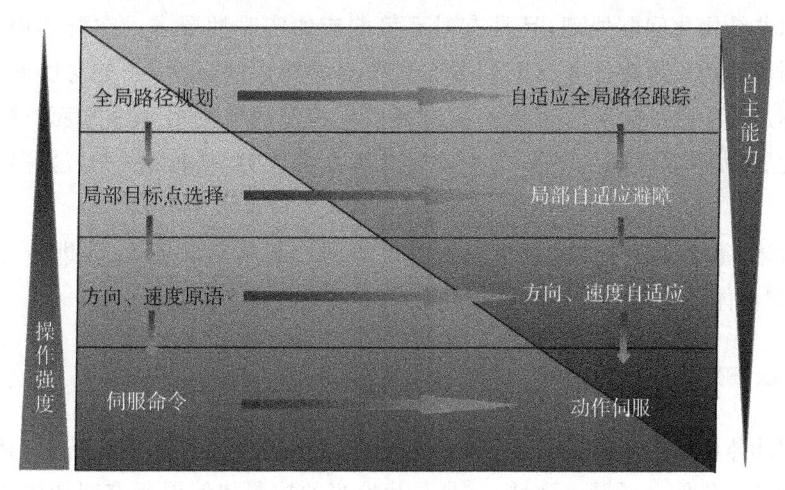

图 10.25 面向无人战车人机融合运动控制的四层控制框架

可以看出,路径跟踪控制技术是地面无人平台实现自主化运动控制的技术基础,而基于无人作战平台状态的增强现实呈现的文本、肢体动作、脑电波等新型交互手段的综合运用和人机智能融合及自适应分配控制技术,是地面无人平台运动控制的发展方向,将使无人平台运动控制进行精彩呈现。

10.6 地面无人平台协同控制

近年来,多智能体系统已发展成为控制领域和无人系统领域的重要研究方向。多智能体系统协同控制的基本问题主要包括:一致性控制、群集控制、会合控制、编队控制,其中又以一致性控制为其他几种控制的基础。图 10.26 所示为地面无人平台协同控制的相关实例。

图 10.26 地面无人系统协同控制实例

在地面无人平台的协同控制中，协同完成任务的能力是基本要求，但有时为了适应复杂的地面环境，面对紧急状态的多任务处理能力也是很重要的一个方面，此类问题涉及多任务和非结构化问题处理，且具有对环境响应的实时性要求。在群体协作过程中，如何充分利用系统资源将任务分配到分布式节点并行求解、进行任务的协调，以及如何在任务求解过程中进一步对环境做出响应是协同控制研究的另一个方面。随着多智能体技术的发展，尤其是其强大的分布式并行计算处理能力，使得这一问题得到了有效地解决。

综上所述，基于多智能体的地面无人系统协同控制具有两层含义，即行为协同和任务协同，多智能体系统的研究为协同控制提供了理论与技术支撑。

10.6.1 一致性控制

在多智能体协同控制问题中，一致性作为智能体之间合作协调的基础，具有重要的现实意义和理论价值。所谓一致性，就是寻找恰当的控制律使得所有智能体关于某个感兴趣的量达到相同的状态。为了实现一致，智能体之间需要进行局部的信息交换。例如在地面无人火控系统中，要求群体中的所有成员向着同一目标实施攻击，如图 10.27 所示，所有个体进行集中的攻击状态就是所需要达到的群体行为的一致性。

图 10.27 地面无人火控系统实施集中火力打击

要实现这种状态的趋同，其控制目标可描述为

$$\lim_{t\to\infty}\|x_j(t)-x_i(t)\|=0,\quad \forall i,j\in N \tag{10.1}$$

式中，N 为系统中个体的集合，$x_i(t)$为系统中第 i 个个体在时刻 t 的状态。

1995 年，Vicsek 等人提出了一个简单的粒子模型并给出了一系列有趣的仿真结果。所有粒子以相同的速度但不同的运动方向在同一个平面上运动，每个粒子利用它的邻居运动方向之和的平均值来更新自己的运动方向动态。在没有集中的协调控制下，所采用的“邻居规则”却能够使所有粒子最终朝同一个方向运动，如图 10.28 所示。

“邻居规则”所体现的就是个体之间局部的信息交换。由此可以看出，“邻居规则”实

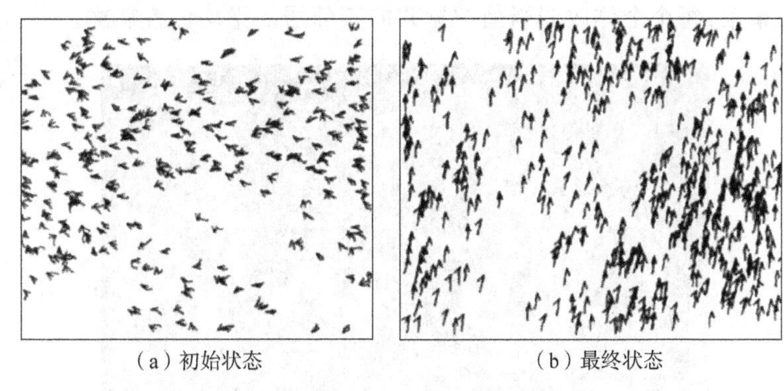

(a) 初始状态　　(b) 最终状态

图 10.28 粒子运动轨迹

质是群体在达到一致性状态过程中所采用的一种控制策略或协议，显然它的特点是无中心控制、局部信息交换和简单行为协调。随后，Jadbabaie 等人利用代数图论和矩阵理论给出了简化的 Vicsek 模型理论解释。

对于一个简单的一阶积分器系统模型：

$$\dot{x}_i(t)=u_i(t),\quad \forall i\in N \tag{10.2}$$

式中，$u_i(t)$ 为对第 i 个个体施加的控制量，常用的一致性算法为

$$u_i(t)=-\sum_{j\in N_i(t)} a_{ij}(t)(x_i(t)-x_j(t)) \tag{10.3}$$

式中，$j\in N_i(t)$表示第 i 个个体在时刻 t 的相邻个体集合，$a_{ij}(t)$ 为时变的拓扑加权系数。可以看出，针对第 i 个个体设计一致性控制策略时，仅利用了其相邻个体与其自身的状态差，无须非相邻个体的任何信息。从经典控制的角度来看，该控制器实质上是一个比例控制器，控制律中包含了位置误差信息，所不同的是对多智能体系统而言，其利用的是群体性误差信息，每一时刻相邻的个体状态是时变的，而针对个体系统的控制仅需要该个体与期望状态(初始给定)的误差信息。这个例子表明多智能体一致性控制的分析与综合更为复杂。

10.6.2 群体控制

群集是由大量自主个体组成的集合。在无集中式控制和全局模型的情况下，大量随机分布的自主个体通过局部感知作用和相应的反应行为聚集在一起，使整体呈现出一致行为。群集控制的研究主要受到生物领域的启发，自然界中存在着大量群集，如蚁群、鱼群、蜂群、鸟群等。群集是一种普遍存在的群体行为和自组织现象。群集行为在实践中的应用包括在复杂环境中部署分布式传感器节点(图 10.29)、军事演习中的侦察、攻击与躲避，如陆地作战群在遇到敌方攻击时为了躲避暂时出现混乱现象，然后再形成一个合理的编队撤退或反击等。一般而言，群集行为应满足如下三条基本规则：

(1) 避免发生碰撞：避免相邻个体之间发生碰撞。

(2) 速度、方向匹配：与相邻个体的速度、方向达到渐近一致。

(3) 中心聚集:每个个体改变当前位置并向其邻居的平均位置靠拢。

图 10.29 分布式无线传感器节点布置

群集控制要求群集中的智能体之间进行局部协作,整体上在某些方面达成一致,以求最终完成任务。可以看出,群集控制与一致性问题的研究密切相关,它在群体保持状态一致性的基础上,要求所有个体相对集中。在多智能体群集控制策略应用中,一致性算法主要用于实现多智能体间的速度匹配,在以相同速度运动的前提下,多智能体间保持一定的距离以避免相互碰撞。提出了群集设计和分析的理论框架,除了实现速度匹配一致外,多智能体还要形成指定编队构型并避免相互碰撞。研究了多智能体群集现象,在固定拓扑和动态拓扑条件下,通过构造局部控制律可实现一组移动智能体以速度方式进行结盟。

10.6.3 会合控制

所谓的会合问题指空间分布的多个个体或者智能体,通过交换邻居局部信息,最终会合于一个期望的区域内,群体中所有个体速度逐渐趋于零,最终静止于某一位置。会合控制的发展源于机器人应用的发展,如一群机器人要合作完成一个任务到达同一个地点,在一片未知区域进行搜索工作,或者一群陆地无人平台要达到一个共同的地点等,图 10.30 是一组无人车根据指挥命令会合在指定的位置。由此可以看出,会合控制的目标可描述为

$$\lim_{t\to\infty}\|x_j(t)-x_i(t)\|=0,\quad \forall i,j\in N \tag{10.4}$$

$$\lim_{t\to\infty}\|\dot{x}_i(t)\|=0,\quad \forall i\in N \tag{10.5}$$

分别反映群体会合于一个期望的区域内并最终静止。显然会合问题本质上是一致性问题的一个特例,可以简单理解为终态为静止的一致性。很多学者采用一致性策略解决了同步和异步通信条件下移动智能体的会合问题。应用一致性策略研究了无人车群会合问题。相似的想法扩展到了多无人机同时在敌方雷达探测边界会合的问题。也有部分学者采用线性连续时间一致性策略求解了多协同机器人系统位置同步问题,设计出

图 10.30 汇合控制的应用

了会合控制器。此外，在实际应用中，有时往往需要群体中的所有个体同时达到相同位置（而非某一个区域），这样的会合控制要求更高，控制起来更为复杂。

10.6.4 编队控制

所谓编队控制是指多智能体系统中的个体在运动中通过保持一定的队形来实现整体任务。它要求多个智能体组成的群体在向特定目标或方向运动的过程中，相互之间保持预定的几何形态（队形），同时又要适应环境约束（如避开障碍物）。随着多无人平台协同控制系统的发展，编队控制也逐渐成为多智能体系统研究的热点问题。在军事领域中，多智能体采用合理编队可以代替士兵执行恶劣、危险环境下的军事任务。在后勤军事物资运输中，陆地无人车在搬运大型物体时，对每辆车的位置存在一定要求，以满足运输过程中的稳定性和负载平衡的要求。在军事作战中，为了行动的协调一致和战术的需要，要求多无人车保持一定的队形，并动态地切换队形和避障。可以看出，编队控制使得多智能体更加有效地完成指定任务。

图 10.31 公路无人车编队行驶

图 10.31 所示为编队控制。在无人车编队行驶教学模型可描述为

$$\lim_{t\to\infty}\|x_j(t)-x_i(t)\|=x_{dij},\quad \forall i,j\in N \tag{10.6}$$

$$\lim_{t\to\infty}\|\dot{x}_i(t)-c(t)\|=0,\quad \forall i\in N \tag{10.7}$$

式中，x_{dij} 为第 i 个与第 j 个个体的期望相对位置矢量，$c(t)$ 为期望的整体位移速度。可以看出编队控制本质是一种几何构型严格的群集控制，智能体之间的队形是通过邻居智能体之间的相对距离来刻画的。因此，在一致性控制协议通过简单的线性变换就可以将一致性算法应用于编队控制算法。目前编队控制的主要方法有两种：基于常规控制算法的多智能体编队控制方法和基于行为的智能体编队控制方法。第一种方法适用于静态或者平稳环境，第二种方法适用范围较广，能根据外界环境的变化进行调整，但这个过程需要较长的时间。在编队控制中一个基本问题是如何选取最有效的队形来执行协调任务，常见的队形有线型、柱形、菱形、V 型四种。此外，采用一致性策略分析了轮式无人车追捕问题中的编队稳定性，并且认为该问题可以看作是连续时间系统线性一致性问题的特例。在网络条件下，引入随机通信噪声和信息丢包问题，采用一致性策略研究了基于信息交换的多边形编队控制方法。给出分析一致性和编队稳定性的基本框架，并基于此框架可解决单积分器和广义动力学模型的编队变换问题。运用一致性策略分析了点、线和常见几何构型的编队稳定性。针对复杂地形地面崎岖起伏的特点，通过建立三维地形环境下编队系统的误差模型，并根据环境中的特定地形设计相应的编队行驶策略，可实现多机器人系统在复杂地形环境下的编队控制。

一致性控制和群体控制为编队控制及会合控制的基础，地面无人平台的编队和会合控制等是适应复杂的地面环境，面对多类型任务处理的表现形式，如地面无人平台协同有人装备作战过程中的抵近侦察、协同攻击等。在常用表现形式基础上，如何充分利用系统资源将复杂任务进行分解，分配到分布式节点并进行求解，进行任务的协调，以及如何在任务求解过程中进一步对环境做出响应是协同控制研究需要进一步研究的问题。

思考题

1. 当前无人平台自主控制结构主要有哪几种？
2. 什么样的传感器配置更适合地面无人作战系统对环境的感知？
3. 请阐述地面无人平台的定位方式。
4. 如何对地面无人平台运动进行准确的控制？其技术难点是什么？
5. 协同控制技术一般可以分为哪几种？请简述。

参考文献

[1] 科技部.智能制造科技发展"十二五"重点专项规划[R]. 2012.

[2] NELSON E,CORAH M,MICHAEL N. Environment model adaptation for mobile robot exploration[J]. Autonomous Robots,2018,42(2):1-16.

[3] 李烨,严欣平. 永磁同步电动机伺服系统研究现状及应用前景. [J]微电机,2001,34(4):30-33.

[4] 秦忆. 现代交流伺服系统[M].武汉:华中理工大学出版社,1995.

[5] 唐任远. 现代永磁电机理论与设计[M].北京:机械工业出版社,1997.

[6] 表允哲,赵汉哲,郑离蝠,等.ROS 机器人编程[M].武汉:ROBOTIS Co,ltd,2017.

[7] 陈白帆,宋德臻. 移动机器人[M].北京:清华大学出版社,2021.

[8] 蒙博宇. STM32 自学笔记[M],北京:北京航空航天大学出版社,2019.

[9] 庞宏亮.智能化战争[M].北京:国防大学出版社,2004:136-141.

[10] 林聪榕.智能化无人作战系统及其关键技术[J].国防技术基础,2014(5):30-34.

[11] 薛春祥,黄孝鹏.外军无人系统现状与发展趋势[J].雷达与对抗,2016,36(1):1-5.

[12] 王飞跃.指控 5.0:平行时代的智能指挥与控制体系[J].指挥与控制学报 2015,1(1):107-120.

[13] 白天翔,王帅,沈震,等.平行机器人与平行无人系统:框架、结构、过程、平台及其应用[J].自动化学报,2017,43(2):161-175.

[14] 杜度,袁思鸣.美军基于能力的装备发展模式分析[J].海军大连舰艇学院学报,2016,39(2):113-116.

[15] 林聪榕,张玉强.智能化无人作战系统[M].长沙:国防科技大学出版社, 2008:175-178.

[16] 马飒飒,刘玉字,赵守伟.未来战争新星:无人地面作战系统[J].国防科技, 2004,(3):6-10.

[17] 蔡自兴,邹小兵.移动机器人环境认知理论与技术的研究[J].机器人,2004,26(1):87-91.

[18] 张佳南.智能装备体系[M].北京:海潮出版社,2010:60-78.

[19] Lee G, Chwa D . Decentralized behavior-based formation control of multiple robots considering obstacle avoidance[J]. Intelligent Service Robotics, 2017, 11 (1): 127-138.

[20] 高斌，苗志怀，王颖.基于ROS的机器人创新实践课程建设[J]. 实验室科学，2021 (5).

[21] 柯耀.基于ROS的开源移动机器人平台设计[J]. 单片机与嵌入式系统应用，2020 (9).

[22] 杨亮，李文生，傅瑜，等.基于ROS的机器人即时定位及地图构建创新实验平台研制[J]. 实验技术与管理，2017(8).

[23] 李业谦，陈春苗.基于ROS和激光雷达的移动机器人自动导航系统设计[J].现代电子技术，2020(10).

[24] 刘晓帆，赵彬.基于ROS的移动机器人平台系统设计[J].微型机与应用，2017 (11).

[25] 任世轩，于宗鑫.基于ROS的探测机器人控制系统设计[J].机械研究与应用，2021 (6).

[26] 温淑慧，问泽藤，刘鑫，等.基于ROS的移动机器人自主建图与路径规划[J].沈阳工业大学学报，2022(1).

[27] 孙弋，张松.基于ROS的服务机器人关键技术研究与实现[J].软件，2019(11).

[28] 恩里克.费尔南德斯，等.ROS机器人程序设计[M]. 北京：机械工业出版社，2014.

[29] 胡春旭，ROS机器人开发实践[M]. 北京：机械工业出版社，2018.

[30] 张建伟.开源机器人操作系统[M]. 北京：科学出版社，2012.

[31] 徐建春.STM32主时钟输出的双机系统应用[J].单片机与嵌入式系统应用. 2017 (2).

[32] 韩韧，金永威，王强.基于STM32和超声波测距的倒车雷达预警系统设计[J].传感器与微系统，2016(4).

[33] 张月，陶林伟.基于FPGA与STM32的多通道数据采集系统[J].西北工业大学学报，2020(2).

[34] 张家田，王典，严正国，等.基于STM32的直流稳压电源可编程控制器设计[J].工业控制计算机，2020(12).

[35] Connelly, HongW S, Mahoney R B, et al.Current challenges in autonomous vehicle development [C] //Proceedings of Society of Photo-Optical Instrumentation Engineers(SPIE), Unmanned System Technology Ⅷ.or lando: SPIE, 2006: 1-7.

[36] Ge X, Han Q L, Zhang X M . Achieving Cluster Formation of Multi-Agent Systems under Aperiodic Sampling and Communication Delays [J]. IEEE Transactions on Industrial Electronics, 2018, 65(4): 3417-3426.

[37] SHOJAEI K. Leader-follower formation control of underactuated autonomous

marine surface vehicles with limited torque[J].Ocean Engineering,2015,105:196-205.

[38] 姜岩,王琦,龚建伟,等.无人驾驶车辆局部路径规划的时间一致性与鲁棒性研究[J].自动化学报,2015,41(3):518-527.

[39] 孟红,朱森.地面无人系统的发展及未来趋势[J].兵工学报,2014(增刊1):1-7.

[40] Department of Defense USA, Unmanned Systems Roadmap 2007－2032[R],2007.

[41] 仲崇慧,贾喜花.国外地面无人作战平台军用机器人发展概况综述[J].机器人技术与应用,2005,(4):18-24.

[42] Department of Defense USA,Unmanned Aircraft Systems Roadmap 2005－2030[R],2005.

[43] 王俊.无人驾驶车辆环境感知系统关键技术研究[D].合肥:中国科学技术大学,2016.

[44] 刘大学.用于越野自主导航车的激光雷达与视觉融合方法研究[D].长沙:国防科学技术大学,2009.

[45] 陈佳佳.城市环境下无人驾驶车辆决策系统研究[D].合肥:中国科学技术大学,2014.

[46] 张瑞雷,李胜,陈庆伟,等.复杂地形环境下多机器人编队控制方法[J].控制理论与应用,2014,31(4):531-537.